响应式网页设计——Bootstrap开发速成

吕国泰 何升隆 曾伟凯 著

清華大學出版社
北 京

内 容 简 介

本书从认识响应式网页设计与Bootstrap开始，详解网站的开发流程、响应式网页的设计思维、SEO设置以及网页设计趋势，导入视觉设计与网页制作两个不同领域的专业知识，并提供120多个Bootstrap功能范例网页文件，说明如何使用Bootstrap框架所提供的各种CSS与组件等内容，最终以3个完整实例（书籍宣传网页、产品推广网页、网站首页）制作出响应式网页，以让大家综合运用所学知识，提高实战技能。

本书以丰富的范例程序和详细的图解逐一讲解 RWD 技术 + Bootstrap 结合使用的核心技术和方法，既适合负责网页前端和后端的程序人员阅读，也适合网站的企划人员和视觉设计人员参考，还可供想学习和了解响应式网页设计 + Bootstrap 开发网站的人员自学和参考。

图书在版编目（CIP）数据

响应式网页设计：Bootstrap开发速成 / 吕国泰，何升隆，曾伟凯著.—北京：清华大学出版社，2017
ISBN 978-7-302-46631-4

Ⅰ.①响… Ⅱ. ①吕… ②何… ③曾… Ⅲ. ①网页制作工具 Ⅳ. ①TP393.092.2

中国版本图书馆CIP数据核字（2017）第031001号

责任编辑：夏毓彦
封面设计：王　翔
责任校对：闫秀华
责任印制：刘海龙

出版发行：清华大学出版社
网　　址：http://www.tup.com.cn，http://www.wqbook.com
地　　址：北京清华大学学研大厦A座　　邮　　编：100084
社 总 机：010-62770175　　邮　　购：010-62786544
投稿与读者服务：010-62776969，c-service@tup.tsinghua.edu.cn
质 量 反 馈：010-62772015，zhiliang@tup.tsinghua.edu.cn
印 装 者：保定市中画美凯印刷有限公司
经　　销：全国新华书店
开　　本：190mm×260mm　　印　张：15.5　　字　　数：397千字
版　　次：2017年4月第1版　　印　　次：2017年4月第1次印刷
印　　数：1～3000
定　　价：45.00元

产品编号：072575-01

前　言

2012 年之后，在各大企业和公司都会听到一个名词 RWD（Responsive Web Design），即被称作“响应式网页设计”的名词。就网页发展史而言，无论在美感或技术等层面上，它一直都在不断地演进与更新，因此对于从事网页设计的人而言，必须不断进步以强化自身的实力，进而设计出更好的网页来呈现在众人面前。

随着科技的演进，造就了移动设备的普及，使浏览网页的设备不再仅限于计算机。演变至今，移动设备在尺寸上的不一致使得网页在视觉呈现上所要顾虑的因素越来越多，为了使浏览者在移动设备上能获得最佳阅读体验，因而诞生了“响应式网页设计”的概念。

预计在今后几年，响应式网页（Web 或网站）设计仍会继续巩固其地位。在这个不断创新的时代，使用响应式网页设计技术而制作的网页已跃升为现代与未来重要的营销媒介。本书收录了完整的设计范例和基础的示范教学，以引导网页工程师在 Bootstrap 网页框架的辅助下快速进入响应式网页设计领域。

同时，对于从事网页平面设计的人员而言，也可从书中了解到什么是响应式网页，以及学习响应式网页设计与传统网页设计之间的差异等知识，使得设计出来的网页版式能符合工程师的需求。借此希望每位读者可以通过此书成为一个与时俱进、具有充实技术能力、深得客户和老板欢心的设计师。

吕国泰　曾伟凯　何升隆

前言

改编者序

响应式网页设计（Responsive Web Design，RWD，或称为自适应网页设计）技术是为智能手机、平板电脑和台式机等设备设计通用网页的不二之选。目前参与网站/网页设计的人员不再只是程序人员，一个优秀且有人气的网站如果没有企划人员和视觉设计人员的全程参与是难以想象的。因而本书的读者对象不只是负责网页前端和后端的程序人员，同样也面向网站的企划人员和视觉设计人员。本书采用流行和普及率很高的 Bootstrap 作为网站设计的框架，基于这个模块化的设计框架，让网页设计人员（包括企划、视觉和编程人员）可以轻松自如地参与具有相当美感的网页和响应式的结果，同时使开发工作快速、高效且准确到位，并且适用、支持市面上大部分的主流浏览器。对于想学习和了解响应式网页设计 + Bootstrap 开发网站/网页的人员，本书是一本非常不错的自学和参考书。

目前，大多数企业在招聘网页设计人员时都把掌握响应式网页设计（RWD）+ Bootstrap 作为必会的技能之一。如果不会灵活和熟悉地运用 RWD 技术 + Bootstrap 来设计可自适应于不同屏幕大小的智能手机、平板电脑和台式机的网站/网页，不但设计人员会疲于奔命，而且会增加企业的开发成本、拖累企业的网上营销与业务拓展。

本书以丰富的范例程序和详细的图解逐一讲解 RWD 技术 + Bootstrap 结合使用的核心技术和方法，让设计的网页可以根据用户所使用设备的浏览器环境（例如屏幕的长度、宽度、长宽比、分辨率或设备屏幕显示的方向等）自动调整网页的版面，将恰当的内容和最佳显示结果提供给用户。简而言之，就是网页设计人员只要设计统一版本的网页程序，就能在智能手机、平板电脑和台式机等各种设备上完整展示网页内容，而无须为不同屏幕大小和功能的设备分别设计和再次改写网页程序。本书涉及的内容包括 HTML4、HTM5、JavaScript 和 CSS，读者需要具有一定相关方面的知识，才能在学习本书时事半功倍。

由于响应式网页建立在 CSS3 的基础之上，因此要体验响应式网页之前必须要有支持 HTML5 与 CSS3 的浏览器。主流的浏览器为：Microsoft Edge，而 Internet Explorer 需要 9.0 版以上，最好能升级到 11.0 版以上；Chrome、Firefox、Opera、Safari 等建议使用自动更新至最新版本即可。另外，国内的 QQ 浏览器、猎豹浏览器等的最新版本也可以。如果读者想在这些浏览器上运行 HTML5 + CSS3 的程序，建议先阅读版本说明中对 HTML5 + CSS3 支持程度的细节说明。

本书提供的范例程序及其所需的 Bootstrap（含 CSS、JS、Image 和 Font 子文件夹）都按章节分别压缩在文件夹中，读者可以从我们提供的网址下载：

http://pan.baidu.com/s/1jHW1vhG（注意区分数字和英文字母大小写）

建议读者在练习和使用这些范例程序之前将下载的压缩文件完整地解压到本地硬盘上，以便顺利无误地运行。如果下载有问题，请发送电子邮件至 booksaga@126.com，邮件主题设置为“求响应式网页设计——Bootstrap 开发速成下载资源”。

资深架构师　赵军

2017 年 1 月

目　录

第 1 章　响应式网页简介 1

1.1　何谓响应式网页 1
1.2　响应式网页的优点 2
1.3　响应式网页的缺点 3
1.4　响应式的概念 3
1.5　Viewport 4
1.6　流式网格 5
　1.6.1　网格设计 5
　1.6.2　流式布局 6
1.7　媒体查询的基础 7
　1.7.1　使用方法 8
　1.7.2　设置方式 8
　1.7.3　媒体类型 8
　1.7.4　判断条件 9
　1.7.5　媒体特征 10
1.8　流式图像 10
1.9　字体 11

第 2 章　Bootstrap 简介 12

2.1　何谓 Bootstrap 12
2.2　Bootstrap 具有哪些内容 12
2.3　下载 Bootstrap 13
2.4　链接 Bootstrap 框架 15
2.5　下载与链接 jQuery 文件 16
2.6　快速体验——运用 CSS 样式 17

第 3 章　网站的开发流程 20

3.1　项目 20
3.2　企划 21
3.3　设计 21
3.4　前端 22

3.5 后端 22
3.6 测试 23
3.7 上线 23

第 4 章 响应式网页的设计思维 25

4.1 与传统网站开发的差异 25
4.2 响应式网页的设计考虑 26
4.3 移动设备的设计考虑 28
4.3.1 移动设备的特征 28
4.3.2 移动设备优先 28

第 5 章 视觉设计师与前端工程师的专业认知 31

5.1 网页与印刷的差异 31
5.2 网页向量格式 SVG 32
5.3 版面设计时的常见词汇 33
5.4 网格的运用与制作 35
5.4.1 网格辅助—— PSD 35
5.4.2 网格辅助—— AI 36
5.4.3 网格辅助——自行设置 38
5.5 让视觉设计师懂得切版 42
5.5.1 切版重点 42
5.5.2 了解版面的构成 42

第 6 章 SEO 简介 44

6.1 何谓 SEO 44
6.2 改善网站标题与描述 45
6.3 改善网站架构 47
6.3.1 网站架构简介 47
6.3.2 架构最佳做法 48
6.3.3 让网站更易于浏览 48
6.3.4 易于浏览的最佳做法 49
6.4 可优化的内容与做法 50
6.4.1 优质内容与服务 50
6.4.2 链接 50
6.4.3 图片 51
6.4.4 标题 52
6.5 管理与营销 53
6.5.1 使用网站管理工具 53
6.5.2 网站营销工作要点 54

第 7 章 网页设计趋势......56
7.1 响应式网页设计......56
7.2 全幅背景......57
7.3 单页式网页......57
7.4 固定式菜单......59
7.5 扁平化设计......59
7.6 微动画......60
7.7 卡片式设计......61
7.8 隐藏式菜单......61
7.9 超大的字体......62
7.10 幽灵按钮......63
第 8 章 HTML5+CSS3的基础知识......64
8.1 认识 DIV 与 CSS......64
8.1.1 认识 DIV......64
8.1.2 CSS Class 与 CSS ID......65
8.2 HTML5 与 CSS3 的新增内容......67
8.2.1 认识 HTML5......67
8.2.2 HTML5 的新元素与属性......68
8.2.3 认识 CSS3......71
8.2.4 CSS3 新增的属性......71
第 9 章 响应式网页的布局方式......76
9.1 Grid System 简介......76
9.1.1 何谓Grid System......76
9.1.2 网页的 Grid System......77
9.1.3 网页设计为何需要 Grid System......78
9.1.4 Grid System 的使用方法......78
9.2 布局规则......79
9.2.1 Bootstrap 中的 Grid System......79
9.2.2 不同设备的 Grid 设置......80
9.2.3 嵌套排版......82
9.2.4 移动与调整 Column 的位置......83
9.2.5 Column 的规则......83
9.2.6 调整 Column 的顺序......84
第 10 章 Bootstrap CSS 样式的使用......86
10.1 排版......86
10.1.1 标题......86
10.1.2 页面主题......87

10.1.3 行内文字元素 88
10.1.4 对齐类 90
10.1.5 转换类 91
10.1.6 联系字段 91
10.1.7 引用 91
10.1.8 列表 93
10.2 表格 95
10.2.1 表格类 95
10.2.2 状态类 97
10.2.3 响应式表格 97
10.3 窗体 98
10.3.1 基本范例 98
10.3.2 窗体布局 99
10.3.3 支持的控件 100
10.3.4 焦点状态 105
10.3.5 禁用状态 105
10.3.6 只读状态 106
10.3.7 验证状态 106
10.4 按钮 108
10.4.1 按钮标签 108
10.4.2 颜色类 109
10.4.3 大小类 109
10.4.4 启用状态 111
10.4.5 禁用状态 111
10.5 图片 113
10.5.1 响应式图片 113
10.5.2 图片形状 113

第 11 章 Bootstrap 布局组件的使用 115

11.1 字体图标 115
11.2 下拉式菜单 116
11.2.1 说明 116
11.2.2 使用的方法 116
11.2.3 其他辅助项目 117
11.2.4 范例 119
11.3 按钮群组 120
11.3.1 说明 120
11.3.2 使用方法 120
11.3.3 其他辅助项目 120
11.3.4 范例 122

11.4 输入框群组 123
11.4.1 说明 123
11.4.2 使用方法 123
11.4.3 其他辅助项目 124
11.4.4 范例 125
11.5 导航 127
11.5.1 说明 127
11.5.2 使用方法 127
11.5.3 其他辅助项目 127
11.5.4 范例 129
11.6 导航栏 130
11.6.1 说明 130
11.6.2 使用方法 130
11.6.3 其他辅助项目 131
11.6.4 范例 133
11.7 分页 135
11.7.1 说明 135
11.7.2 使用方法 135
11.7.3 其他辅助项目 135
11.7.4 范例 137
11.8 提示标志 137
11.8.1 说明 137
11.8.2 范例 138
11.9 大屏幕效果 138
11.9.1 说明 138
11.9.2 范例 139
11.10 缩略图 139
11.10.1 说明 139
11.10.2 使用方法 140
11.10.3 范例 140
11.11 进度条 141
11.11.1 说明 141
11.11.2 使用方法 142
11.11.3 其他辅助项目 142
11.11.4 范例 144
11.12 面板 144
11.12.1 说明 144
11.12.2 使用方法 144
11.12.3 其他辅助项目 145
11.12.4 范例 146
11.13 响应式嵌入内容 147

11.13.1 说明 147
11.13.2 范例 147

第 12 章 Bootstrap JS 插件的使用 149

12.1 概观 149
12.2 页签 149
12.2.1 说明 149
12.2.2 使用方法 150
12.2.3 淡入效果 150
12.2.4 范例 150
12.3 提示工具 152
12.3.1 说明 152
12.3.2 使用方法 152
12.3.3 范例 153
12.4 弹出提示 154
12.4.1 说明 154
12.4.2 使用方法 154
12.4.3 范例 155
12.5 折叠效果 156
12.5.1 说明 156
12.5.2 使用方法 156
12.5.3 范例 157
12.6 轮播效果 159
12.6.1 说明 159
12.6.2 使用方法 159
12.6.3 标题制作 161
12.6.4 范例 161

第 13 章 网站实践——书籍宣传网页 164

13.1 套入链接 164
13.2 网格布局 165
13.3 页面设计 166
13.3.1 左边容器 166
13.3.2 右边容器 167
13.4 CSS 美化与运用 171

第 14 章 网站实践——产品推广网页 174

14.1 套入链接 174
14.2 网格布局 175
14.2.1 建立分层说明文字 175

14.2.2 最外层与第一层的布局 176
14.2.3 第二层的布局 177
14.2.4 第三层左边的布局 178
14.2.5 第三层右边的布局 179
14.2.6 第四层的布局 180
14.3 页面设计 180
14.3.1 第一层设计 180
14.3.2 第二层设计 180
14.3.3 第三层左边的设计 181
14.3.4 第三层右边的设计 183
14.3.5 第四层设计 183
14.4 运用 CSS 184
14.4.1 第一层 184
14.4.2 第二层 185
14.4.3 第三层左边 186
14.4.4 第三层右边 187
14.4.5 第四层 189

第 15 章 网站实践——网站首页制作 190

15.1 套入链接 190
15.2 网格布局 191
15.2.1 建立层次说明文字 192
15.2.2 第一层与第二层布局 193
15.2.3 第三层布局 193
15.2.4 第四层布局 194
15.2.5 第五层与第六层布局 195
15.3 第一层设计——菜单 195
15.3.1 运用导航栏 JavaScript 195
15.3.2 修改类 196
15.3.3 运用 CSS 样式 197
15.4 第二层设计——广告横幅 198
15.4.1 使用轮播 JavaScript 198
15.4.2 修改内容 199
15.4.3 运用 CSS 样式 200
15.5 第三层设计——最新公告与广告区 200
15.5.1 加入最新公告图片 200
15.5.2 应用折叠效果 JavaScript 201
15.5.3 修改类 201
15.5.4 加入广告图片 202
15.5.5 运用 CSS 样式 203

15.6 第四层设计——课程分享 204
15.6.1 加入课程标题图片 204
15.6.2 加入课程 1 图片与内容 204
15.6.3 加入课程 2 图片与内容 205
15.6.4 加入课程 3 图片与内容 206
15.6.5 加入课程 4 图片与内容 206
15.6.6 运用 CSS 样式 207
15.7 第五层设计——按钮链接 210
15.7.1 加入图片 210
15.7.2 运用 CSS 样式 211
15.8 第六层页面设计——页脚 212
15.8.1 加入文字 212
15.8.2 运用 CSS 样式 212
15.9 回到顶部按钮的制作 212
15.10 检查各尺寸浏览状态 214
15.10.1 问题一的解决方式 214
15.10.2 问题二的解决方式 215

第 16 章 辅助工具 217

16.1 Bootstrap 套件下载 217
16.2 可视化 Bootstrap 在线编辑器 219
16.2.1 GRID SYSTEM 219
16.2.2 BASIC CSS 220
16.2.3 COMPONENTS 221
16.2.4 JAVASCRIPT 222
16.2.5 预览版式 222
16.2.6 下载结果 223
16.3 浏览器开发者模式检测 224
16.3.1 Firefox 浏览器 224
16.3.2 IE 浏览器 226
16.3.3 Google Chrome 浏览器 226
16.3.4 在线检测 228
16.3.5 插件的辅助检测 231
16.4 尺寸对照工具 232
16.5 检测优化工具 233
16.6 设备尺寸参考 234

第 1 章　响应式网页简介

1.1　何谓响应式网页

在市场调查机构 Millward Brown 提供的 2014 年的调查结果中显示，中国台湾地区民众每天使用移动设备上网的时间高达 197 分钟。也就是说，民众在不受时空与环境的限制下，都可以通过移动设备浏览网页。这样的趋势也成为各个企业必须掌握的重要营销渠道之一，借此创造出更多的业绩与营收。因此，在移动设备大行其道的年代，企业或商业购物网站如果尚未对移动设备进行优化，势必会减少民众在网页上停留的时间。

许多企业应对此项转变的初期做法是特地为移动设备制作移动版网站，但是这种方式会造成业主在网站信息维护上的麻烦，时间一久就容易造成各种版本网站信息不一致的情况；另外，若使用移动设备浏览网站的用户输入的是计算机版的网址，等到连接网站成功后，网页就会自动进行浏览设备的判断而重新导向至移动版网站，但是这种设计会造成不同网址却有相同内容的情况。从目前技术发展而言，这种做法对企业在搜索的排名上较不利。

为了解决上述问题，2010 年 5 月著名网页设计师 Ethan Marcotte 提出了“响应式网页设计（Responsive Web Design）”的概念，如图 1-1 所示。简单来说，网站会自动针对不同浏览设备（台式计算机、笔记本电脑、平板电脑、智能手机）的屏幕尺寸进行内容上的调整，以便用最佳浏览（排版）方式来显示网页内容。

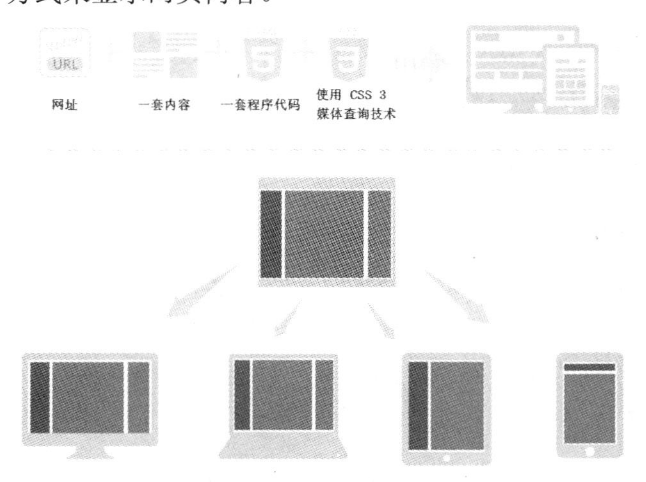

图 1-1　响应式网页的概念

此概念可让用户在使用各种不同设备浏览网站时有更佳的浏览效果和停留在网页中的意愿。这样的概念也使得网站内容在维护时只需维护一个版本即可。此设计不单是程序编译上的配合，在一开始的整体架构及设计中就需引入响应式网页设计的概念，在响应式网页设计概念的引导下，网页框架必须简洁利落，信息清晰易读，同时搭配优美的图片，让网页整体设计可以正确无误地传达品牌形象和企业信息给浏览的用户。目前响应式网页设计的概念已成为网页设计的主流，越来越多国内外的知名企业网站开始采用这项技术。

响应式网页概念提出至今，有越来越多的人采用此概念来设计网站。这个设计概念得到大众认可的主要因素是：在如今移动设备快速成长与多样化的情况下，已不再有标准的屏幕尺寸。严格定义后的响应式网页凭借着本身具有的各种弹性，能够灵活地适用于不同的设备中。

1.2 响应式网页的优点

由于响应式网页是建立在 CSS3 的基础之上，因此要体验响应式网页之前必须要有支持 HTML5 与 CSS3 的浏览器。下面列出目前已支持的浏览器版本及其优点的说明：

- Internet Explorer 9 以上。
- Chrome、Firefox、Opera、Safari 自动更新至最新版本即可。

1. 开发成本与时间比传统网页App 低

使用可搭配 CSS3 的 Media Query 来编写支持移动设备尺寸的 CSS 内容，以适用各种不同设备的浏览。若是传统网页型 App 则必须各自开发 iOS 版以及 Android 版两个版本，一个版本的开发费都以十万元（人民币）为基数，开发时间加上审核上架时间相当长。因此在开发成本与时间上，响应式网页明显优于 App。（两者比较的基准点是以信息显示进行对比，而不考虑移动设备特有的操作模式。）

2. 不需要下载App 就能使用

这不只是响应式网页的优点，可说是所有移动版网页和手机 App 相比的最大优势。App 必须到 iTunes、Google Play 或其他应用商店下载，若要更新，则必须重新审核后再通知所有下载用户。反之，采用响应式网页时只要管理者更新网站，用户所浏览到的信息就会是最新版本。

3. 维护成本比App 低

响应式网页不需要重新编写一份 HTML，只需直接使用 CSS 属性来对不同设备进行调整即可。App 完成之后要不定期地根据手机操作系统版本或新的浏览规格来进行调整才能确定在各种移动设备上都能顺利运行。

4. 品牌形象一致

同一个网站适用于各种设备，自然不需要针对不同版本来设计不同的视觉效果。

5. 符合用户习惯

无论是计算机或移动设备，浏览器的搜索功能都是以“网页”为主。举例来说，当搜索“北京美食”四字时，只会显示出关于北京美食的相关内容，并不会搜索任何带有北京美食名称的App。

6. 利于 SEO（搜索引擎优化）

响应式网站除了在 SEO 方面优于 App 之外，与独立网址的移动版网站相比，响应式网站可避免重复性的内容，并保持一致性的链接与使用习惯。两者相比，响应式网站在 SEO 方面占据优势。

1.3 响应式网页的缺点

虽然响应式网页的概念带来多种效益，但是因为某些因素还是会有无法满足的部分。响应式网页的缺点说明如下：

1. 旧版浏览器不支持

由于响应式网页是与 CSS3 的 Media Query 配合使用的，因此这项技术在旧版的浏览器中并不支持。

2. 小尺寸屏幕不适合复杂的功能或界面

响应式网页必须考虑在不同设备上的运行，为了让响应式网页可适应不同的浏览设备，在功能上必须有所取舍。

响应式网页属于网站对应的网页，并非应用型 App。若是想要很复杂的功能，如拍照、闹钟定时呼叫等，还是开发 App 较为妥当。

3. 加载速度问题

响应式网页使用同一份 HTML 和 CSS，所以无论是在移动设备上还是在计算机上浏览，都是下载同一份网站数据，再根据设备本身的浏览尺寸去读取 CSS 文件中的对应内容，因此加载速度并不会变快。

4. 不同设备间的浏览方式

移动设备用户与计算机用户的网页浏览习惯是完全不同的，要能符合两边的使用习惯，必须下很大的功夫去规划浏览动线。

5. 开发时间较长

由于响应式网页要采用多设备都兼容的 CSS 内容，因此所花费的开发时间一定会比开发一个网页的时间长。

1.4 响应式的概念

响应式设计概念是基于流式网格（或称为流式布局、自适应布局）、流式图像（或称为自适应图像）、流式表格（自适应表格）、流式视频（自适应视频）和媒体查询等技术的组合，以显示出一个非固定尺寸的网页状态。以往固定宽度的网页布局是无法在如今多变且未知的设备中达到最佳浏览体验的，如图 1-2 所示。

其核心的三个概念为流式网格（Fluid Grids）、媒体查询（Media Queries）、流式图像（Fluid Images），原本三者都是现有的一些技术，但在响应式设计过程中这些概念具有更广泛的意义。

1. 流式网格（Fluid Grids）

流式网格是将网页元素以各种大小方格来进行网页版面的布局设计，使之能按照浏览器的大小自由缩放网页元素。

在响应式设计的布局中，不再以像素（px）作为唯一单位，改而采用百分比或者混合百分比、像素为单位，以便设计出更灵活的布局内容。

2. 媒体查询（Media Queries）

Media Queries 是 CSS3 的技术，是从 CSS2 的 Media Type 延伸而来的。在特定环境下借助查询到的各种属性值（比如设备类型、分辨率、屏幕尺寸及颜色等）来决定给予网页什么样的样式内容。

3. 流式图像（Fluid Images）

伴随着流式网格的弹性和自适应性，图像作为信息重要的形式之一，也必须有更灵活的方式去适应网页布局的变化。

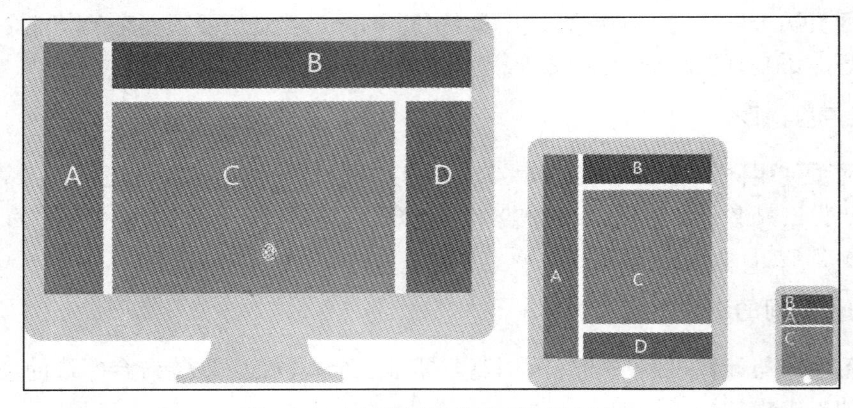

图 1-2　响应式网页的界面切换概念

1.5　Viewport

Viewport（视点）的作用是告诉浏览器目前设备有多宽或多高，以让用户在通过不同设备浏览网站时可以作为缩放的基准比例。若网站中少了此段语句，则无论响应式网页做得多漂亮多丰富，在移动设备中的网页都会以高分辨率的模式来显示，这时用户就必须通过手指进行放大与缩小的操作来阅读网页。

响应式网页是在浏览器端判断不同设备的窗口大小，让同一个网页自动运用不同的 CSS 来变化版面的配置。

1. 特色

- 根据设备的显示区域来展示文件（HTML）。
- 可以放大或缩小 HTML，以符合设备的可视区域。
- 通常会有初始值设置缩放的级别或其他规则。

2. 用法

在构建 RWD 网页时，必须先在网站开始的地方加入 Viewport 屏幕分辨率设置的语句，语句与说明如下。

```
<meta name="viewport" content="width=device-width, initial-scale=1.0,
minimum-scale=0.8, maximum-scale=2.0, user-scalable=no">
```

- width：使用 device-width（设备宽度）作为可视区域的宽度。
- initial-scale：初始比例，用 1 表示 100%，范围为 0.1~1。
- minimum-scale：最小可以缩小到 80%。
- maximum-scale：最大可以放大到 200%。
- user-scalable：是否允许用户进行缩放，no 表示不允许，yes 表示允许。

1.6 流式网格

流式网格是由两种技术组合而成的，一种是网页元素采用网格设计（Grid Design），另一种是网页元素采用按照窗口大小缩放的流式布局（Liquid Layout）。

1.6.1 网格设计

响应式网页设计一开始会先使用网格式设计来配置各个元素，并在确定各元素位置之后将 px 单位改为百分比单位，如此就可以根据画面大小自动调整成适当的版面了。

除了设置为相对比例，还要设置宽度最大值与最小值，当宽度超过或低于某个限制值时可以固定版式，例如超过最大值后就固定为两侧留白的版式，如此在遇到宽屏幕时也能提供适合阅读的版式。

在设计过程中，会使用 div 进行排版，而写法大致上有两种，可以利用 float:left 与 float:right 或 display: inline-block 来实现。

方法一：float（浮动）

图 1-3 中的范例就是用 float 将 4 个 div 从左至右排序，当外围区块较小时，4 个 div 会根据外围的区块宽度重新调整内容显示的位置。

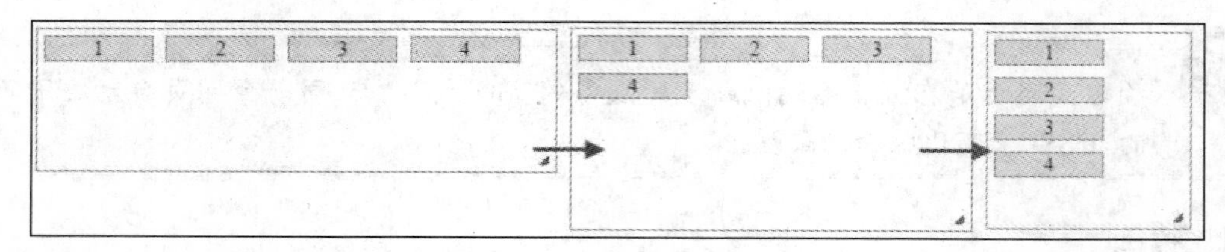

图 1-3 浮动排版方式

原理就是利用 float: left 将元素浮动靠左排列，反之用 float: right 靠右排列，当超过容器最大宽度（如 body）时，div 就会自动挤到下一行。

方法二：display: inline-block

除了 float 属性之外也可以用 display: inline-block; 实现从左向右排列。只要把原本的 float: left 换成 display: inline-block 就可获得一样的效果，同时也可以通过指定 text-align 来达到文字靠左或靠右对齐。

其实，float 和 display: inline-block 各有优缺点，当 float 宽度不足时区块会自动往下掉，可能会与其他元素重叠，不过可以用 clear 来消除 float 的效果避免重叠；display: inline-block 就没有这个问题，但是运行方式会比较像文字，像靠右、靠左对齐都是用 text-align: left /right，但基本上区块的“顺序”还是会从左到右进行显示。

1.6.2 流式布局

第二种实现 Fluid Grid 的技术是 Liquid Layout（流式布局），主要就是把原本 px 单位改成用百分比单位来制作版面，使呈现的区块尺寸根据浏览器的状态进行动态调整，而不是以固定尺寸来显示，参考语句如下：

```
div {
width:360 px;
/*修改为以%为单位 */
width:35.15625 %;
}
```

在刚开始设计版面的时候用百分比来制作会有点难度，所以可以先用固定尺寸（px）来制作，规划完版面后再转换成相对比例（%），参考公式如下：

子元素占比（%） = 欲变更元素的固定值 / 父元素的固定值×100

举例来说：假设要变更的子元素宽度是 360 px，整个版面是用 1024 px 固定宽度进行设计，那么 360 px 换算成百分比后的宽度就为 360 / 1024×100 = 35.15625%。除了各子元素可以这样换算之外，padding 属性和 margin 属性也可以用这个方法来换算，例如：

padding: 8px；换算成百分比，8 / 1024×100 = 0.78125%，padding: 0.78125%;。

1.7 媒体查询的基础

SS3 Media Query（媒体查询）是响应式网页设计的主要核心技术之一，简单来说就是让不同浏览设备去运用符合该设备浏览尺寸的 CSS 内容，所运用的尺寸称为“断点”。基本上断点要能代表手机、平板电脑、计算机 3 种浏览设备的版式。演变至今，有时网站的断点都是根据网站的类型与使用情况加以制定出来的，甚至是考虑到特定的设备类型而进行了网站的规划。

早期网页断点的方案是使用一些固定的宽度进行划分，如 320 px（iPhone）、768 px（iPad）、960 px 或 1024 px（传统 PC 浏览器）。这种方案的好处是可以让当前的主流设备完美显示该网页，但是技术发展得太快了，各种不同屏幕尺寸的设备推陈出新，比如一些手机的屏幕尺寸接近平板电脑的屏幕尺寸，一些平板电脑的屏幕尺寸比有些计算机的屏幕尺寸更大等，因此使用早期的固定断点技术已经很难保证未来能支持各种不同的设备。随着具有不同屏幕尺寸的各类设备的出现，断点命名采用更为通用的方式，而不是用设备来命名，如图 1-4 所示。

图 1-4 不同尺寸的网页呈现方式（引用来源：https://www.jisc.ac.uk/）

在断点规划上的最佳做法是，先从较小的设备开始选择主要断点，之后再处理较大的设备，先设计符合小屏幕的内容，接着将屏幕放大，等到画面开始走样时再设置断点。如此一来，即可根据内容将断点优化，只需保留最少的断点即可，如图 1-5 所示。

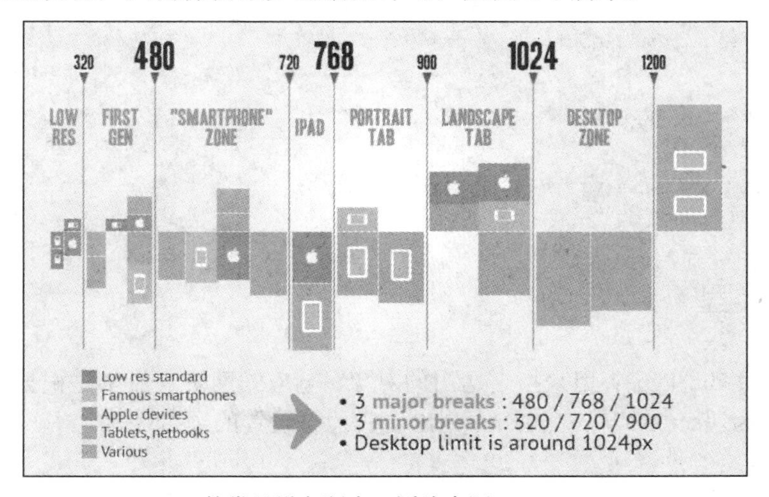

图 1-5 Medial Query 的常见设备断点（图片来源：https://responsivedesign.is/）

1.7.1 使用方法

Media Query 的使用方式有如下两种：

（1）在 CSS 文件中，用 @media 来判断用户的屏幕宽度，选择加载哪一段 CSS。下列范例为当屏幕小于 400px 时运用对应的 CSS 文件。

- 范例：@media screen and (max-device-width: 400px){...}

（2）在 HTML 文件中用 media 属性判断用户设备的宽度，以选择加载哪一份 CSS 文件。下列范例为当屏幕小于 400 px 时运用 Screen.css。

- 范例：<link rel="stylesheet" type="text/css" media="screen and (max-device-width: 400 px) " href="Screen.css">

1.7.2 设置方式

Media Query 的设置方式如下：

```
@media mediatype and (media feature) { CSS设置; }
```

语句中可拆解 3 部分来进行设置，分别是：媒体类型（media type）、判断条件（and | not | only）、媒体特征（media feature）。下列条件分别对应到下面的 Media Query 设置：

- 画面宽度在1024 以上，采用 < CSS 设置 1 >。
- 画面宽度在768 以上，采用 < CSS 设置 2 >。
- 画面宽度在480 以上，采用 < CSS 设置 3 >。

✪ Media Query 的设置范例

```
@media screen and (min-width:1024 px) {  CSS 设置 1
}
@media screen and (min-width:768 px) {  CSS 设置 2
}
@media screen and (min-width:480 px) {  CSS 设置 3
}
```

1.7.3 媒体类型

媒体类型（Media Type）用来指定运用的对象。响应式网页一般都是根据屏幕大小来调整版式，因此设置为“screen”。表 1-1 中列出了其他可设置的项目：

表 1-1 媒体类型及说明

Media Type	说明
all	所有媒介
print	打印机
braille	盲文点字机
screen	屏幕大小
handheld	手持设备
tv	电视
projection	投影仪

1.7.4 判断条件

Media Query 语句中可加入“and”“not”“only”进行相关条件的判断。

and 使用方法

(1) 方法一：单一成立

```
@media screen and (min-width:600 px) {
CSS 设置
}
```

如果屏幕宽度为 600 px（含）以上，就运用此 CSS 设置。

(2) 方法二：同时符合两种条件

```
@media screen and (min-width:600px) and (max-width:800px) {
   CSS 设置
}
```

将 CSS 样式“运用”于宽度 600 px ~ 800 px 之间的窗口。

(3) 方法三：两种条件，符合一种即可

```
@media screen and (color), projection and (color) {
CSS 设置
}
```

如果是彩色屏幕或彩色投影仪，就运用这些 CSS 设置。

not 使用方法

not 用来排除某些设备的样式，假设希望这个样式只在 A 设备起作用，而在 B 设备完全不起作用，就可以使用 not。

```
@media not screen and (color), print and (color) {
```

```
css 设置
}
```

彩色屏幕不会运用 CSS 设置，彩色打印机会运用 CSS 设置。

only 使用方法

only 用于那些不支持 Media Query 却需要读取 Media Type 的设备隐藏样式。

```
@media only screen and (min-width : 600 px) {
  css 设置
}
```

1.7.5 媒体特征

Media Query 的条件类型可设置的属性如表 1-2 所示。

表 1-2 Media Query 属性及说明

属性	说明
device-height	设备屏幕高度，设置 px、mm 或 em 等值
device-width	设备屏幕宽度，设置 px、mm 或 em 等值
width	窗口宽度，设置 px、mm 或 em 等值
height	窗口高度，设置 px、mm 或 em 等值
max-device-height	最大设备屏幕高度，设置 px、mm 或 em 等值
max-device-width	最大设备屏幕宽度，设置 px、mm 或 em 等值
max-height	最大窗口高度，设置 px、mm 或 em 等值
max-width	最大窗口宽度，设置 px、mm 或 em 等值
min-device-width	最小设备屏幕宽度，设置 px、mm 或 em 等值
min-device-height	最小设备屏幕高度，设置 px、mm 或 em 等值
min-height	最小窗口高度，设置 px、mm 或 em 等值
min-width	最小窗口宽度，设置 px、mm 或 em 等值
orientation	设备方向，可设置“portrait”（竖向）或“landscape”（横向）
device-aspect	设备屏幕长宽比例，以“长 / 宽”来设置

1.8 流式图像

响应式网页中的图像能根据画面的大小缩放，此方式称为 Fluid Image（流式图像或自适应图像）。流式图像与流式网格的理念相同，主要是把原本的 px 单位换成百分比单位，实现按画面尺寸缩放的效果。

在响应式网页中，图像的显示方式有两种，一种是传统 <img> 标签，另一种就是用 CSS

的背景图。在网页中插入一般图像 <img> 标签，只需将 width 或 height 其中一个尺寸设为 %、另一个则设为 auto 即可实现响应式的效果——自适应的显示效果，参考语句如下：

✪ img 图像的 Fluid Image 设置语句格式

```
#banner { width: 100%; height: auto;
}
```

在上述语句中，也可改用 max-width : 60% 之类的方式防止图像被放大到模糊不清。

另外，运用背景图的方式也可弥补 <img> 无法针对屏幕大小指定合适图像的缺点，但是会因为要进行等比缩放而面临被截去部分图像的问题（因为父容器的高度已固定），background-size 这个 CSS3 的新属性可以设置背景图像的大小，未指定的话就是 auto 原图的大小，一般可以使用 cover 让背景图填满容器。

✪ 背景图片的 Fluid Image 设置语句

```
#banner {
background-size: cover;
}
```

1.9 字 体

为了让网页中的字体能根据屏幕大小进行缩放，字体的单位必须设为百分比，以支持动态的网页内容。同样的，如前面章节所提到的流式图像（或称为弹性图像、自适应图像）一样，只要修改小细节即可实现。因此，在响应式网页设计中，只要将以往对字体所使用的 px 单位改成 em 单位或百分比 % 单位即可。

字号的设置单位，有绝对大小的 px，以及比例单位的 em 和百分比。而像素（px）是一个绝对单位，如将字号设为 20px 时，网页将以 20px 显示字体，且不会因为不同的浏览设备而有所改变。使用绝对单位的好处是可以完全掌握网页内容，使网页以最佳的面貌呈现。

然而，精准的单位尺寸无法满足如今多样化的设备需求，如前例所述，当 20px 大小的字体在使用计算机浏览时可使网页呈现出最完美的效果；而在移动设备中，20px 大小的字体就会显得过大并呈现出粗糙感。

因此，为了避免字号影响不同设备间的阅读效果，最佳的做法是字体以 em 或百分比来进行设置。无论是使用 em 还是百分比，均是以浏览器默认的字体样式为基准进行比例设置。注意：1em=16px。

第 2 章　Bootstrap 简介

2.1　何谓 Bootstrap

Bootstrap 的原名为 Twitter Blueprint，由 Twitter 的 Mark Otto 和 Jacob Thornton 编写，本意是制作一套可以保持一致性的工具和框架。在 Bootstrap 之前，每位网页设计师对于版面的布局都有不同的排版方式，布局的命名也有所不同。除了版面布局之外，还有版面上的各种元素，如表格、列表、窗体、项目符号等元素的排版，都会使 CSS 的样式变得非常庞大且复杂，这样很容易导致不一致的问题，从而增加了维护的负担。

因此诞生了 Twitter Bootstrap，它是一组用于网站和网络应用程序的前端框架，而且是自由软件，其中包括 HTML、层叠样式表（CSS）及 JavaScript 的框架，提供了字体、窗体、按钮、导航及其他各种组件，并提供了 JavaScript 扩充插件，旨在使得动态网页和 Web 应用的开发更加容易。

所谓“前端”，指的是展现给用户的界面。与之对应的“后端”，则是在服务器上面执行的代码。

发展至今，Bootstrap 的流行与普及程度使得大多数企业在招聘网页设计师时都列为必会的技能条件之一。主要的原因是 Bootstrap 采用了模块化设计，简易到我们只要懂得如何运用即可，借此可帮助网页开发者快速开发出具有相当美感的网页和响应式的结果。

此特点使得许多不擅长视觉设计的网页工程师们节省了很多美化网页的时间并免除了不少烦恼，视觉设计师们也能按照自己设计的版式构建出网页；同时还支持市面上大部分的主流浏览器，让设计师们可以放心地使用。

Bootstrap　适合下列人员使用：

- 程序设计师。后端程序设计师、前端程序设计师。
- 视觉设计师。平面视觉设计师、网页视觉设计师。
- 网站企划师。直接用 Bootstrap 进行 Prototype 设计。

2.2　Bootstrap 具有哪些内容

如前所述，Bootstrap 本身提供了大量的样式与功能，让设计师们可以快速地运用以提高生产力，因此在网页的布局、CSS 样式与互动这 3 个方面所提供的内容如下：

（1）网页布局。可运用于多种设备中的布局与容纳内容的网格系统，以达到快速布局的目的。

（2）CSS 样式。全局的 CSS 设置、样式与可扩充的类，以增强基本 HTML 的样式呈现。样式有图像、程序代码、表格、窗体、按钮和其他辅助等类。

（3）组件。超过几十个可重复使用的组件。组件有字体图标（Glyphicons）、下拉式菜单、输入框（input）群组、导航栏、警告窗口等许多功能。

（4）JavaScript。内含 13 个 jQuery 插件。插件有工具提示框（tooltip）、弹出框（popover）、模态框（modal）等具有互动性的组件。

2.3　下载 Bootstrap

- 框架名称：Twitter Bootstrap
- 官方网站：http://www.getbootstrap.com/

步骤01 连接到官方网站，网址为 http://www.getbootstrap.com/。

（注：Bootstrap 也有简体中文版，网址为 http://bootstrap.evget.com/，对于习惯使用中文界面的人来说是个不错的选择。）

步骤02 用鼠标单击官方网站首页中的“Download Bootstrap”按钮前往下载页面，如图 2-1 所示。中文版网页如图 2-2 所示。

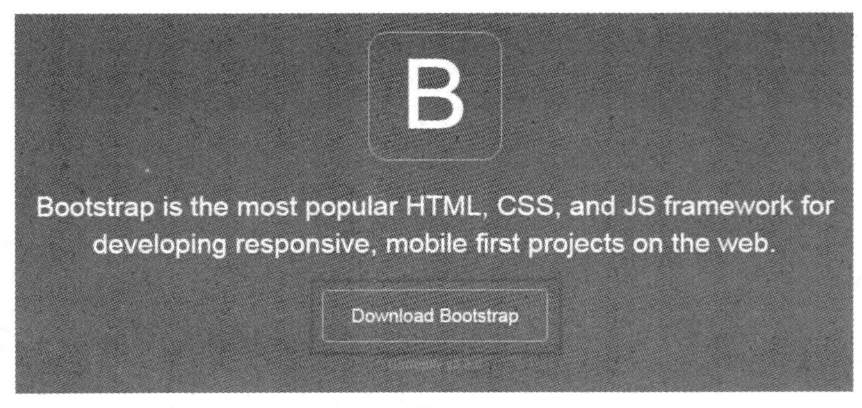

图 2-1　官方网页

图 2-2　中文版网页

步骤03 在 Download 页面单击 Bootstrap 项目的“Download Bootstrap”按钮，以便下载网页框架的压缩文件，如图 2-3 所示。

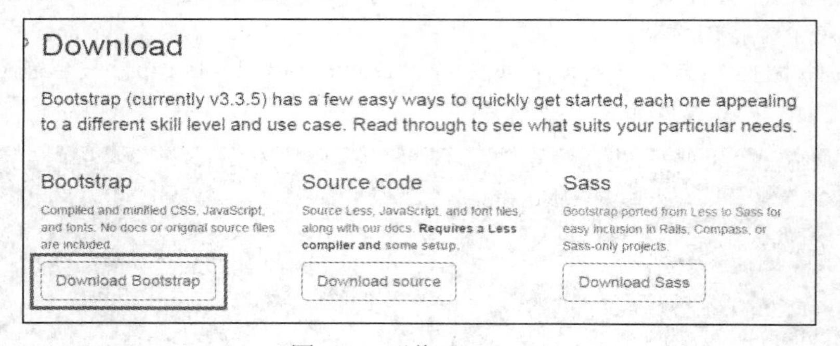

图 2-3　下载 BootStrap

步骤04 在压缩文件中有 3 个文件夹（见图 2-4）：css、js、fonts。

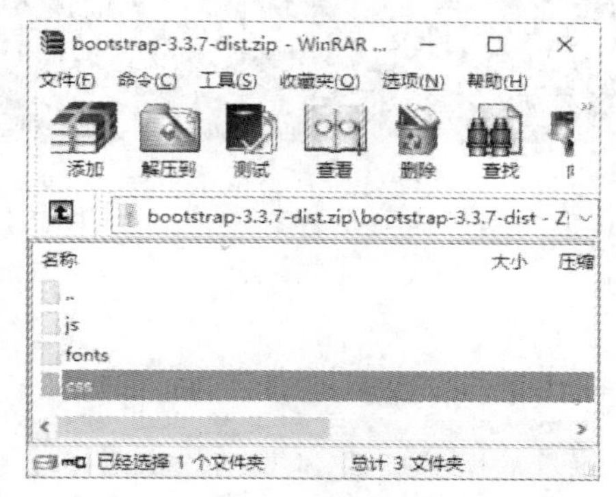

图 2-4　BootStrap 压缩文件中的三个文件夹

在 css 与 js 文件夹中可发现，在同样的文件名的基础下，有常规可编辑文件（如 bootstrap.js）以及优化的 .min 文件（如 bootstrap.min.js）。两种文件的内容一模一样，差别在于 .min 是缩排文件，其中缩排用的是空格字符，目的是节省网络传输的字符数，但不利于后续的编辑。

建议采用常规性的文件进行编辑或修改，完毕后再将此文件进行优化处理，并以 .min 进行命名，网页中读取的文件都是优化后的文件，如图 2-5 所示。

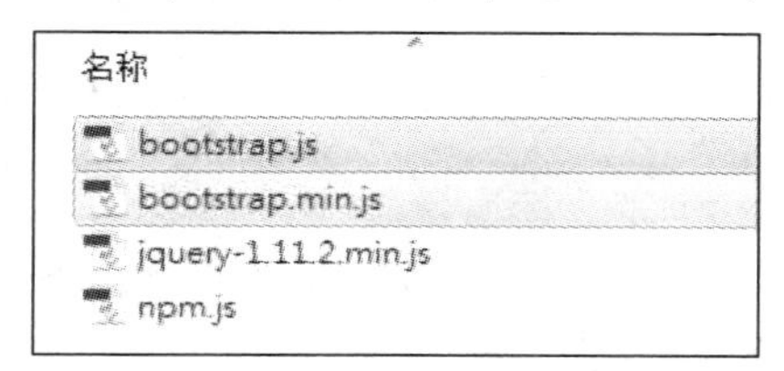

图 2-5　常规文件和优化后的文件

2.4　链接 Bootstrap 框架

步骤01 把 Bootstrap 三个文件夹全部放进网站项目的文件夹中，如图 2-6 所示。

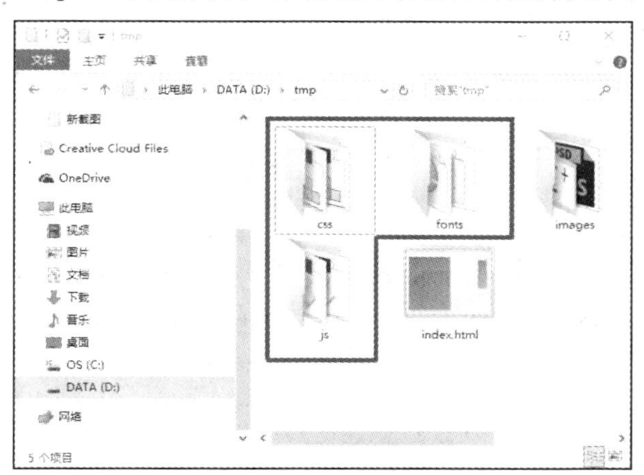

图 2-6　把 Bootstrap 三个文件夹全部放进网站项目的文件夹中

步骤02 在 html 的 <head> ~ </head> 标签中建立 css 与 js 的链接，加载的两个链接（见图 2-7）如下：

- Bootstrap 的 CSS 文件

```
<link href="./CSS/bootstrap.min.CSS" rel="stylesheet">
```

- Bootstrap 的 JavaScript 功能

```
<script src="./js/bootstrap.min.js"></script>
```

```
<!doctype html>
<html>
<head>
<meta charset="utf-8">
<title>123LearnGo</title>
    <link href="./css/bootstrap.min.css" rel="stylesheet">
    <script src="./js/bootstrap.min.js"></script>
</head>
```

图 2-7　文件链接的路径（根据项目自身的文件夹结构进行调整）

2.5　下载与链接 jQuery 文件

步骤01 由于 Bootstrap 中所使用的互动效果需要用到 jQuery，因此要自行到 jQuery 官方网站下载 jQuery 文件。

- 下载网址为 https://jquery.com/download/，显示出的网页如图 2-8 所示。

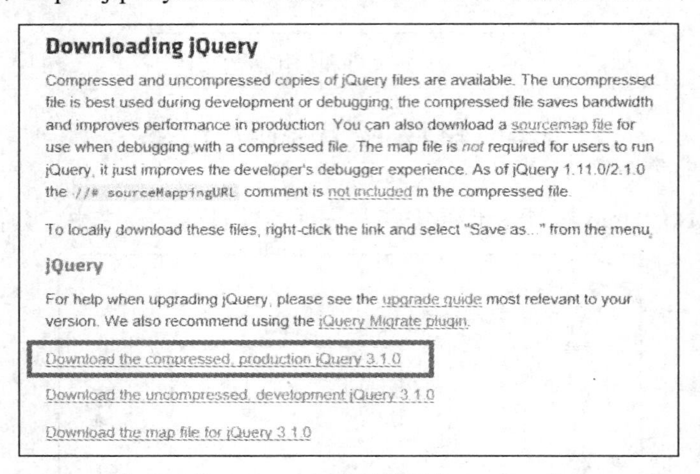

图 2-8　从 jQuery 官方网站下载 jQuery 文件

步骤02 将下载的 jQuery 文件放到 js 文件夹中，如图 2-9 所示。

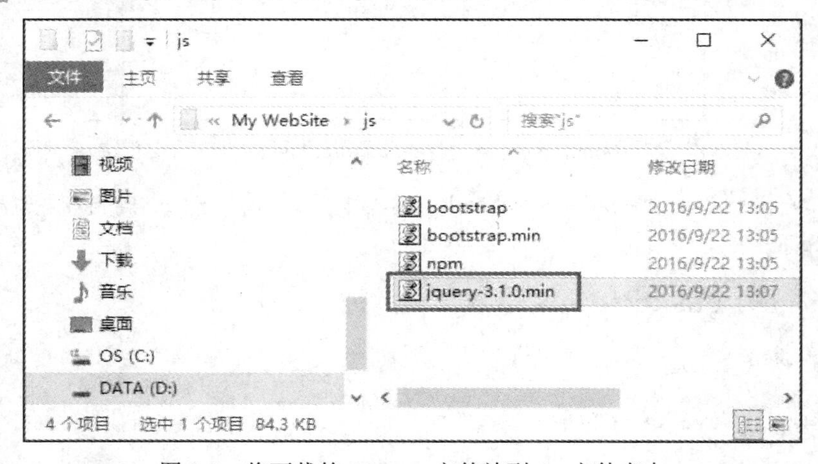

图 2-9　将下载的 jQuery 文件放到 js 文件夹中

步骤03 在 html 的 <head> ~ </head> 标签中，建立 jQuery 文件的链接，如图 2-10 所示。

```
<script src="./js/jquery-3.1.0.min.js"></script>
```

```
<!doctype html>
<html>
<head>
<meta charset="utf-8">
<title>123LearnGo</title>
    <link href="./css/bootstrap.min.css" rel="stylesheet">
    <script src="./js/bootstrap.min.js"></script>
    <script src="./js/jquery-3.1.0.min.js"></script>
</head>
```

图 2-10　建立 jQuery 文件的链接

2.6　快速体验——运用 CSS 样式

步骤01 新建一个网页，并建立 Bootstrap 中 css 与 js 的链接，以及 jQuery 的链接。

步骤02 连接到 Bootstrap 官方网站（网址为 http:getbootstrap.com），单击上方的“CSS”按钮，如图 2-11 所示。

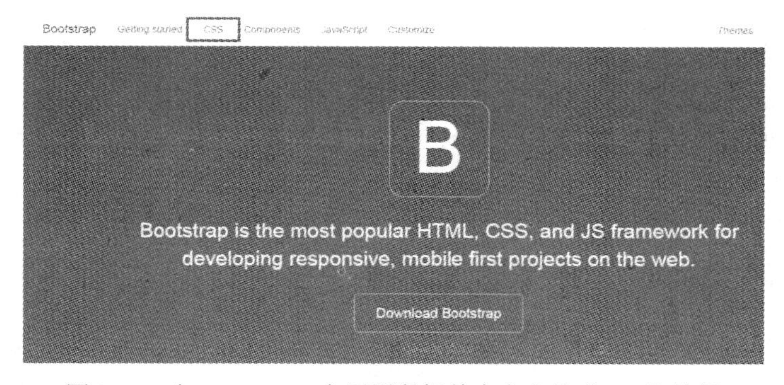

图 2-11　在 Bootstrap 官网用鼠标单击上方的“CSS”按钮

步骤03 在右边的字段中单击“Buttons”类，此时页面会自动跳到 Buttons 类的内容，如图 2-12 所示。

图 2-12　选择 Buttons 类

步骤04 单击在 Buttons 类下的“Options”样式，并单击 Example 范例中的“Copy”按钮，以复制整段程序代码，如图 2-13 所示。

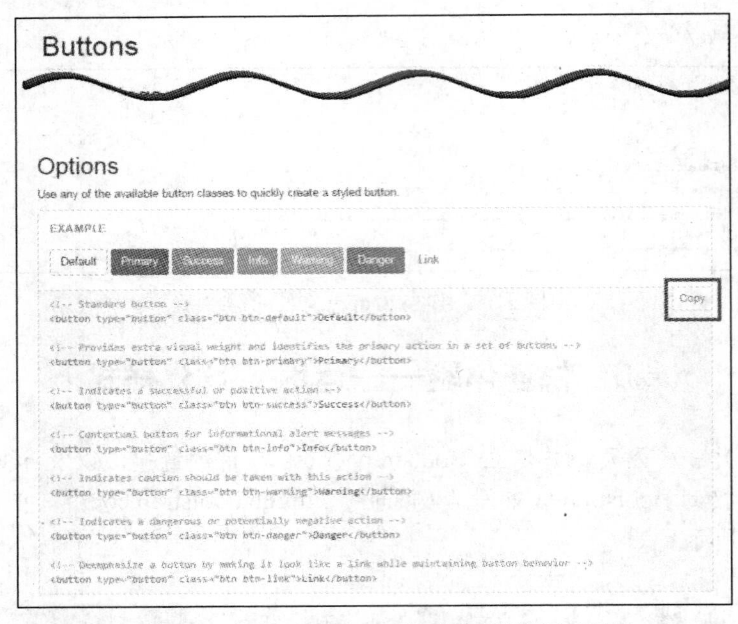

图 2-13 复制“Options”样式的范例程序代码

步骤05 将复制后的语句粘贴到 <body> ~ </body> 标签中间并保存网页，如图 2-14 所示。

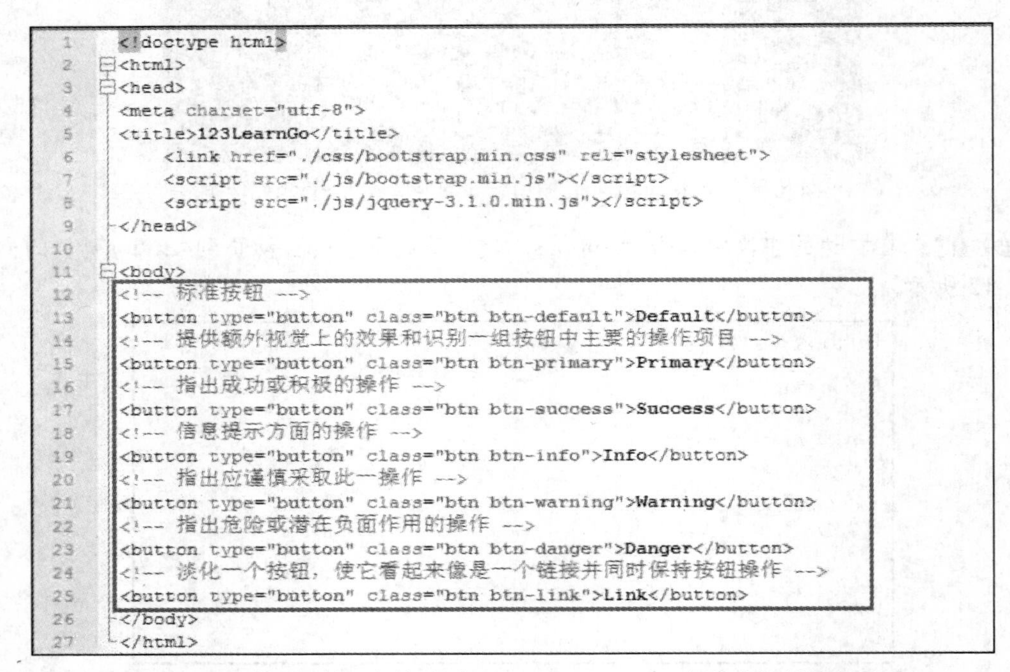

```
1  <!doctype html>
2  <html>
3  <head>
4  <meta charset="utf-8">
5  <title>123LearnGo</title>
6      <link href="./css/bootstrap.min.css" rel="stylesheet">
7      <script src="./js/bootstrap.min.js"></script>
8      <script src="./js/jquery-3.1.0.min.js"></script>
9  </head>
10
11 <body>
12 <!-- 标准按钮 -->
13 <button type="button" class="btn btn-default">Default</button>
14 <!-- 提供额外视觉上的效果和识别一组按钮中主要的操作项目 -->
15 <button type="button" class="btn btn-primary">Primary</button>
16 <!-- 指出成功或积极的操作 -->
17 <button type="button" class="btn btn-success">Success</button>
18 <!-- 信息提示方面的操作 -->
19 <button type="button" class="btn btn-info">Info</button>
20 <!-- 指出应谨慎采取此一操作 -->
21 <button type="button" class="btn btn-warning">Warning</button>
22 <!-- 指出危险或潜在负面作用的操作 -->
23 <button type="button" class="btn btn-danger">Danger</button>
24 <!-- 淡化一个按钮，使它看起来像是一个链接并同时保持按钮操作 -->
25 <button type="button" class="btn btn-link">Link</button>
26 </body>
27 </html>
```

图 2-14 将复制后的语句粘贴到 <body> ~ </body> 标签中间并保存网页

步骤06 浏览网页，即可看到应用 Button 类之后的结果，如图 2-15 所示。

图 2-15 应用 Button 类之后的网页显示结果

步骤07 使用 Bootstrap 所提供的任何内容就如上述步骤一样简便。网页设计师只要先将基本网页组织起来之后，在想要的标签中加入 Bootstrap 所提供的各种 class 类的样式，即可呈现出漂亮的效果。详细的使用方法与说明将在第 10 章中介绍。

- 完整范例：本书提供下载的文件“\范例文件\ch2\index.html”

第 3 章　网站的开发流程

在团队中，不同技术专长的人要彼此配合就必须建立在良好沟通的基础上。由于企划、设计、程序这三个领域的工作是息息相关的，唯有良好的沟通与协调才能顺利完成整个项目，而且沟通的质量也间接地影响到最终成品的优劣。下面将以网站项目的执行流程以及相关人员该负责哪些工作事项进行说明，大致的流程如图 3-1 所示。

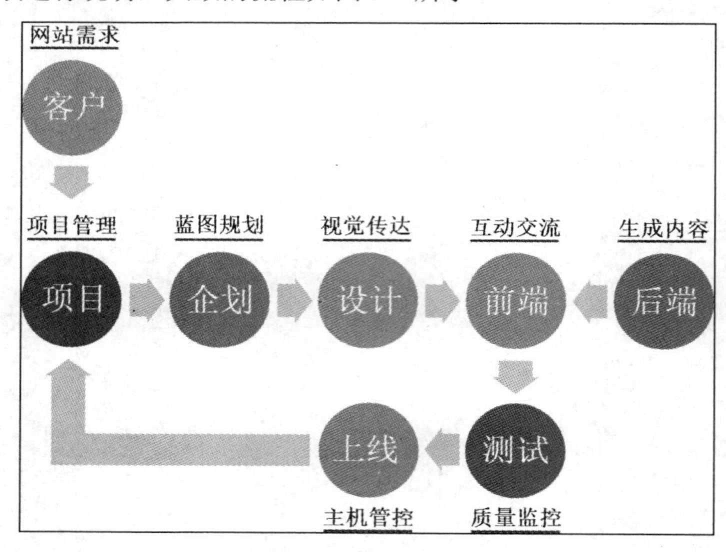

图 3-1　网页项目流程

3.1　项　目

项目经理（Project　Manager，PM）负责与客户洽谈网页的相关事宜，待项目成立后，项目经理管理项目团队的进度以及消除客户的疑问，这个角色也是设计师与客户之间完美沟通的桥梁，是统筹整个项目与进度的关键角色。

网站在构建过程中需注意的地方非常多，若客户一开始的需求不够明确，就很容易在制作过程中产生不断修改的问题，在这种不断修改的过程中会使沟通成本、制作成本、时间成本、机会成本等相对提高。

工作事项

（1）网站规划与报价确认：逐条确认网站规划书与报价等内容。网站规划书阐明制作规格、工作范畴。

（2）双方签约：由乙方（公司）准备装订完成的合约书（一式两份）、用印（加盖印章），连同第一期款发票寄出。甲方（客户）收到合约用印后再寄回，并支付第一期款项。

3.2 企　划

企划（Planner）负责了解客户的需求与期许后，着手构思网站目标、分析现状、归纳方向、判断各种可行性，直到拟订策略、实施方案、追踪成效与评估成果等，最终整理出一份网站规划书。之后再将规划书交至团队其他成员，团队成员再根据规划书中各自负责的事项进行填写与设计，以组织出网站的内容与各种需求。

工作事项

（1）了解客户的需求：客户提出初步的网站设计需求、网站架构图、功能需求及相关网站风格的参考。

（2）提供网站规划书、报价单：根据讨论的网站架构、功能需求，提供网站规划书、报价单等内容。网站规划应尽可能涵盖各个方面，其网站规划包含的内容如下：

- 进行网站构建前的市场分析
- 设定网站目的及功能定位
- 网站技术解决方案
- 网站内容规划
- 网页设计及视觉美编
- 网站维护与网站内容更新
- 网站发布前测试与调整修正
- 网站优化与网站发布推广
- 网站构建工作日程表
- 网站构建费用的明细

以上为网站规划书中应该体现的主要内容，根据不同的需求、构建目的以及内容再进行增减。在构建网站之初，一定要进行细致与详细的规划，尽可能避免各种不确定的因素，这样才能如期完成项目、满足客户需求。

3.3 设　计

这里的设计指的是视觉设计（Visual Designer，VD）。接手规划书后，与项目经理、企划讨论网站的细节，并着手进行界面设计、视觉风格、颜色搭配、心理分析等视觉设计。

视觉设计师除了要了解客户的行业类型，还要了解制作网页的主要用意，进而设计出符合客户需求的页面，设计师需具有独特的美感及创意，让网页能够两者兼备，创造出符合客户需求的网页。

工作事项

（1）网站风格讨论：双方进一步讨论网站视觉风格。讨论网站是否需遵循 CIS（企业识别系统）、VI（视觉识别）进行延伸设计。若无视觉系统，双方可共同讨论网站所使用的颜色、设计元素等需求。

（2）首页版面设计：此阶段将根据所讨论的各种设计需求进行首页提案设计，并提供设计稿与客户讨论、调整并最终定稿。

（3）图文资料：由客户提供内页所需的图片和文字，用于内页版面设计。设计师需要考虑如何将客户所提供的资料进行妥善编排与设计。

（4）内页版面设计：以先前所定稿的首页版面设计为基础，进行各内页编排设计，并与客户逐项讨论确认。

3.4 前 端

前端工程师（Front-End Engineer，F2E）负责视觉设计，以及整合后端工程师所开发出的各种内容与功能。其主要负责编写 HTML、CSS、JavaScript 与接收 API 等内容，最终要确保网页程序的正确性与顺畅度，进而将完成的网页呈现到网络上。

工作事项

（1）切版与组版：接收视觉设计师所裁切完毕的各种素材。根据整体的视觉样式利用 HTML + CSS 的方式进行网页切割与组装操作。

（2）效果制作：各种网站模块、组件、CSS 样式及定制化的程序设计，如 Slider（图片轮播）、Accordion（可折叠式菜单）与图片特效等。

（3）细部微调：切版的细节微调，如图片与文字尺寸的调整、文字的间距与行距的调整以及网页图文内容的修订等。

（4）内部测试：此阶段通过客户所提供的数据来检查网站的实用性，查看内容是否会造成跑版、字里行间是否容易阅读、数据是否按照既定的规则显示。

“切版”就是将视觉设计好的 PSD 设计文件切成 HTML + CSS 格式。
切版需要具有一定的技巧与专业知识，比如适当的HTML 语句tag（标签）及结构，用什么方式来组成内容可以比较好地呈现并具有较好的性能。CSS 怎么编写比较好维护更新，跨浏览器时怎么取得最佳的平衡，跨平台时要不要设计可以变更尺寸的响应式设计等，这些都是在此阶段就要决定的。

3.5 后 端

后端工程师（Back-End Engineer，B2E）根据网站规划书中所需的各项功能、数据库内容、后台管理系统等需求进行程序开发。同时需提供一种方式让前端工程师可以串接所开发出的功能，或是等前端工程师将网页设计完毕后交由后端工程师进行整合。

工作事项

（1）数据库内容：根据需求，开发出对应功能的字段内容与层次关系等。

（2）后台管理系统：制作与数据库连接的管理页面，让客户可直接从网页上登录，以进行页面数据的添加、删除、查询、修改操作，而不是去修改程序代码与数据库内容。

（3）功能制作：有些功能是前端与数据库相互连接后才能显示出的内容。例如首页的广告横幅（Banner），客户可直接从管理页面进行图片的替换，而前端工程师必须编写切换效果以及从数据库抓取指定的图片并显示出来，类似这部分的内容必须由后端工程师告诉前端工程师如何连接数据库。

3.6 测　试

待前端工程师与后端工程师将网页制作与整合完毕后，质量保证（Quality Assurance，QA）工程师根据网站规划书中的需求项目逐项检查内容与功能，借此建立和维持质量管理体系来确保网站质量没有问题。

工作事项

（1）初步校对：此阶段由客户浏览网站进行网页内容的校对，并列出问题的列表，以便逐条进行修正和调整。

（2）登录测试：此阶段由客户针对之后需自行使用的各项功能从网站后台进行登录测试，并参照提出的问题列表来进行修正和调整。

（3）网页修正：由公司根据列表内容更正图文资料并修复互动功能上的错误。

（4）多国语言版网站：在第一语言版本网站构建完成后才会进行其他各语言版本网站的制作。此阶段由客户提供各个语言版本的翻译文稿，再进行其他语言版本网站的制作，各个语言的版式会根据实际情况进行版面的调整。

3.7 上　线

将通过测试的网站上线，让大众可进行搜索与浏览。

工作事项

（1）上线的前置工作：准备 DNS 数据、主机连接数据、新主机环境检查测试。

（2）网站上线：网站转移至正式主机，等到 DNS 指向生效后，网站正式上线。一般而言，DNS 指向需 24～72 小时。网站上线后，需进行网站的各项上线核查。例如，在“联系人”窗体的邮件发送测试、网页目录安全性设置、加入 Google 分析、网站搜索引擎登录等。

（3）整合 Google 分析：整合 Google 网页分析平台（Google Analytics，GA）。客户可

通过 GA 了解网站每日的访客数、所使用的搜索关键字、访客来源地区等用户信息，以调整网站经营的策略。

（4）培训（网站交接）：此阶段将会由公司派专人为客户说明网站的操作和使用。同时也提供操作手册、网站后台登录数据，供客户日后用于网站的维护工作。

第 4 章　响应式网页的设计思维

4.1　与传统网站开发的差异

早期的网页设计只需适应一个规格，在制作的流程上与如今的响应式网页流程相比显得比较简单。传统的网站制作与响应式网站制作在流程上的差异如图 4-1 所示。

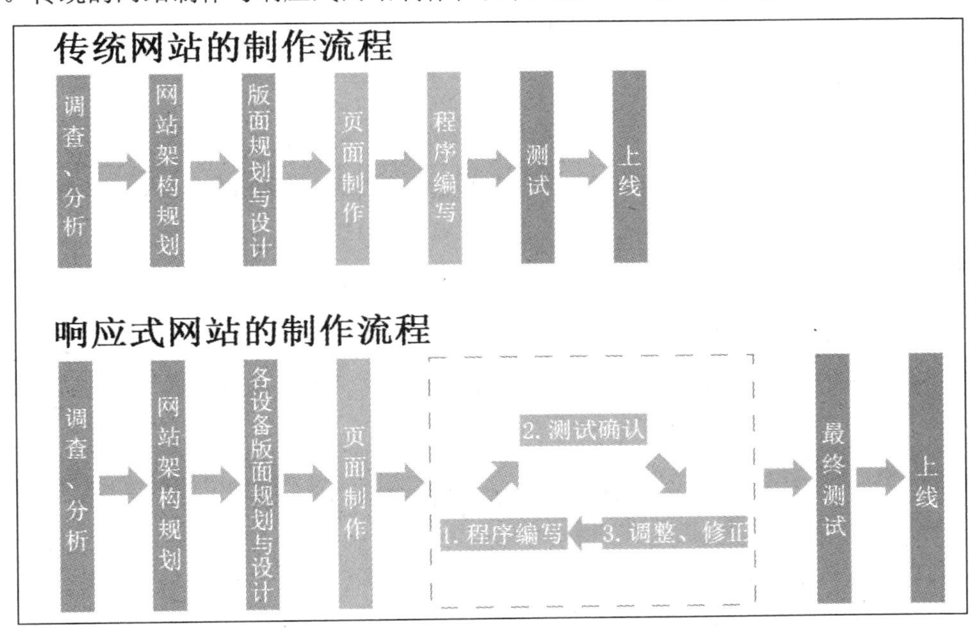

图 4-1　传统的网站制作与响应式网站制作在流程上的差异

在开发响应式网站时，如果不同设备（手机、平板电脑、计算机）的网页交给不同的人进行开发，不只页面设计上耗时，程序部分也很难衔接，而且此流程也变成与传统的开发流程相同，差别只在于制作的网站尺寸不同。因此，流程前半段必须规划各个 Media Queries 断点再进行网站的规划设计，随后再开始程序的编写， 后续则根据不同断点进行反复查看、调整。

版面配置不限于上述 3 种尺寸，根据不同的情况可能需要制作 4~5 种以上的版式或更小的版面。

在着手设计各种设备的版式时，需先根据与客户讨论后的需求结果粗略地进行各种设备的网页框架规划（Wireframe），如图 4-2 所示。Wireframe 是一种低保真度的设计原型，在去除所有视觉设计细节后进行页面结构、功能、内容规划，借此辅助查看整个界面流程和架构，以及与客户沟通设计想法。

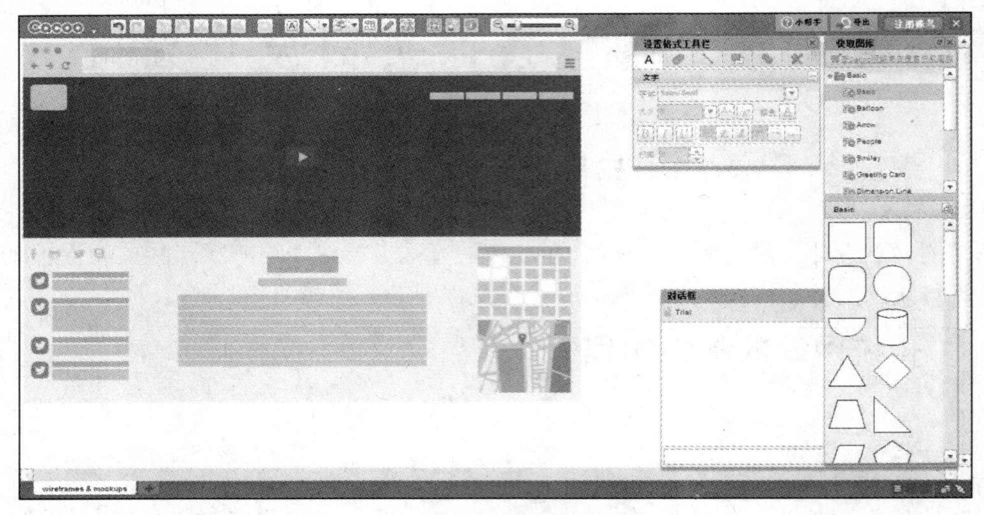

图 4-2　网页框架规划（Wireframe）

网页框架规划（Wireframe）：运用文字、线条和方块把每个区域所要显示的内容表示出来，尽可能地减少视觉设计元素，把重心放在检查使用体验、界面流程、页面层次上，有时候为了在视觉上更清楚地区分不同区域，也可以加上灰度色块来辅助。

4.2　响应式网页的设计考虑

目前大多网站选择成为响应式模式，主要原因有两点：

（1）基于设备：通过主流设备的类型及尺寸来确定布局断点，以设计多套样式，再分别投射到相应的设备，如图 4-3 所示。

- 优势：可以相对固定断点，方便进行设计。
- 缺点：设备更新过快，同一套断点内容总会有无法适用的设备。

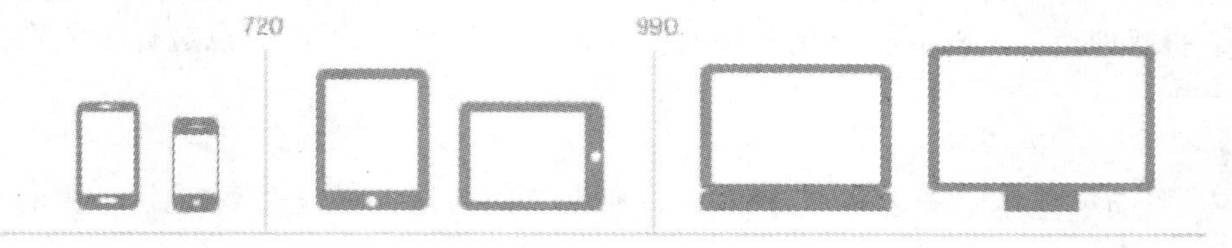

图 4-3　基于设备

（2）内容优先：根据内容的可读性、易读性作为确定断点的标准，如图 4-4 所示。

● 优势：适应性更强，基本上能覆盖所有设备。
● 缺点：很难提出标准的设计模式，断点可能会根据内容的不同而有所不同，需要考虑设备的物理尺寸。

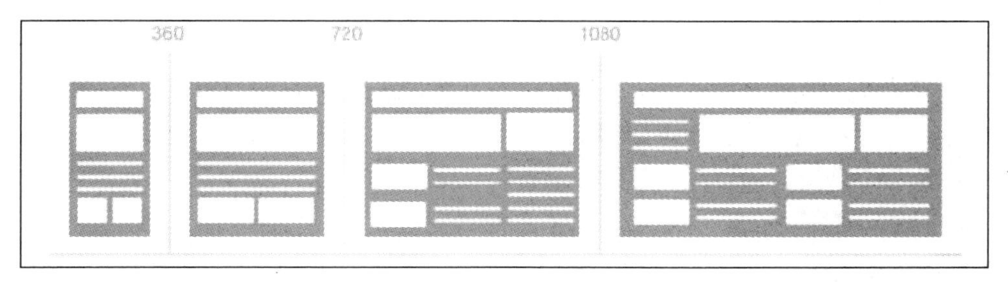

图 4-4　内容优先

建议采用内容优先的方式，因为内容优先真正符合响应式设计核心策略的模式，也是更加适用于未来设备的方式。过去基本上是基于计算机的几个主要尺寸选择最佳的标准尺寸去设计页面；如今移动设备已经琳琅满目，同时电视、可穿戴设备也慢慢开始发展，已经不再有固定的屏幕尺寸（见图 4-5）；未来，将更加无法预知设备的运行环境。因而无论浏览设备如何改变，重点依然是内容本身。

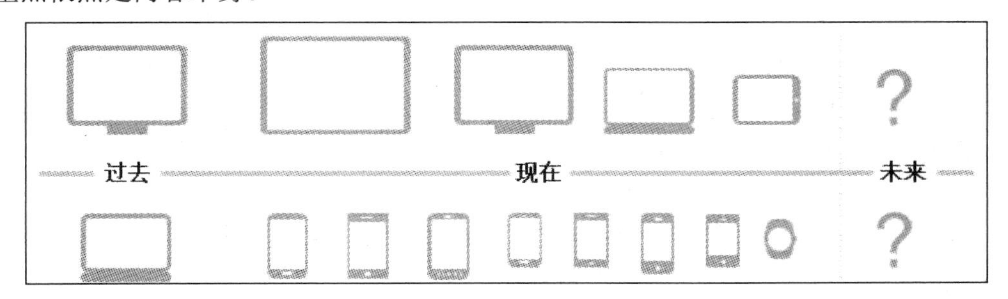

图 4-5　设备的演进

在内容优先的策略中，有三点思维模式可以贯穿整个响应式设计的始终。

（1）忘记设备：因为我们不知道用户会用什么样的设备来浏览网站，所以我们必须尽可能地把所有情况都囊括进来；所有的东西（布局、组件等）都能与不同类型的设备和平台相兼容。

（2）内容筛选：在对布局进行弹性设计时，内容从宽到窄地显示变化，必须经过重重筛选留存最核心的内容页面。这种模式非常适合对已存在的计算机网站的页面进行响应式设计改造。

（3）渐进增强：先创建一个基本体验，让内容以一种简洁的方式来展现；之后，在保证基本体验的前提下，开始着手制作有关显示的布局和互动等内容。在此，内容从窄到宽的显示变化中，可以让内容的丰富度也相应增加。

（引用来源：http://www.codeceo.com/article/responsive-design.html）

4.3 移动设备的设计考虑

4.3.1 移动设备的特征

移动设备在操作上与计算机有很大的差异，计算机主要以鼠标操控为主，移动设备则是手指触控为主。两者之间的操作模式差异衍生出网页在互动的设计上也有所不同。因此，在制作网站时需考虑下列特征才能制作出让移动设备便于浏览的网站。

移动设备基本的特征如下：

- 可用单指与多指进行“多点触控”。
- 多种手势操作，如缩放、滑动等。
- 输入文字时的虚拟键盘。

除了上述特征之外，在某些内容的设计上也需有所考虑，要注意的事项如下。

- 按钮大小：计算机使用鼠标，即使按钮不大也容易被单击到；在移动设备上则是用手指进行操作。为了能有效地执行触控操作，苹果公司给 iOS App 的开发者提出的建议是：任何需要被鼠标单击的用户界面（UI）最小不要小于 44 × 44 px 的尺寸。
- 点击范围：除按钮之外，在移动设备中如果超链接的来源是文字就必须将文字链接的点击范围扩大，以便于手指点击。
- 用户界面（UI）设计：UI 设计必须考虑到移动设备的画面大小，因此链接按钮的位置若放置在不易被点击的地方，则会降低网站的可阅读性与可操作性。
- 单击特性：在按钮效果的开发上，除了单击与放开的指令外，计算机还可以支持滑入与滑出效果的制作；移动设备是使用手指进行触控，因此不需要考虑滑入与滑出的设计。
- 互动效果制作：计算机与移动设备的运算性能毕竟不一样，如幻灯片的效果在计算机上运行时可以很顺畅；而在移动设备上除了要考虑是否能顺利呈现效果外，还要考虑到不同设备的运算性能。

4.3.2 移动设备优先

移动设备优先（Mobile First）是一个概念，是指在设计网站时要优先考虑移动设备，但这不是指要从手机网站开始设计，而是过程中要以手机作为主要的考虑对象。

Luke Wroblewski[1] 在其著作《Mobile First》中提到：谈到移动设备的操作，要遵循适当的原则，如标签要清晰、菜单宽度要足够、按钮范围等，这对用户而言是相当重要的。

要建立良好的移动设备操作体验，需注意下列几点：

（1）要符合用户使用移动设备的方式与动机。

（2）明确的内容比设计齐全的导航功能更重要。

[1] http://all-web.org/ala/organizing-mobile/

（3）提供设计良好的导航菜单，方便用户“闲逛”或深入阅读内容。

（4）页面简单、明确。

（5）要符合移动设备的操作特性。

直接将计算机网站上的设计移植到移动网站上是没有任何意义的。设计师需要考虑移动设备的特性并善用这些特色来满足用户的需求。

然而，从多数的响应式设计案例中发现大多数网站都应用了 Mobile First 的设计思想，首先针对小屏幕进行设计，然后逐步对大屏幕进行设计，并逐渐加强用户界面的功能。范例网站如图 4-6 所示。

图 4-6　Jisc（https://www.jisc.ac.uk/）

这也代表网站设计思路的转变，不再像传统那样，专注于网站的布局、线框、文字、图像等具体的尺寸大小，而是应该把主要精力转到如何善用弹性元素上。与其根据不同设备的大小进行设计，不如更着重于考虑如何针对内容进行设计。抛弃以往传统网站的设计思维，从小屏幕着手设计，然后逐步增强大屏幕的设计。

在响应式网页的设计过程中，除了设计师与程序开发者之间沟通成效的优劣决定了最终结果的好坏之外，在设计的观念上也必须一致。设计团队必须摆脱传统以像素为主的设计思路，转向针对大量不同尺寸的屏幕进行充分考虑。简而言之，响应式设计使得整个网页面临着大量的不确定因素，这也是响应式网站项目的难点。

根据团队在沟通时所遇到的障碍与技术等问题，建议重点考虑下列几个方面：

1. 优先专注“极端”尺寸

从用户端最基本的“极端”设备尺寸开始考虑，设备需考虑当前常用的设备中最小与最大的尺寸，例如：

- 320 × 568 px：iPhone 5。
- 1920 × 1080 px：计算机屏幕的常见尺寸。

在小屏幕与大屏幕中可容许的显示内容的数量是完全不同的，因此在小屏幕中尽量显示出最重要的内容，而在大屏幕中则可显示较完整的信息内容，甚至是分栏等布局设计。无论小屏幕或大屏幕上的信息呈现方法如何，都需遵循“易读性”的原则。

2．讨论不同断点之间的内容布局

响应式网页的特色就是内容是弹性的或可自适应性的，因此在极端尺寸的情况下，用户大多数时候所体验到的页面都属于“中间形态”。此时必须考虑随着屏幕尺寸大小的转变，在页面布局设计部分也需随着调整与改变。

因此，设计团队在不同屏幕中的设计勿以“假设”的方式来思考，而应该利用绘制草图等方式来事先模拟，借此让程序设计师可以很清楚地了解需要调整不同断点间各个页面的布局方式。

3．对于图片素材的处理

网页中通常会有多个不同尺寸的图片或图像，然而图像格式最容易导致视觉设计师与程序设计师之间出现沟通上的问题，常用的图像格式有 PNG、GIF、JPEG 三种，如今还多了一种 SVG 格式，这四者之间都有各自的优缺点。因此团队间必须在格式上达成共识。

苹果公司的智能设备在屏幕上采用了视网膜技术，这与一般屏幕不同，使得在图像的设计上还需考虑到更高的 PPI。

4．使用模块化设计

在网页设计过程中优先规划可重复使用的组件，因为它们能给不同平台、不同设备带来相同的用户体验与视觉效果。

因此在初期的规划中不仅要思考视觉设计，还要考虑一个功能在移动设备上与计算机屏幕上细节的设计与呈现的面貌。

5．了解不同领域的专业，提升用户体验

企业对于网页人才的需求程度不同，使得网页设计与程序设计两个职业之间的重叠之处越来越多，造成视觉设计师开始尝试编写网页，而程序设计师则开始学习视觉设计知识。

在这样的趋势下，不同角色和职责的划分依然是很重要的，但是借助了解彼此的专业领域，减少了专业知识上的隔阂，而且提高了最终产品的质量，用户的体验也能显著提升。

第 5 章　视觉设计师与前端工程师的专业认知

在网站规划初期的讨论上，视觉设计师与程序设计师常会意见不一，而这些意见通常是视觉设计师想要丰富且华丽的视觉效果，但是这些效果对于程序设计师而言是做不出来的或是要花上数倍时间来进行处理的，造成意见不合的原因往往是双方不了解彼此专业的知识，才会产生沟通与观念上的隔阂。

因此，建议视觉设计师在规划设计时尽可能站在程序设计师的角度去思考，了解网页设计的制作流程和思考哪些功能是迫切的需要，哪些效果可使用程序的方式来处理（如圆角、阴影等）；反之，程序设计师在网站的设计沟通上需要参与设计部门的讨论，用直接的语句来评估视觉设计师们所提出的各种设计可能性，借此有个明确的设计方向外，视觉设计师们也可从中了解网站制作上的处理原则。借助彼此妥善的沟通与专业上的搭配，可以使团队往后在配合上更为顺利。下面将列出视觉设计与网站制作上的相关知识，以供读者参考。

5.1　网页与印刷的差异

有些公司的视觉设计师除了负责平面产品的设计外，有的需同时肩负网页视觉设计师的角色，然而在平面设计与网页设计领域中所具备的基本知识技术、使用软件、单位尺寸、颜色模式都有不同之处，现在借助表 5-1 来理解两个领域概念上的转换。

表 5-1　网页设计与平面设计的比较

	网页设计	平面设计
基础概念	HTML、CSS、JavaScript、Ajax、设计基础、色彩学	设计基础、色彩学、造型原理
常用软件	Dreamweaver（网页开发） Flash（网页动画） Fireworks（网页排版） Photoshop（图像处理）	InDesign（印刷排版） Illustrator（印刷排版） CorelDraw（印刷排版） Photoshop（图像处理）

（续表）

	网页设计	平面设计
专业知识	（1）HTML 标签、语法 （2）切版（DIV+CSS） （3）FTP 数据上传 （4）DNS 网域 （5）SEO 搜索引擎优化 （6）程序设计语言（PHP、ASP.NET 等） （7）数据库（MySQL、MS SQL 等） （8）服务器（Apache、IIS 等）	（1）印刷（色票、特别色、CMYK、出血——即初削、四色黑等） （2）拼版 （3）书籍装订（骑马订、胶装、线胶装等） （4）印刷加工（镂空、上亮光、上雾光、压箔、压凹、打凸、印金、烫金、烫银、折页、经本折等）
图像文件使用	（1）颜色模式：RGB （2）图像分辨率：72dpi （3）常用图像文件格式：JPG、GIF、PNG、SVG	（1）颜色模式：CMYK （2）图像分辨率：300dpi （3）常用图像文件格式：JPG、TIFF、PSD、EPS、AI 等
颜色表示法	如：#FF6688	如：C:100、M:100、Y:20、K:40
相关重点	（1）界面设计 （2）使用性设计 （3）互动设计 （4）信息设计	（1）美编排版 （2）使用性设计（海报、书籍、样册等） （3）信息设计（内容量、浏览动线、诉求焦点等）
烦恼之处	每台屏幕的颜色都不一样	每次印刷出来的颜色都不一样 印刷：约 5%色差 喷图：约 10%~20%色差
字体	（1）纯文本：宋体、楷体、微软雅黑 （2）将文字做成图片：不限字体	不限字体

※ 引用来源：http://www.cadiis.com.tw/lessons-learned/509-differences-between-web- design-and-graphic-design

5.2 网页向量格式 SVG

在浏览响应式网页时会发现有些图像在显示上产生了失真模糊的问题。此问题通常都是利用计算机版的大图并通过 CSS 语句的缩减来进行处理，而现在最佳的解决办法则是采用 SVG 格式的向量图形。关于 SVG 的说明如下：

SVG 简介

可缩放向量图形（Scalable Vector Graphics，SVG）是 W3C 所制定的开放式网络标准格式之一。它是以可扩展标记语言（XML）来描述 2D 图形的一种格式，也可以用于动态效果、提供互动功能。SVG 的独特性在于它可以搭配使用 CSS、Script 脚本和 DOM。例如，想要制定 SVG 的图像颜色及其他视觉的表现，可以搭配使用 CSS 来进行设计。想要图像具有互动的功能，可以使用 JavaScript 脚本做出单击等互动效果。

SVG 图像格式可让网页设计师在网页中以向量格式显示图像，例如矩形、圆、椭圆、多边形、直线、任意曲线等。设计师可在 Illustrator 中将 AI 文件直接转存为 SVG 文件，如同使用 JPG、GIF、PNG 等位图的方式用于网页上，图像不会因为图像文件大小的改变而失真。

图 5-1 中展示了位图与向量图的区别。位图是由点构成的，向量图则是由一些形状元素构成的。通过图 5-1 的展示发现放大位图可以看到点，而放大向量图看到的仍然是形状。SVG 属于向量图，因此能够无限缩放而不会导致失真。

图 5-1 位图与 SVG

网页设计上采用 SVG 图片的优点

（1）属于开源前端技术，就如 HTML、CSS 一样，可以读取源代码。

（2）SVG 可被搜索。SVG 以 XML 写成，而搜索引擎可以读取 XML 内容。

（3）适用于移动设备。

（4）SVG 有向量图形的优点，如保持图像的清晰度，既不会随放大与缩小而失真，也不会大幅增加文件的大小。

（5）制作方便，可用 Illustrator 绘制图形后直接转存为 SVG 文件。

5.3 版面设计时的常见词汇

当程序设计师在利用 CSS 进行网页设计排版时，其 CSS 的命名是格外重要的。明确的命名规则对于修改及维护都将更有效率。若图像与 CSS 的作用相同，则图形名称也应采用 CSS 的名称做开头。通过命名的规则，视觉设计师与程序设计师在沟通与设计上也会清楚许多。

表 5-2 是常见的网页界面方面的术语，也是视觉设计师、网页工程师、项目经理等人员经常用来沟通与定义的词汇。

布局排版的基本结构（见图 5-2）。

表 5-2 常见网页界面术语

中文	英文
页眉	Header
内容	Content/Container
页脚	Footer
导航栏（菜单）	Nav/Navigation
侧边栏	Sidebar
栏目	Column
页面控制整体布局宽度	Wrapper
版权、著作权	Copyright

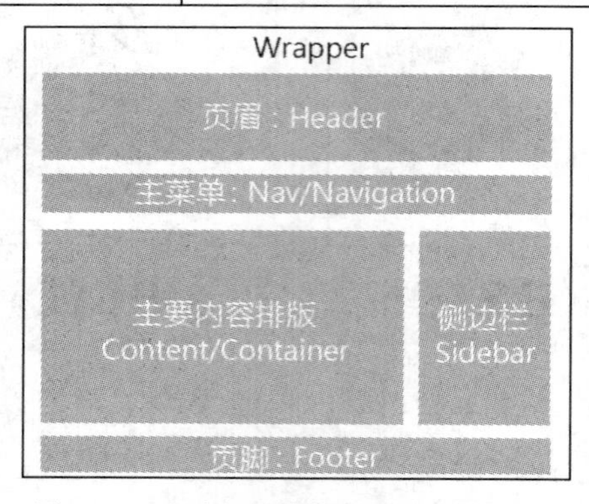

图 5-2 网页布局排版的基本结构名称

导航栏（Navigation）见表 5-3。

表 5-3 导航栏相关术语

中文	英文
主导航	Main Navigation
网站地图	Sitemap
返回页首	Go to Top
分页	Pagination
页签导航	Tab Navigation
浏览路径	Breadcrumbs
可折叠菜单	Accordion
进度条	Progress Bar
下拉式菜单	Drop Down Menu
树状菜单	Tree Menu
国别选择	Country Selector
语言选择	Language Selector

链接（Links）见表 5-4。

表 5-4　链接相关术语

中文	英文
文字链接或文本链接	Text Link
图标链接	Icon Link
方向链接	Direction Link
按钮链接	Button Link
图像链接	Image Link
外部链接	External Link

5.4　网格的运用与制作

网格系统其实是一种平面设计方法与风格，通过固定的格子切割版面来设计布局。然而，许多视觉设计师在设计响应式网页时面临的第一问题就是文件尺寸要开多大，以及如何规划内容。此章节列出 3 种方式，供视觉设计师在设计网页时选择使用。

5.4.1　网格辅助—— PSD

只要在网络上搜索“bootstrap 3 grid psd”类似的关键字，就可以找到很多人已规划好版面的网格 PSD 文件，下载后即可使用。下面以其中一个为例进行说明。

步骤01 连接到 benstewart.net 网站，单击“Download Bootstrap 3 Templates Here”链接进行下载，如图 5-3 所示。

- 网址：http://benstewart.net/2014/04/bootstrap3-responsive-grid-photoshop/

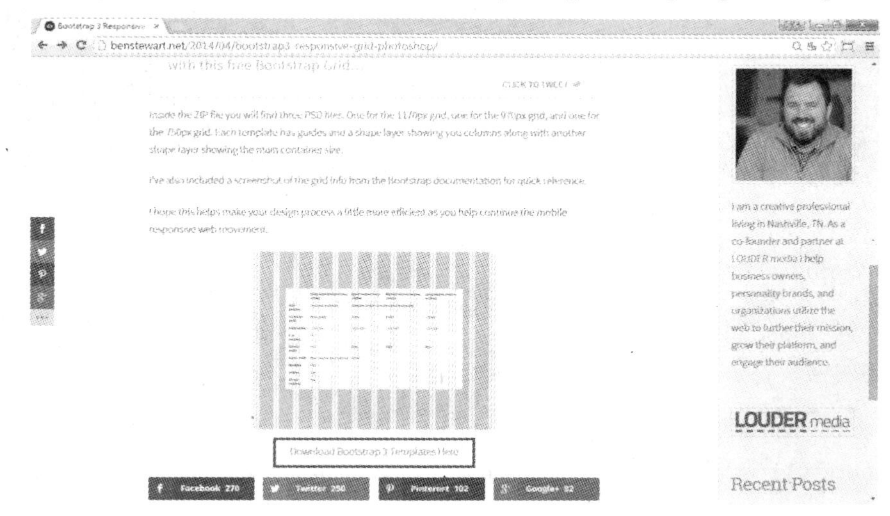

图 5-3　从网上下载网格 PSD 文件

步骤02 当下载完毕并解压缩后会看到 3 个 PSD 文件，分别为 1170 px、970 px、750 px 的 3 个 Bootstrap 分辨率（每个设计师所提供的网格 PSD 的尺寸与数量都会有所差异），如图 5-4 所示。因此在规划响应式版面时，只要按照这个分辨率设计即可。

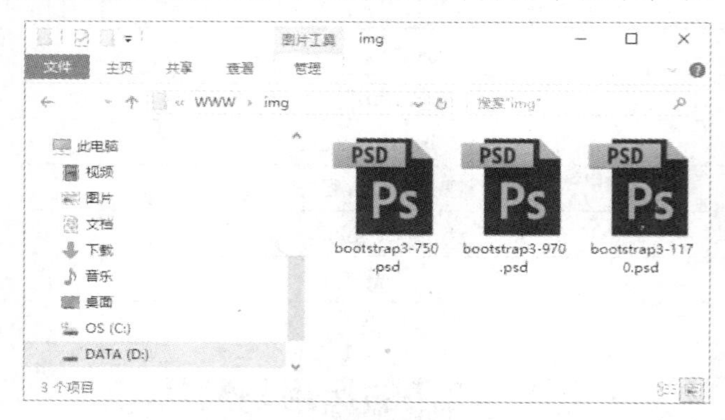

图 5-4 解压缩后得到的 3 个网格 PSD 文件

步骤03 打开 PSD 文件后，在 Photoshop 中分别会看到淡黄色与深橘色，而淡黄就是 padding（间隙），深橘色就是字段的宽度，如图 5-5 所示。

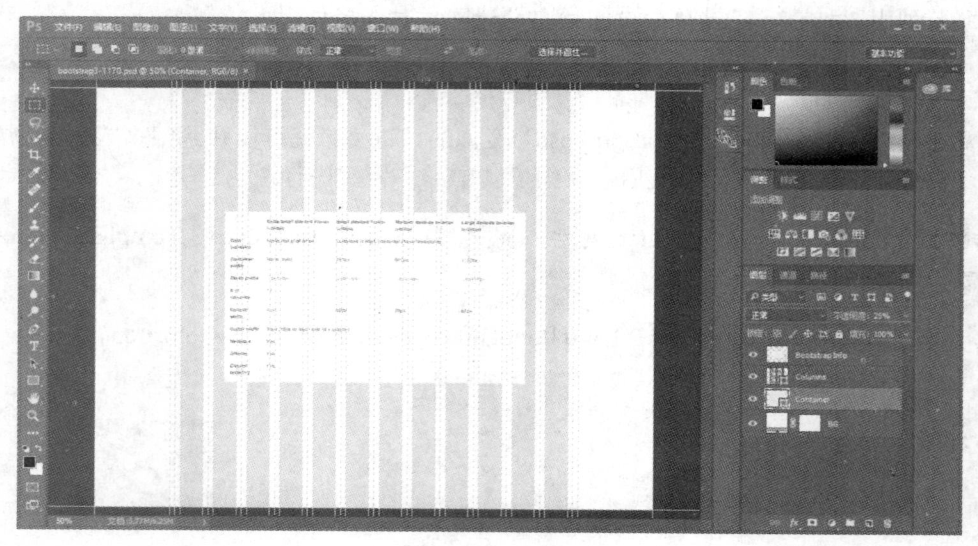

图 5-5 在 Photoshop 中打开 PSD 文件

5.4.2 网格辅助—— AI

若是读者以 Illustrator 软件为主，则可以“bootstrap 3 grid ai”为关键字进行搜索，找到他人所提供的网格文件。下面以其中一个为例进行介绍。

步骤01 连接到 www.designbyday.co.uk 网站，并将网页移至下方，单击“Clean-Illustrator-Bootstrap-Grids”链接进行下载，如图 5-6 所示。

- 网址：https://www.designbyday.co.uk/bootstrap-grids-for-illustrator-and-photoshop/

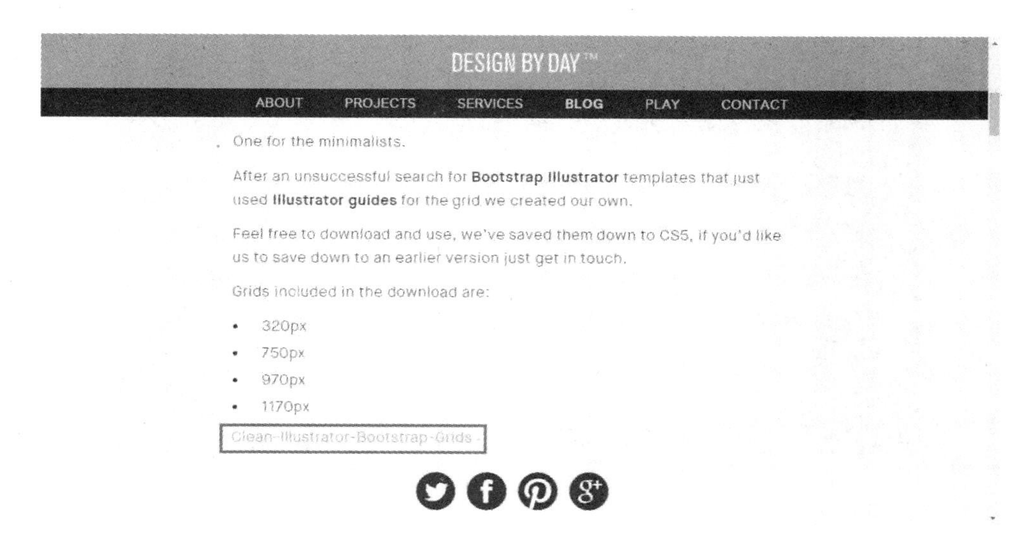

图 5-6　从网上下载 Illustrator 可用的网格文件

步骤02 当下载完毕并解压缩后选择读者当前安装的 AI 软件版本所对应的文件夹，进入后可看到1170 px、970 px、750 px 与 320px 四种尺寸的AI 文件，如图 5-7 所示。

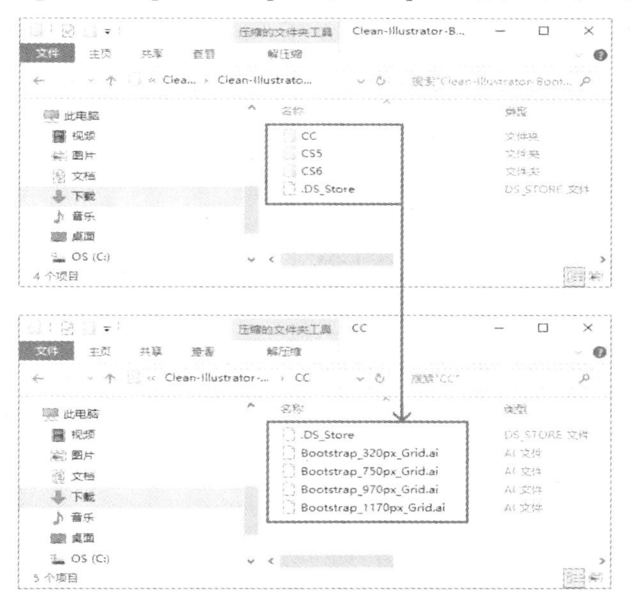

图 5-7　AI 文件

步骤03 用 AI 软件打开网格文件后只会看到参考线，如图 5-8 所示，此时只要按照参考线的规划进行设计即可。

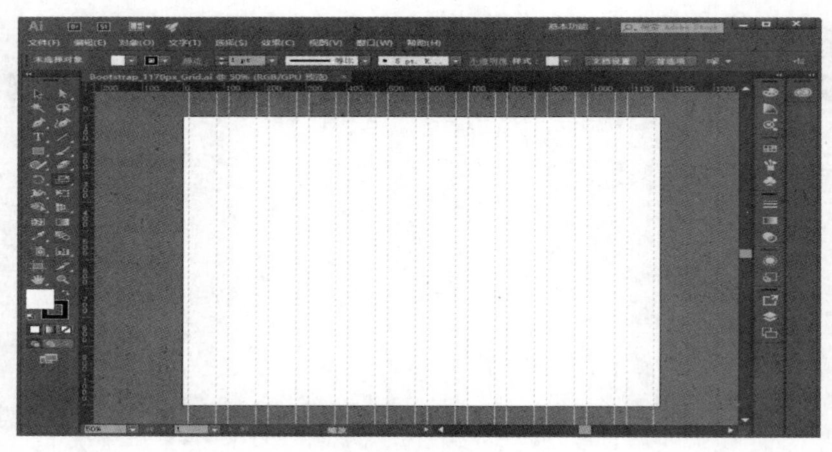

图 5-8　参考线

5.4.3　网格辅助——自行设置

在平面设计的时候，设计师会使用参考线（guide）来辅助设计，而在网页设计中也是利用参考线来帮助我们建立网格。这里我们以 One% CSS Grid 为例，以 1280px 文件大小建立 1170px 网格的参考线为例进行介绍。每栏宽度为总宽的 5.5%、间隙为总宽的 3%。在屏幕 1280 px 的情况，实际像素大小如下：

- 尺寸：1170 px。
- 栏宽：64.35 px，取约 64px。
- 间隙：35.1 px，让系统自动换算。

步骤01 新建一个宽 1280px、高 1000px 的文件。（宽度不能改变，高度可按需求自行调整）。将当前图层取名为 Grid，如图 5-9 所示。

图 5-9　新建文件并将当前图层取名为 Grid

步骤02 单击“视图 > 标尺 > 显示标尺”（Ctrl+R）选项。

步骤03 利用矩形工具绘制一个与文件相同大小的矩形，并使用居中与水平对齐工具来与工作区域进行对齐，使矩形精准地覆盖在文件上，如图 5-10 所示。

图 5-10　步骤 02 和步骤 03 的执行结果

步骤04 选取工作区中的矩形，再单击“对象 > 路径 > 分割为网格”选项，如图 5-11 所示。

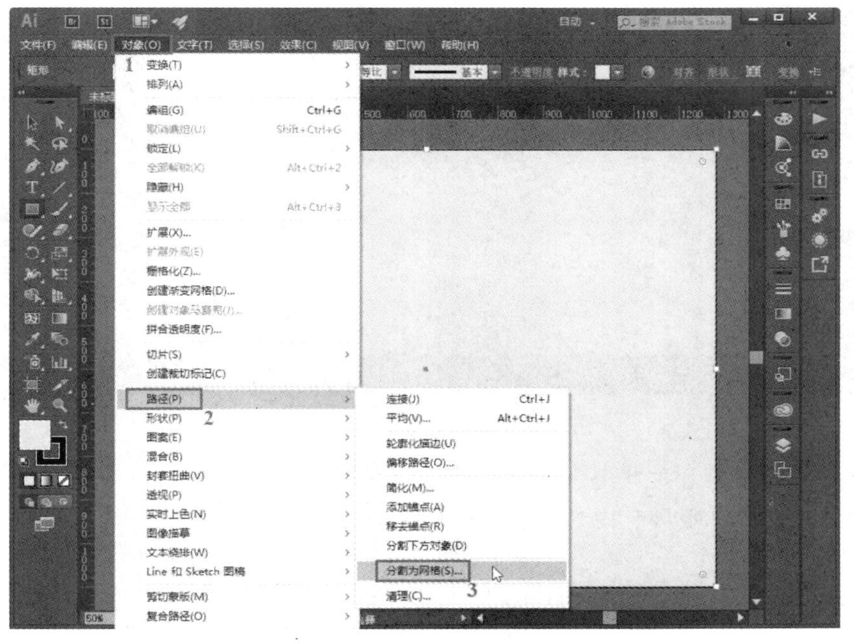

图 5-11　单击“对象 > 路径 > 分割为网格”选项

步骤05 为对话框中的各个字段设置算好的数值，如图 5-12 所示。输入完毕后单击“确定”按钮。

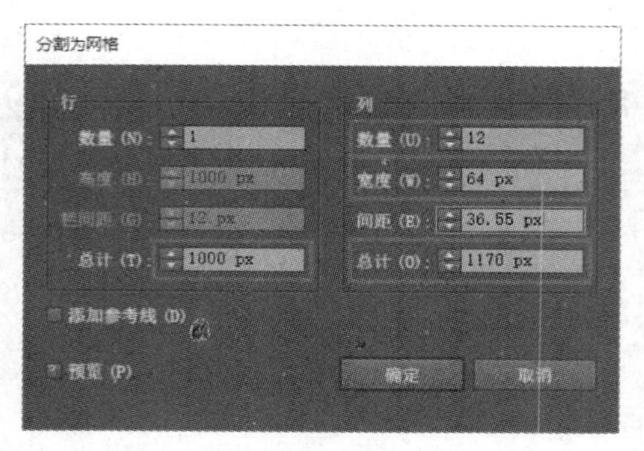

图 5-12 为对话框中的各个字段输入数值

步骤06 选择当前舞台中的所有小矩形，单击鼠标右键，选择“编组”选项（或按【Ctrl+G】组合键），再使用对齐工具将此编组水平居中对齐，如图 5-13 所示。

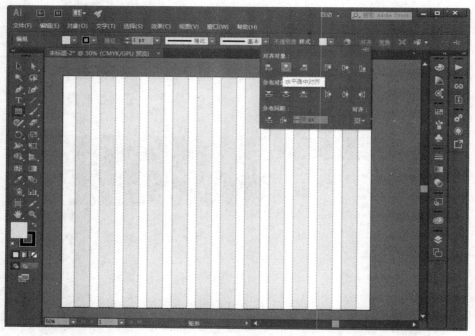

图 5-13 水平居中对齐编组矩形

步骤07 在选择矩形的状态下，单击“视图 > 参考线 > 建立参考线”选项（或按【Ctrl + 5】组合键），把所有矩形变成参考线，如图 5-14 所示。

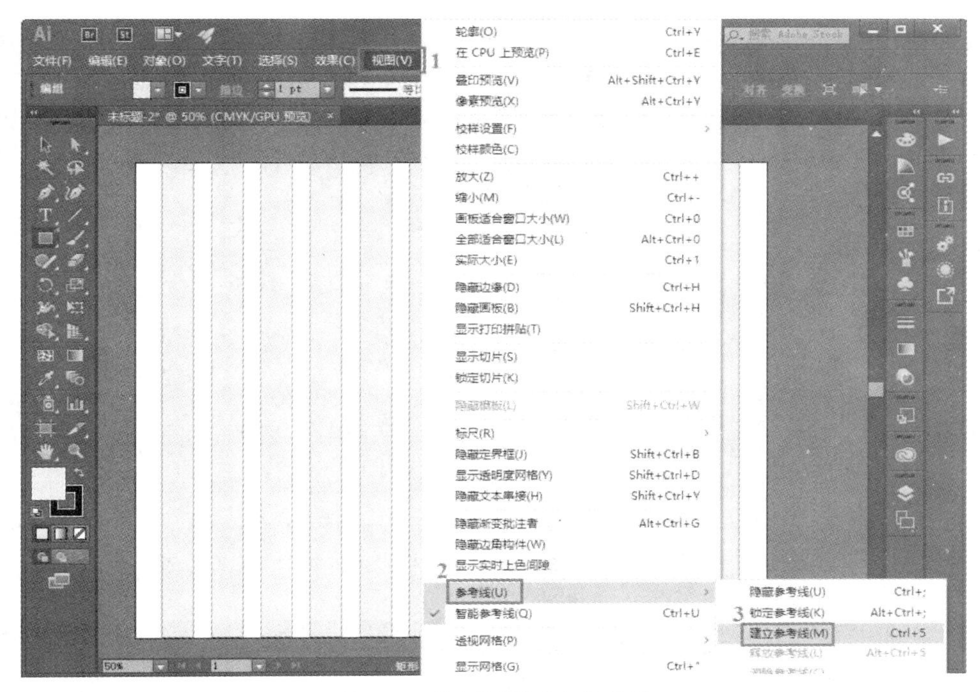

图 5-14　选择矩形建立参考线

步骤08 获得网格参考线后，可以锁定此图层，以防止删除或移动，如图 5-15 所示。

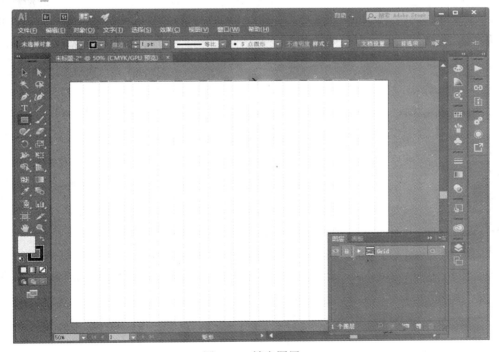

图 5-15　锁定图层

步骤09 之后即可根据网页的排版需求以不同色块来区分各个元素的位置，如图 5-16 所示。

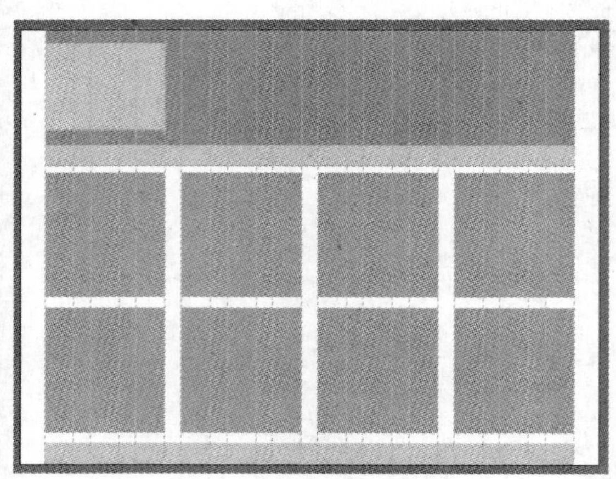

图 5-16　根据网页的排版需求以不同色块来区分各个元素的位置

5.5　让视觉设计师懂得切版

5.5.1　切版重点

网页工程师在根据设计页面进行切版前会先根据网页的呈现结构进行分析，理清哪些需要图片或图像素材的配合、哪些可以用程序代码代替以及整体结构该如何编排等。因此，视觉设计师若能先了解网页工程师在切版上的处理方法后再进行素材的处理，则会对网页工程师有很大的帮助，重点说明如下：

（1）先描述出大致的版面区块。
（2）找出要裁切的组件：LOGO（徽标）、ICON（图标）、特殊按钮、背景等。
（3）决定组件背景是否透明，以及对应的图像文件格式。
（4）在切图时，决定边缘是否留白。留白部分可用CSS 语句进行设置。
（5）能用 CSS 语句呈现的就不需要裁切，如圆角、阴影、边线等。

切版是指“对设计图进行版面划分和规划的行为”。

对 CSS 语句尚不熟悉的视觉设计师可在切版之前与程序设计师进行沟通和讨论，了解哪些需要提供图像文件、哪些可以用 CSS 来完成。

5.5.2　了解版面的构成

以 123LearnGo 网站为例，如图 5-17 所示（网址为 www.123learngo.com）。当程序设计师与视觉设计师进行版面切版沟通时，程序设计师可以省略一些专业术语的讲解，使用不同色笔的方式，在网页的设计稿上框出要由视觉设计师提供的图像与文字等内容。

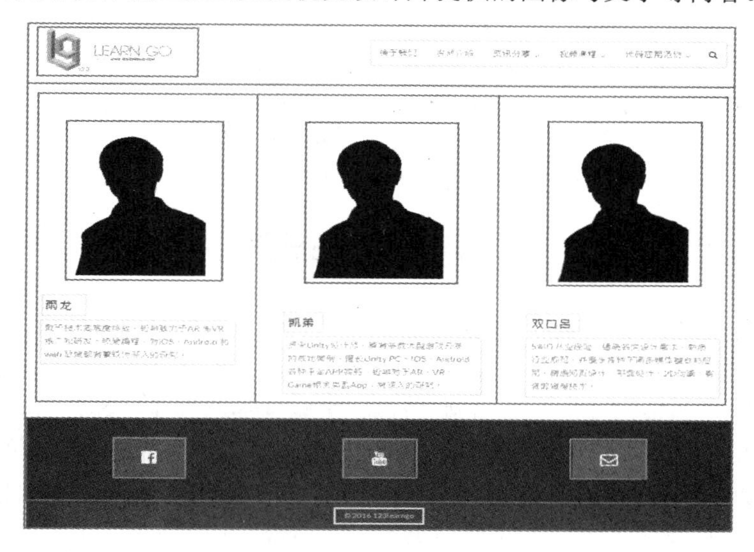

图 5-17　框出各种内容的处理方式

说明如下：

- Div 区块。由程序设计师规划出版面中不同内容的区块。视觉设计师只需了解任何的内容都要放置到各自对应的 Div 区块中（Div 中还可内嵌 Div）即可。
- 黄色框。文字、标题、内文。视觉设计师提供相关的文本文件，以及相对应的色码、字号与对齐方式（如靠左对齐）等内容，供程序设计师进行 CSS 编写。
- 蓝色框。LOGO（徽标）、图像、背景底图、Banner（横幅）等。视觉设计师提供相关的图像文件，以及各个图像文件的尺寸与对齐方式（如靠左对齐）等内容，供程序设计师进行 CSS 编写。
- 留白设计。在设计过程中一定会用到留白的设计，而留白可分为 Padding 与 Margin 两种语句，Padding 用于对 Div 内部进行留白，Margin 用于对 Div 外部进行留白。

通过这种方式的沟通，除了能帮视觉设计师了解版面的构成之外，在讨论的过程中，程序设计师可逐渐加入一些专业术语与相关的概念，而视觉设计师则可传达一些设计的想法与理念给程序设计师，以便在网页设计的不同专业领域上共同学习和成长。

第 6 章　SEO 简介

6.1　何谓 SEO

搜索引擎优化（Search Engine Optimization，SEO）是一种通过了解搜索引擎的运行规则来调整网站，以提高目标网站在有关搜索引擎内排名的方式。不少研究发现，搜索引擎的用户往往只会留意搜索结果最前面的几个网站，所以很多网站都希望通过各种形式来影响搜索引擎的排序，让自己的网站可以有优化的搜索排名。当中尤以各种依靠广告为生的网站为甚。

所谓“针对搜索引擎进行优化的处理”，是指为了让网站更容易被搜索引擎接受。搜索引擎会将网站彼此间的内容进行一些相关性的数据对比，然后由浏览器将这些内容以最快速且接近最完整的方式显示给搜索者。搜索引擎优化就是通过搜索引擎的规则进行优化，最终目的是为用户打造和提供更好的用户体验。

对于任何一个网站来说，要想在网站推广中取得成功，搜索引擎优化都是最为关键的一项任务。同时，随着搜索引擎不断地变换搜索排名算法规则，每次算法上的改变都会让一些排名很好的网站在一夜之间“名落孙山”，而失去排名的直接后果就是失去了网站原生的可观的访问流量。

SEO 能帮助提高网站排名、关键字排名、点击率、吸引潜在顾客及开发新的顾客。

根据统计，大多数的网站流量来源为搜索引擎，一个企业网站如果无法让搜索引擎正确地索引网站内容，就无法收录到搜索引擎的数据库，并将失去大部分的网络客户，有消费潜力及购买意愿的用户也无法搜索到正确的网站，企业因此会失去了曝光的机会。

用户通常都会通过搜索关键字来寻找想得到答案的网站，所以通过 SEO 技巧来优化网站的关键字可达到网络营销的效果，借此不但能让具有消费潜力及消费意愿的用户来浏览企业的网站，还可以轻而易举地达到网络营销、宣传从而增加收益的目标。

为了避免网站规划对搜索引擎的不适用而影响到 SEO，因此在制作的同时必须考虑 SEO 的搜索准则，以设计出能让搜索引擎喜欢的网站。制作网站时的建议内容如下：

1. 提供搜索引擎能抓取的格式

早期为了达到丰富的互动效果，常会使用 Flash 进行网页制作，但这样的方式其实很难让搜索引擎抓到 Flash 的内容，在抓取不到内容的情况下就会影响 SEO 的排名。

如今，随着 JS 与 CSS 两种技术的演进，已经可以设计出不逊于 Flash 的互动内容，且 JS 与 CSS 并不影响搜索引擎对于网站的适用程度或友好程度。

2. 将 CSS 与 JS 等脚本文件以引用方式进行处理

利用外部加载的方式来引用 CSS 与 JS 文件。如果没有通过外部加载，势必会将 CSS 与 JS 的代码编写在 HTML 文件中，这些代码在大多数情况下会使搜索引擎的抓取速度变慢而找不到主要内容的区域。

3. 提供搜索引擎能阅读的内容

网站的内容不只对浏览用户相当重要，对搜索引擎而言也固然重要。在设计的过程中需保有良好的内容结构，如标题、段落、图片/图像、链接等，以利于搜索引擎进行搜索。

4. 善用图片或图像的 Alt 属性

搜索引擎会读取网页中的 Alt 属性，并将其纳入页面与搜索关键字的考虑之中，同时也用于百度或谷歌（Google）图片对于图片排名的搜索引擎中。

当图片/图像链接失效时，Alt 属性还可以在网页中显示，使浏览的用户了解其失效的图片为何种含义。

5. 经常更新页面内容

搜索引擎期许网页是不时在改变的，借此表示网站属于存活的状态，同时内容不断地更新还可提高被搜索引擎抓取的频率。

6. 使用唯一的元数据

网站中的每个页面都属于不同的内容，因此在每个网页中的标题、描述和关键字都需建立不同的内容。

7. 适当地使用标题标签

在网站内容中，文字的部分应当充分地利用标题标签，标签结构的权值高于网页中其他的内容。例如，主要标题可使用 <h1> 标签，而 <h2>～<h6> 标签则用来指向内容的层次以及描述相似的内容区块。

8. 遵守 W3C 标准

遵守 W3C 标准，基本上是为强制建立语义化的标签，以建立一个良好的组织架构及整洁的程序代码，使网站更容易被索引。

6.2　改善网站标题与描述

网页中的基本信息包含 title（标题）及 description（网页描述），这两个信息提供了搜索引擎收录关键字的来源，并且显示在搜索结果中，如图 6-1 所示。

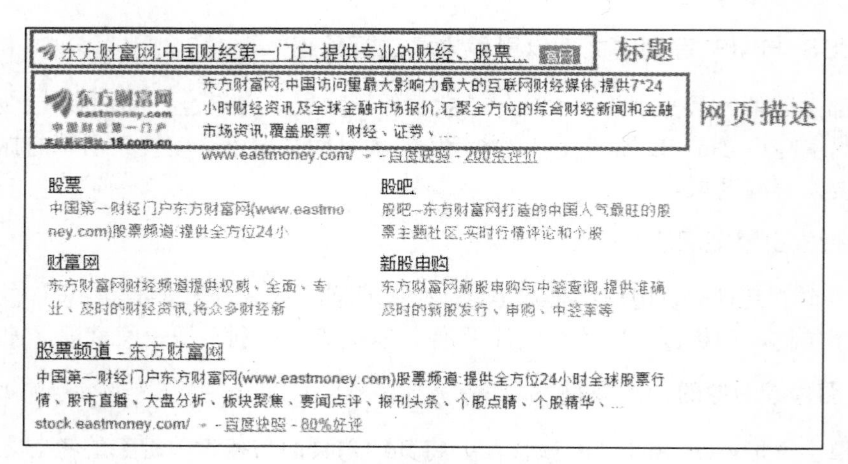

图 6-1　网页中包含的两个基本信息

有些人认为只要在首页加上 meta 标签，这部分的 SEO 工作就算完成了，其实网站的每一页都应该加上 meta 标签，让搜索引擎知道每个网页都是不一样的内容。另外，每一页的 meta 标签都应该是独特的，就像是一篇文章的标题和摘要，能反映该页的主要内容，不但有利于搜索引擎的收录，也是用户在搜索结果中决定要不要点阅的重要判断依据。

title 最佳做法

（1）准确描述网页的内容：选择可以有效传达网页内容主题的标题。

（2）为每个网页建立独一无二的标题标签：可以帮助百度或谷歌等搜索引擎将其和网站上的其他网页区别开来。

（3）使用简短但描述明确的标题（见图 6-2）：简短的标题同样可以包含丰富的信息。如果标题太长，搜索引擎只会在搜索结果中显示其中的部分内容。

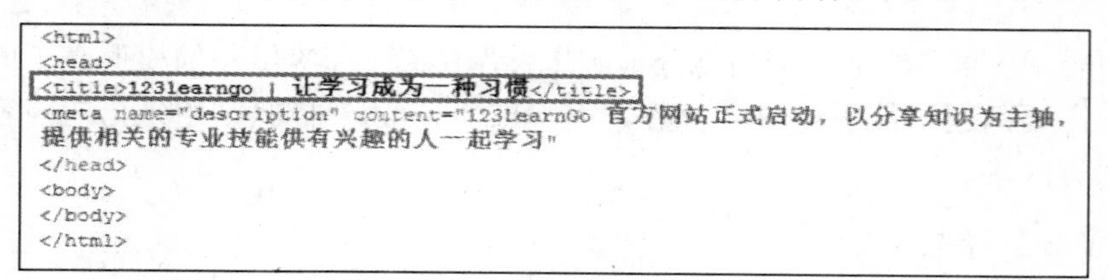

```
<html>
<head>
<title>123learngo | 让学习成为一种习惯</title>
<meta name="description" content="123LearnGo 官方网站正式启动，以分享知识为主轴，
提供相关的专业技能供有兴趣的人一起学习">
</head>
<body>
</body>
</html>
```

图 6-2　页标题

meta 描述

网页的描述元标签为百度、谷歌和其他搜索引擎提供了关于这个网页的摘要。页标题可以由一些文字或词组构成，而网页描述元标签则可以由一两个句子或一个简短的段落组成。“谷歌网站管理员工具”提供了好用的内容分析工具，可以指出太短、太长或过于重复的描述元标签。

描述元标签是非常重要的，因为搜索引擎会用其内容来产生网页的摘要。之所以说“可能”，是因为如果网页中有一段相当醒目的文字非常符合用户的查询，搜索引擎可能会选择使用这段文字。因此，为每一个网页都加入描述元标签内容，这样即使搜索引擎在网页上找不到可用于摘要的文字，也可以使用描述元标签来生成摘要的内容，如图 6-3 所示。

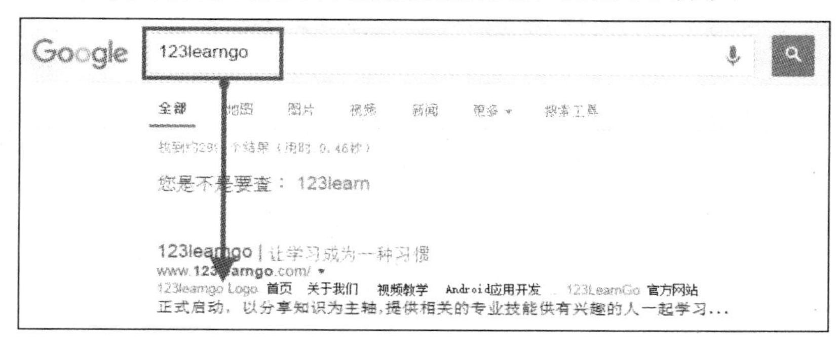

图 6-3　描述元标签的一部分在搜索结果中作为摘要出现

如果摘要中的文字出现在用户的查询中，就会以粗体显示。这可以帮助用户判断此网页的内容是否符合想要找的内容。

meta 最佳做法

（1）准确概括网页的内容：编写一段可以提供信息并吸引用户的描述。这样，当用户在搜索结果中看到描述元标签（作为摘要出现）时，即可引起浏览兴趣。

（2）为每一个网页使用独一无二的描述：为每一个网页使用不同描述元标签的话将会对用户和搜索引擎都有帮助，特别是搜索结果中包含多个来自企业网域的网页时。如果企业的网站含有成千上万的网页，精心雕琢描述元标签似乎不太可行。在这种情况下，可以根据每一页的具体内容自动产生描述元标签，如图 6-4 所示。

```
<html>
<head>
<title>123learngo | 让学习成为一种习惯</title>
<meta name="description" content="123LearnGo 官方网站正式启动，以分享知识为主轴，
提供相关的专业技能供有兴趣的人一起学习"
</head>
<body>
</body>
</html>
```

图 6-4　网页中的 meta 描述

6.3　改善网站架构

6.3.1　网站架构简介

简单易懂的 URL 能够更容易表达内容信息。为网站上的文件建立描述明确的类和文件名，不仅有助于使网站更加井然有序，还有助于搜索引擎更有效地检索到文件。此外，对于那些想连接到网站内容的用户，也可以建立更简单、“友好”的网址。

类似如图 6-5 所示的网址会让用户感到困惑，并产生不“友好”的感觉。用户在记忆这样的网址或为其建立连接的时候会感到困难。而且，用户可能会认为某一部分的网址是不需要的，特别是当这个网址显示了很多难以识别的参数时，用户可能因为少输入了某段路径而导致连接失效。

图 6-5　123LearnGo　网站上某一图片的网址

某些用户可能将该网页的网址作为锚定文字，如图 6-6 所示，以链接到网页。如果网址中包含了相关的文字，与提供一个 ID 或奇怪命名的参数相比，前者可以为用户和搜索引擎提供更多的信息。

图 6-6　红框中的文字能够让用户或搜索引擎了解这些链接将导向什么内容的网页

最后，文件的网址会作为搜索引擎搜索结果的一部分显示在文件的标题和摘要的下方。与标题和摘要一样，如果网址中的文字出现在用户的查询中，那么该文字会在搜索结果的网址中以粗体显示“http://www.123learngo.com/unitylearn/images/unitybanner.jpg”中的关键字，如 Unity，往往更能吸引搜索者的注意。

搜索引擎一般擅长检索各种类型的网址结构，即使是非常复杂的网址，也能迎刃而解。不过，还是花一些时间让网址越简单越好，这样对于用户和搜索引擎都非常有帮助。有些网站管理员通过将动态网址重写为静态网址来实现这一目的。在搜索引擎中并无不妥，但这是一项高级程序，如果操作不当，可能会为网站的检索带来麻烦。

6.3.2　架构最佳做法

（1）在网址中使用文字：如果网址中包含与网站内容和架构相关的文字，将更加便于用户去浏览网站，更容易记住这些网址，并可能更愿意链接到这些网址。

（2）建立简单的目录架构：使用可以妥善整理内容的目录架构，并使用户可以轻松得知处于网站的哪个位置。尝试使用目录架构来说明网址上的内容类型。

（3）为同一个文件提供同一版本的网址：为了避免一些用户链接到某个版本的网址，而其他用户却链接到另一个版本（网址的不同可能会降低该内容的吸引力），建议在网页架构和内部链接中集中使用一个网址。

6.3.3　让网站更易于浏览

（1）网站的导航功能非常重要，能帮助用户快速找到所需的页面。此外，也有助于搜索引擎了解网站管理员认为哪些是重要的内容。虽然搜索引擎提供的都是网页分层的搜索结果，但搜索引擎也希望能进一步理解这个网页在整个网站架构中的地位。

（2）以首页作为规划导航功能的基准。所有网站都有首页或“根”网页，这种网页往往是用户浏览最多的，也是用户浏览该网站的起点。除非网站只有屈指可数的几个页面，否则应该思考一下如何将用户从概括性网页（根网页）导向到包含特定内容的网页。

（3）使用“分层链接列表”导航来确认用户的便利性。分层链接导航是指在网页顶端或底部放置一排内部链接，让用户可以快速回到上一个网页或根网页。大多数的分层链接导航通常会将最具概括性的网页（通常是根网页）放在最左边的第一位，越靠近右边，列出的网页所包含的内容就越具体，如图 6-7 所示。

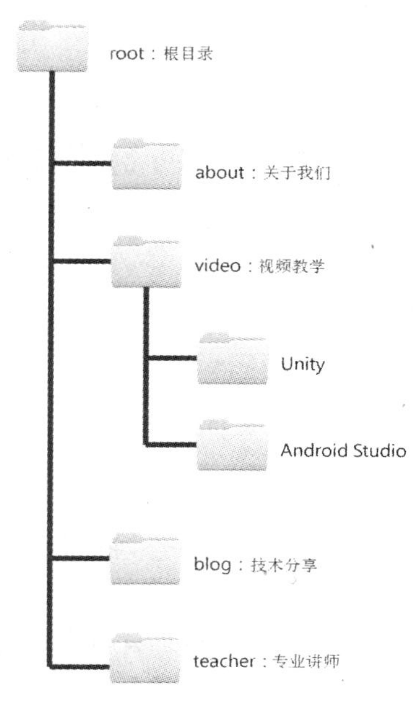

图 6-7　分层链接列表示意图

（4）预先考虑用户删除部分网址会出现的情况。有些用户可能会以很奇怪的方式浏览网站。例如，用户可能并不使用网页上的面包屑导航链接，而是去掉一部分网址以找到更具概括性的内容。在这种情况下，网站是否能显示用户想要的内容呢，还是只显示一个 404（“找不到网页”的错误）。

（5）准备两种 Sitemap（网站地图），分别供用户和搜索引擎使用。Sitemap 是网站上的一个简单网页，用于显示网站架构，通常由一份网站网页的分层列表组成。当用户在网站上找不到某些特定网页时即可浏览该网页。虽然搜索引擎也会浏览该网页，以便对网站上的网页进行更全面的检索，但其主要目的还是为了方便用户。

6.3.4　易于浏览的最佳做法

（1）建立自然流畅的分层架构：请尽量建立简单的架构，让用户能从网站上的主要内容前往他们想要的特定内容。如有必要，可以加入网页导航，并将这些网页有效地整合到内部链接架构中。

（2）导航中尽量使用文字链接：如果网站网页大部分都是文字链接，搜索引擎就可以更容易地检索并了解网站。和其他方式相比，许多用户更喜欢文字链接，特别是某些设备无法处理 Flash 或 JavaScript 时。

（3）在网站上放置 HTML Sitemap，并使用 XML Sitemap 文件：使用一个简单的 Sitemap，收录网站上所有网页或最重要的网页（如果成百上千个网页），是非常实用的做法。为网站建立 XML Sitemap 文件，将确保搜索引擎能够找到网站上的网页。

（4）建立实用的 404 网页：用户有时会因打开无效链接或输入错误的网址而链接到网站中并不存在的网页。使用自定义 404 网页确实能够帮助用户返回网站上的有效网页，从而大幅改善用户的体验。404 网页最好能提供返回网站根网页的链接，以及前往网站中热门或相关内容的链接。

6.4 可优化的内容与做法

6.4.1 优质内容与服务

内容引人注目的网站自然会受到肯定。与本文中讨论的各种其他因素相比，建立引人注目且实用的内容可能是提升网站人气最重要的因素。如果内容够好，用户就能了然于胸，并乐意通过网络文章、社交媒体服务、电子邮件、论坛或其他方式向其他用户推荐该网站。对于用户和搜索引擎而言，这种口碑相传的效应会提高网站的声誉。如果没有优质的内容作为后盾，就难以创造这种效果。

事先考虑用户对主题了解程度的差异，进而提供独一无二的内容。考虑用户为找到网页的部分内容而可能搜索的关键字。与对主题不了解的用户相比，很了解该主题的用户可能会在他们的搜索查询中使用不同的关键字。例如，一个资深棒球爱好者可能会搜索美国国家联盟冠军系列赛（National League Championship Series）的缩写“nlcs”，而一个刚刚接触棒球的爱好者可能会使用“棒球季后赛”这样较为普通的查询。事先考虑这些搜索行为的差异，并在编写内容时将这些差异纳入考虑的范围（妥善搭配关键字），就可以产生正面的结果。Google AdWords 提供了一个便利的“关键字工具”，可协助我们找出新的关键字变化，并查看每一个关键字大概的搜索量。 此外，“谷歌网站管理员工具”可以提供网站上出现的热门搜索查询，以及为网站带来最多用户的热门搜索查询。

最佳做法

（1）编写容易阅读的文字：用户喜爱行文流畅且浅显易读的内容。

（2）根据主题编排内容：妥善编排内容，这样可以让用户清楚地了解文章的脉络，快速找到内容主题的开头和结尾。将内容按照逻辑分段，有助于用户更快地找到他们所需要的内容。

（3）创作新颖而独特的内容：新的内容不仅能保证现有用户会再次浏览网站，还会带来更多新用户。

（4）为用户创作内容，而不是为搜索引擎创作内容：根据用户的需求来设计网站，同时确保搜索引擎可以轻松地访问网站，这样通常会产生正面的结果。

6.4.2 链接

编写适当的锚定文字可让用户和搜索引擎容易了解链接网页的内容。合适的锚定文字能使被链接的内容更易于传递。锚定文字是可单击的文字，用户单击之后会被导向某个链接，锚定文字位于锚定标签 <a href=「...」></a> 中，如图 6-8 所示。

```
<body>
<a href="http://www.123learngo.com/about/about.htm">关于我们链接</a>
</body>
```

图 6-8　这个锚定文字精确地描述了要前往的页面

这类文字会告知用户和搜索引擎有关您所要链接网页的部分内容。您的网页上的链接可能是内部链接（即指向您的网站上其他网页的链接），也可能是外部链接（即指向其他网站内容的链接）。无论是哪种情况，您的锚定文字写得越详细，用户就越容易浏览，搜索引擎也越容易了解您所链接的网页内容。

最佳做法

（1）选择描述性文字：选择用于链接的锚定文字至少应提供有关链接网页的基本信息。

（2）编写简明的文字：力求使用简单明了的文字，通常是使用一些字词或简短的词组。

（3）将链接格式化，以便于识别：让用户容易区分链接中的普通文字和锚定文字。如果用户未注意到链接或在偶然情况下才会单击链接，那么内容的实用性就会大打折扣。

（4）同时考虑内部链接的锚定文字：通常可能只会考虑指向外部网站的链接，多加注意用于内部链接的锚定文字可以帮助用户和搜索引擎更易浏览网站。

6.4.3　图片

使用“alt”属性可提供有关图片的信息。图片似乎是比较简单的网站组件，但我们可以对图片的使用进行优化。所有图片都有不同的文件名和“alt”属性，我们可善加利用这两个特点。如果因为某些原因而无法显示图片，“alt”属性可允许我们为图片指定替换文字，如图 6-9 所示。

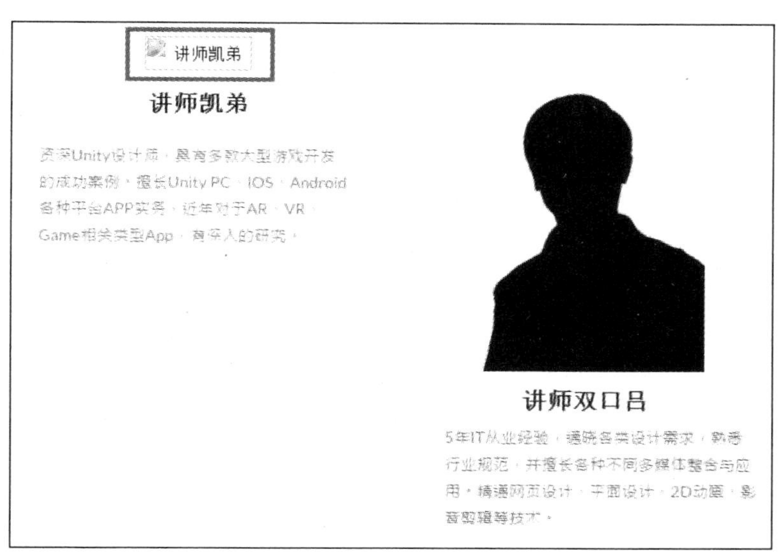

图 6-9　因为某些原因而无法显示图片但至少可以显示替换文字

为什么使用这个属性呢？如果用户在不支持图片的浏览器上查看网站，或使用其他技术

（例如屏幕阅读器）查看网站，alt 属性的内容就可以提供有关该图片的信息。

另一个原因是，如果把图片作为链接，该图片的替换文字就会被视为类似锚定文字的文字链接。不过，我们不建议在网站导航上使用太多图片链接，因为文字链接就具备相同的功能。最后，将图片的文件名和替换文字优化，可让搜索引擎中“图片搜索”这样的搜索程序更容易了解图片。

将文件存储在专用的目录中，并使用一般文件格式加以管理。考虑将图片文件合并存储于单一目录中，而不要分散存储在整个网域的许多目录和子目录下。这样可以简化图片的链接路径，如图 6-10 所示。使用大部分浏览器支持的文件类型——JPEG、GIF、PNG、BMP 图像格式，最好能够使文件名的扩展名与文件类型相符。

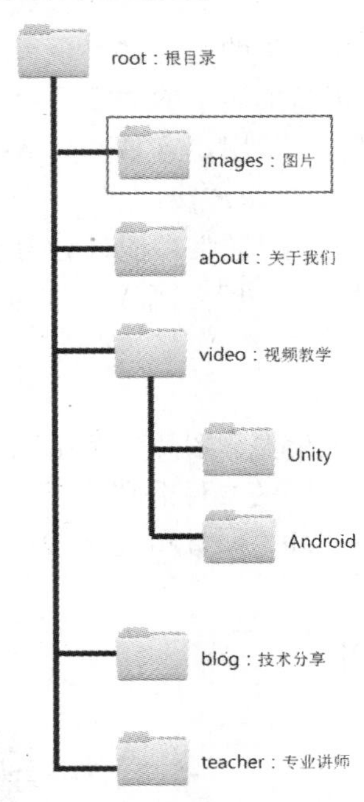

图 6-10　将图片存储于单一目录中

最佳做法

（1）使用简单明了的文件名和替换文字：就像网页上其他以优化为目标的许多部分一样，对于 ASCII 编码来说，简单明了的文件名和替换文字是最好的。

（2）图片附带链接时，提供替换文字：如果决定让图片附带链接，建议填写替换文字，让搜索引擎能够更了解所要链接的网页，可以想象成是在编写文字链接的锚定文字。

6.4.4　标题

使用标题标签强调重要的文字。标题标签用于为用户显示网页的结构。标题标签有 6 种不同大小，从 <h1> 到 <h6>，其重要性依次降低。范例如图 6-11 所示。（在一个包含讲师介绍的网页上，把讲师名称放到 <h1> 标签中，把介绍内容放到 <p> 标签中。）

```
<body>
<img scr="./image/tea_1.jpg" alt="讲师 雨龙">
<h1>讲师 雨龙</h1>
<p>敢于技术高难度挑战
近年致力于 AR 与 VR 推广和研发。热爱编程，对 iOS、Android 和 web 后端
都有着较为深入的研究。</p>
```

图 6-11 使用标题标签

由于标题标签通常会使其中包含的文字比网页上的普通文字大一些，因此用户可以清楚地意识到这部分文字比较重要，而且可以帮助他们了解标题文字下的内容类型是什么。按顺序使用的多个标题大小可为内容建立层次分明的结构，从而让用户更容易浏览文件。

最佳做法

（1）想象正在编写一份大纲：与编写一份报告的大纲相似，考虑网页内容的主要及次要观点，然后决定标题标签要放在哪些适当的位置。

（2）在网页上谨慎使用标题标签：仅在适合的位置使用标题标签。网页上如果有太多标题标签，就会对用户在浏览内容时造成不便，并且会让用户难以确定内容主题的开头和结尾是什么。

* 引用来源：http://static.googleusercontent.com/external_content/untrusted_dlcp/www.google.com.hk/zh-TW/hk/intl/zh-TW/webmasters/docs/search-engine-optimization-starter-guide-zh-tw.pdf

6.5 管理与营销

6.5.1 使用网站管理工具

利用免费的网站管理员工具。各大搜索引擎（包括 Google，即谷歌）都为网站管理员提供了免费的工具。Google 公司的“网站管理员工具”可协助网站管理员更有效地管控 Google 与其网站的互动方式，同时还可从 Google 获得关于其网站的实用信息。使用“网站管理员工具”并不会协助网站得到任何优惠待遇，但是可以协助找到问题所在，并加以解决，让网站在搜索结果中取得更佳排名。

通过 Google Analytics（分析）和“Google 网站优化工具”可以进行高级分析。如果已使用“Google 网站管理员工具”或其他服务改善了对网站的搜索、检索和索引，就可能会对网站的流量感兴趣。“Google Analytics（分析）”等网站分析程序是对网站流量进行深入分析的实用工具。

对于高级用户，分析数据分组（数据包）所提供的信息结合了来自服务器记录文件的数据，可针对用户与文件的互动方式提供更全面的信息（例如搜索者可以用来找到网站的其他关键字）。

最后，Google 提供的“Google 网站优化工具”可以让大家通过实验找出哪些网页变更可以创造最佳的用户转换率。将“Google Analytics（分析）”和“Google 网站管理员工具”配合使用可以有效地改善网站效果。

6.5.2 网站营销工作要点

1. 关键字营销

时至今日，关键字这个名词已众所皆知，且是各大网站都需制作的一种基本营销方式。通过了解搜索引擎的搜索规则、浏览者的搜索习惯，借助长时间的观察与调整，使网站的曝光率逐渐提升，如图 6-12 所示。

图 6-12 Google 分析的系统画面（经常用来分析网站的网络营销效益及关键字策略的调整）

2. 关键字广告

关键字广告常用于必须在短期内营造大量用户流量的情况下，如活动营销、产品推广或品牌宣传等，如图 6-13 所示。一般不建议企业使用此种方式来提升网站的用户流量，因为长期投入关键字广告的费用是相当惊人的。

图 6-13 百度的关键字广告位置经常出现在搜索画面的上下或右方

3. 网络广告

网络广告如同电视广告一样，可采用文字、图像或动画等方式显示于网页中，以吸引用户的注意来达到宣传的目的，比较适用于产品、电影或网络活动等宣传。然而网络广告却不同于电视广告，网络广告会因浏览的用户是否有兴趣而选择观看完毕，或选择直接略过而跳过。

4. 网络活动

在如今繁忙的社会，和长篇大论的活动文章相比，简明扼要的内容、强调重点的标题及摆放重点的图片更能吸引用户的注意，提高活动被阅览的时间，进而提高用户参加活动的概率。

5. 社区营销

社区营销是因类似于微信、QQ、Facebook 等而产生的营销模式。社交网站的主要特色是提高了人与人之间的互动，让互动更为及时。通过长期的经营以培养一群粉丝，借助粉丝宣传推广产生的营销效益可能比花费巨额营销费用带来的效益更大。

第 7 章　网页设计趋势

这几年移动设备盛行，大大改变了整个网页设计的技术，同时也影响了设计风格。设计趋势每年都在改变，出于各种原因，有的设计趋势在演进中逐渐消失，有的则在大家的熟练运用过程中渐入佳境，甚至逐步变为主流。如今这几年，响应式网页设计、全幅背景、滚动式与微动画等几种网页模式成了主流设计。

2016 年的网站设计趋势也持续专注于响应式网页的体验优化，同时包含了操作的便利性、网站浏览速度、强化易读性。

7.1　响应式网页设计

响应式网页设计是一种网页设计的技术方法，可使网站在多种设备上阅读和浏览。响应式网页可让同一个网页界面随着不同设备的尺寸调整网页的浏览方式，同一笔图文数据在计算机上为横式排列，当浏览器宽度缩减到手机尺寸时，则显示为竖直排列，其结果就是不会因设备尺寸不同而无法正常阅读，如图 7-1 所示。

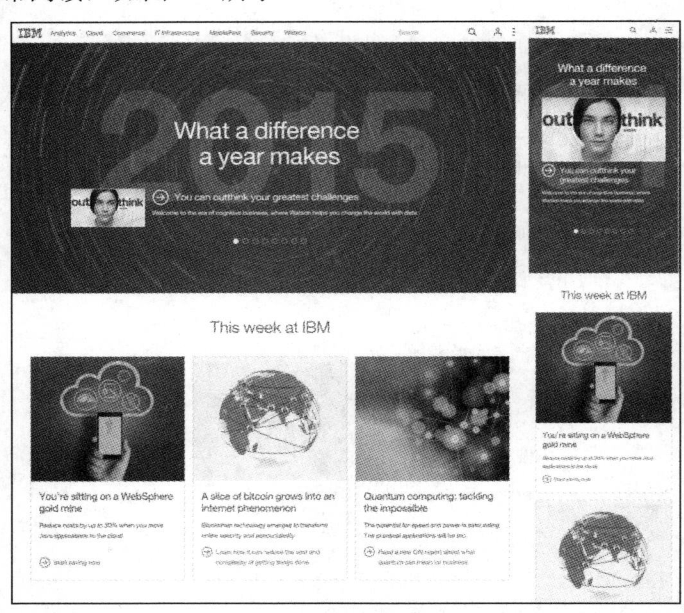

图 7-1　IBM 网站采用的响应式网页设计实例

7.2 全幅背景

随着屏幕尺寸越来越大以及移动设备的盛行，可随屏幕缩放图片尺寸的全幅背景网页设计开始流行起来。全幅背景和传统固定宽度的横幅（banner）场景图相比，更能突显气势磅礴的形象，如图 7-2 所示。

在 HTML5 新增的标签中含有视频（Video）标签，借此除了图片之外还可以采用全幅视频进行设计，如图 7-3 所示。

- http://mountain.quechua.com/lookbook-spring-summer-14
- http://moderngreenhome.com/

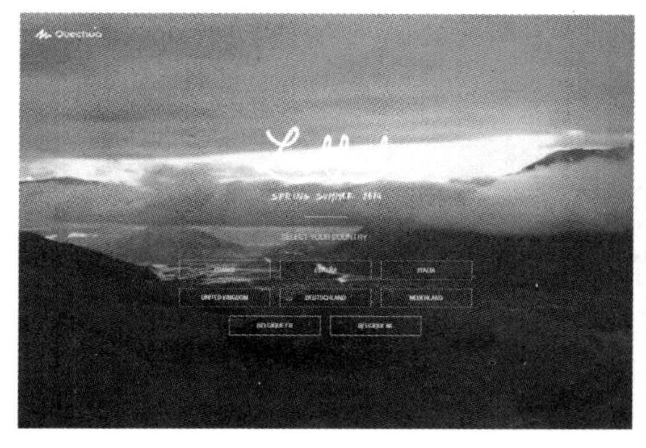

图 7-2 背景以全幅的 HTML 5 视频方式呈现

图 7-3 背景以全幅的图片方式呈现

7.3 单页式网页

单页式网页也可称为“滚动式网页”。移动设备改变了人们浏览网页的方式。过去在使用台式机时常常会希望网页不要有滚动条，到了平板计算机反而开始习惯手滑屏幕来浏览网页，这个时候单页式网页就成了设计主流。

单页式网页设计近似于浏览幻灯片的概念，让用户一次专注于了解一件事情，不会再分心去看左右两边不相干的文章。过去一个页面塞满一堆信息的网页设计已经不再流行，在信息海量的时代，简单的区块式设计才能让用户专心阅读和理解想传达的信息。

单一网页越来越长已是很普遍的做法，尤其是在移动设备普及的时代，首页通常不设链接，改而将所有内容放在单一页面，让低头族“滑上瘾”。比起在一堆链接中跳转，必须不断重新等待新的页面加载，信息通通放在单页的形式则更易于浏览，而且不再只是首页“变长”。其实“about”或描述产品的网页都能采取滚动到底的方式。例如，苹果 iPhone 6 显示网页的方式就符合长网页的趋势，把所有规格与功能全部放在单一网页内，并且增添了一些精致的动画元素，抓住用户滚动全程的注意力，如图 7-4 所示。

- http://www.apple.com/iphone/

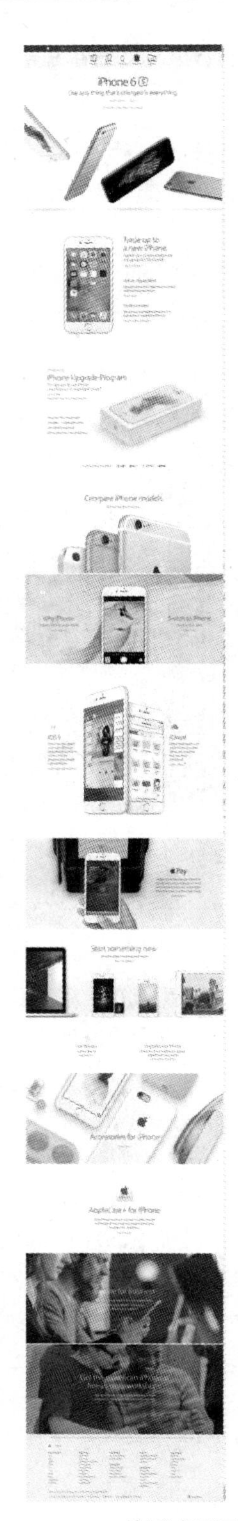

图 7-4　iPhone 6 单页式网页的实例

7.4　固定式菜单

固定式的主菜单也是近来流行的趋势之一，尤其是功能性菜单，大多会设计成固定式菜单。在早期，当逐步往下浏览网页内容时，最顶端的菜单其实早已看不到了，必须重新回到网页顶端后才可单击其他按钮进行浏览。为了改善用户的体验，就会将菜单固定在网页的顶端，无论页面如何向下滚动，菜单依然存在，如图 7-5 所示。在网页下方加上“回到页顶”（Back to top）的固定式按钮，也是常见的解决方案。

- https://www.rudys.paris/

图 7-5　固定式菜单的实例

7.5　扁平化设计

有别于过去讲求逼真立体感的设计，扁平化设计的核心在于简洁化，只保留必要的元素。

扁平化的优势在于不仅让网页程序轻量化、提升网站速度，同时也能为用户带来更清晰的视觉观感，如图 7-6 所示。

- http://landerapp.com/

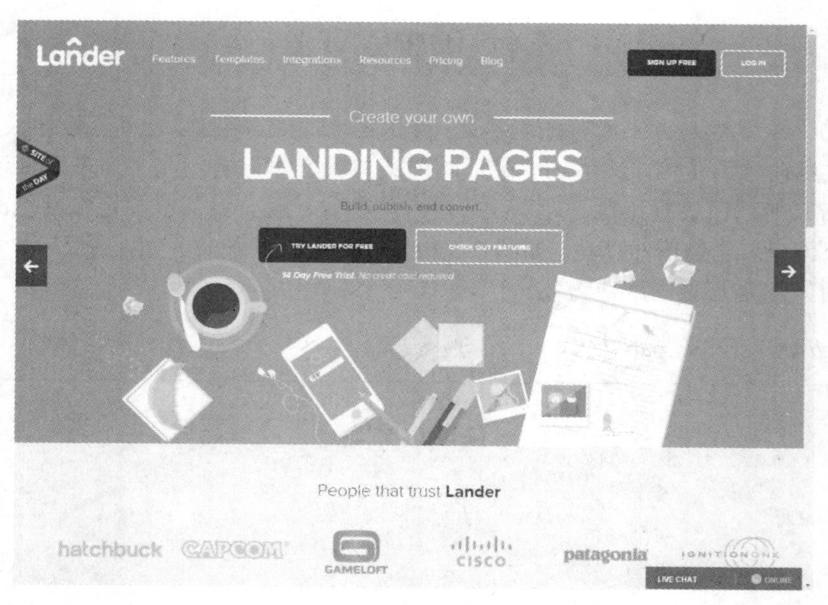

图 7-6　扁平化网页设计的实例

7.6　微动画

在 Flash 时代，企业网站充满往往了各种酷炫的动画，如今随着网页的发展，取而代之的是简单、不影响阅读的微动画（见图 7-7），如首页轮播图（Slider）就是常见的做法。另外，用 CSS3 制作的颜色渐变按钮、主菜单特效，都会让网站在体验上有画龙点睛的效果。

- https://historyoficons.com/

图 7-7　微动画网页设计的实例

7.7　卡片式设计

卡片式设计也称为“砖墙式设计”或“瀑布流设计”，经常用于显示许多信息流的页面，例如用图片显示整个照片墙。卡片式设计由于可横排 / 竖排切换，因此也常见于 RWD 响应式网页设计中。

此设计技巧不算新颖，但却是响应式网页设计的最佳实践。卡片式设计的优势是模块化，重新编排栏目也不会草率或紊乱，在浏览器中能浏览大量数据，如图 7-8 所示。

● https://carriecousins.contently.com/

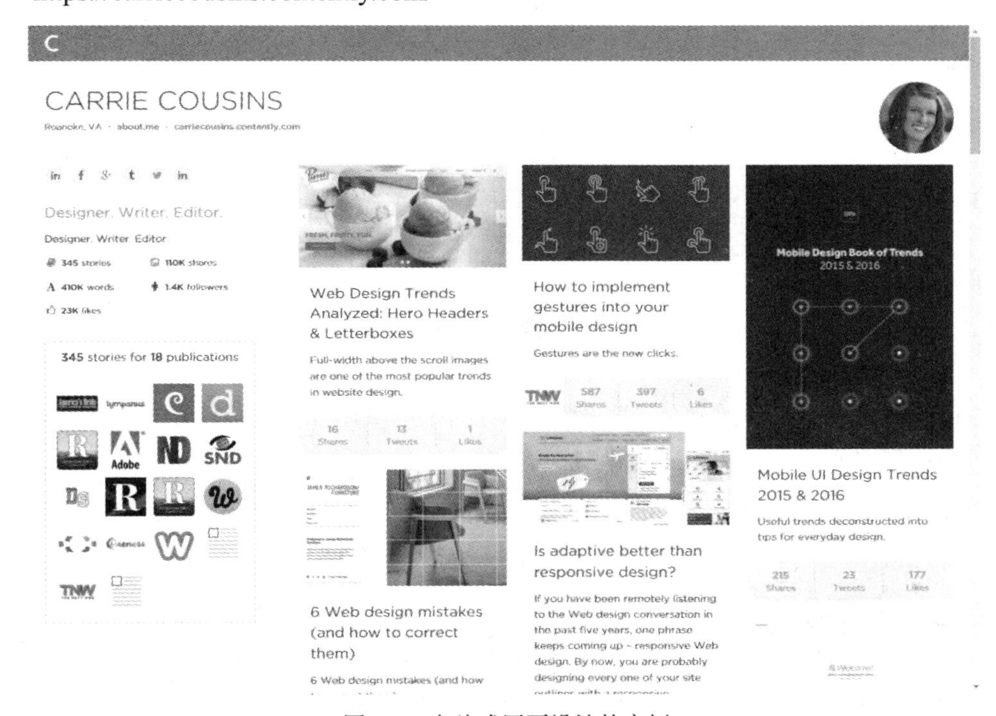

图 7-8　卡片式网页设计的实例

7.8　隐藏式菜单

有些网站选择把菜单隐藏起来，只有当用户单击或悬停在某个元素上时才会打开菜单，借此尽量维持画面的整洁、强调功能性，如图 7-9 所示。

● http://www.hugeinc.com/

图 7-9　采用隐藏式菜单的网页设计实例

7.9　超大的字体

有些设计师会跳脱平淡的做法，尝试将字体做不同的编排和风格，使用较大的标题来排版以呈现简单、有力的效果，如图 7-10 所示。

- http://www.degordian.com/index/

图 7-10　采用超大字体的网页设计实例

7.10　幽灵按钮

将按钮透明化，仅以能够识别的超细边框包裹着无衬线的字体，一方面减少了按钮与背景的突兀感，一方面依然有清楚的指向，如图 7-11 所示。

- http://grovemade.com/

图 7-11　采用幽灵按钮的网页设计实例

第 8 章　HTML5+CSS3的基础知识

8.1　认识 DIV 与 CSS

8.1.1　认识 DIV

早期在 HTML 上排版都是采用表格（Table）的方式，但是用表格排版会衍生出许多的缺点，例如表格的架构必须等整个 Table 完整下载后才能顺利显示出来。如果表格内的素材过多（例如图像文件或视频文件），就会感觉到网页打开的速度变慢，另外 Table 的标签过多，一方面整理起来比较花时间，另一方面是搜索引擎比较不容易看懂程序代码。

现在新一代的设计采用 CSS + DIV 的排版方式，取代了传统的 Table 排版，并解决了旧有的问题，从而提升了网页打开与执行的速度。

DIV 可以解释为区块，用 DIV 标签包起来的内容会被浏览器视为一个对象，之后再对各自的 DIV 进行 CSS 美化操作。DIV 的使用介绍如下：

1．CSS DIV 区块基本语句

```
<div>区块内容</div>
```

一个标准的 DIV 区块必须由 <div> 标签开始，到 </div> 标签结束，大小写都可以，<DIV> 与 <div> 原则上是同样的意思。另外，在开头的 <div> 标签内，可以使用 id、style、class 等参数来修改或套入 DIV 区块与其他元素的差异以及呈现的风格。

2．使用 DIV 进行网页排版的范例

```
<body>
<div>网页元素 A</div>
<div>网页元素 B</div>
<div>网页元素 C</div>
</body>
```

这是一个最基本的 CSS DIV 网页排版范例，其中有许多个网页元素，我们可以将网页元素 A 的区块用来摆放网页标头区、网页元素 B 用来放置左边栏、网页元素 C 用来放网页的主要内容，这样就可以构成一个简单的两栏式网页结构，如图 8-1 所示。

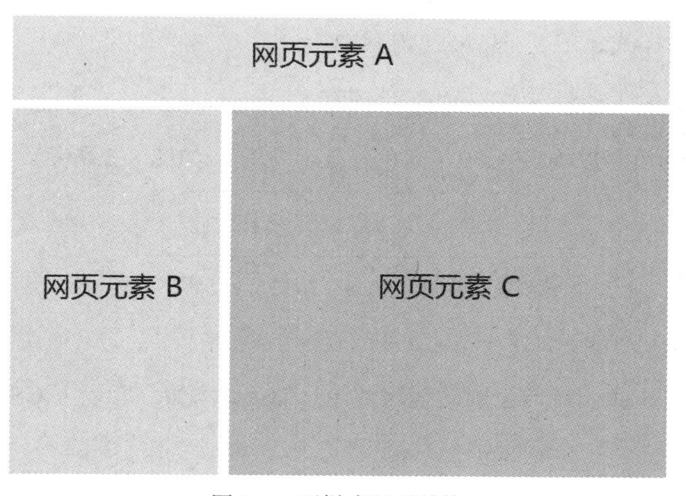

图 8-1　两栏式网页结构

8.1.2　CSS Class 与 CSS ID

HTML 是描述网页内容与结构的语言，而 CSS 则负责编排的工作，可以说是一种控制网页内容外观的格式规则集合。换句话说，HTML 用于确定标题、段落、超链接等基础项，而 CSS 则是负责美化与定义这些基础项与内容的样式。

CSS 样式表的全名为 Cascading Style Sheet（层叠式样式表），可以定义 HTML 标签，将许多文字、图片、表格、图层、窗体等设计加以格式化。在 HTML 语句中，常会使用一些关于颜色、文字大小、框线粗细等类型的标签，有了 CSS，我们就可以将数据层和显示层分开：HTML 文件就只包括数据，而 CSS 则是告诉浏览器这些数据应该要呈现出（或显示为）何种样式。

当中 CSS 的 Class 与 ID 都是用户自行设置的选择器（selector），最终要指定各个 DIV 要显示哪个 CSS 内容。在 Bootstrap 中，已将基本的 CSS 样式都设置完毕，设计者只需手动添加 DIV 区块并指定运用哪个 CSS 内容即可完成网页的设计。下面就让我们先了解一下 CSS 的 Class 与 ID 这两种选择器。

1. Class 介绍

Class 的声明法是先放一个句点 (.)，之后再列出选择器名称。设置一个 Class 选择器的语句如下：

✪ Class 的语句结构

```
.【Class 名称】{ 属性：设置值;
}
```

✪ CSS 样式

```
.navbar { color:#FF0000;
}
```

将上述的 CSS 样式运用在 HTML 内容中。

```
<p class="navbar">这是用 Class 选择器的例子。</p>
```

运用后，文字颜色会以 #FF0000（红色）显示出来，如图 8-2 所示。

这是用 Class 选择器的例子。

图 8-2　运用CSS 后的显示结果

2．多重 Class

在 Bootstrap 中，我们经常会同时运用数个 Class。例如，有以下 CSS 声明：

✪ CSS 样式

```
.applylarge {  font-size:20px;
}
.applyred {  color:#FF0000;
}
```

将上述 CSS 样式运用在 HTML 内容中：

```
<p class="applylarge applyred">这是多重 Class 的例子。</p>
```

运用后会显示出文字大小为 20px、文字颜色为 #FF0000（红色），如图 8-3 所示。

这是多重 Class 的例子。

图 8-3　运用CSS 后的显示结果

3．ID

ID 的声明法是先放一个井字符 (#)，再列出选择器名称。设置一个 ID 选择器的语句如下：

✪ ID 的语句结构

```
#【ID 名称】{  属性: 设置值;
}
```

✪ CSS 样式

```
#footer {  color:#FF00FF;
}
```

将上述 CSS 样式运用在 HTML 内容中：

```
<p id="footer">这是用 ID 选择器的例子。</p>
```

运用后文字颜色会以 #FF00FF（粉色）显示，如图 8-4 所示。

这是用 ID 选择器的例子。

图 8-4　运用 CSS 后的显示结果

4. Class 与 ID 的比较

Class 与 ID 这两者最大的不同在于：ID 选择器在一个 HTML 文件中只能被使用一次，而 Class 选择器在一个 HTML 文件中可以被使用多次；第二个不同的地方是，ID 选择器可以被 JavaScript 中的 GetElementByID 函数所运用，而 Class 虽可被 JavaScript 所运用，但是一旦被运用，网页中所有相同的名称都会被运用相同的操作。

事实上，并没有什么固定的规则来决定什么时候该使用 ID 或 Class。建议尽量使用 Class，因为这样最灵活（同一个 HTML 文件可以利用这类的选择器多次）。唯一的例外是，当要用 JavaScript 的 GetElementByID 函数时，应该用 ID。

另外，Class 名称和 ID 名称区分大小写，大小写不同则内容不同。举例来说，.classone 与 .ClassOne 就代表两个不同的 Class 选择器。

Bootstrap 默认的各种 CSS 样式都通过 class 类来使用。

8.2　HTML5 与 CSS3 的新增内容

8.2.1　认识 HTML5

HTML5 是 HTML 最新的修订版本，2014 年 10 月由万维网联合会（W3C）完成标准的制定，目的是取代 1999 年所制定的 HTML 4.01 和 XHTML 1.0 标准，以期能在因特网应用迅速发展的时候使网络标准达到符合当代网络应用的需求。

具体来说，HTML5 添加了许多新的语句和语法特性，其中包括 <video>、<audio> 和 <canvas> 元素，同时整合了 SVG 内容。这些元素是为了更容易地在网页中添加和处理多媒体和图片或图像内容而新增的。其他新的元素如 <section>、<article>、<header> 和 <nav> 则是为了丰富文件的数据内容。增加新属性也是为了同样的目的。同时也有一些属性和元素被删除了。还有一些元素（如<a>、<cite> 和 <menu>）则被修改、重新定义或标准化了。

1. DOCTYPE 声明

<!DOCTYPE> 声明位于网页中最前面的位置，处于 <html> 标签之前。此声明用于告知 Web 浏览器 HTML 页面使用的是哪个 HTML 版本来编写的指令。

在 HTML4.01 版本时出现的，可译为文件类型定义。DOCTYPE 的作用就是用来声明（定义）该网站网页编写的 HTML、XHTML 所用的标签采用的是什么样的 (X)HTML 版本。声明中 DTD 文件类型定义或声明里头包含了 HTML、XHTML 标签规则，浏览器根据这个 DTD 来分析 HTML 的编码。

在 HTML4 时代，对 DOCTYPE 声明常用的语句如下：

```
<!DOCTYPE HTML PUBLIC "-//W3C//DTD HTML 4.01 Transitional//EN" "http://www.w3.org/TR/html4/loose.dtd">
```

到了 HTML5 时代，DOCTYPE 声明的语法如下：

```
<!DOCTYPE html>
```

2．meta 元素的 charset 属性

charset 属性是 HTML5 新增的属性之一，用来替换之前的文字编码。在 HTML4 时代，文字编码设置语句如下：

```
<meta http-equiv="Content-Type" content="text/html; charset=UTF-8">
```

到了 HTML5 时代，文字编码设置语句如下：

```
<meta charset="UTF-8">
```

3．type 属性

HTML4 必须通过 type 属性设置想要读取的文件类型，到了 HTML5，则可省略 type 的设置。在 HTML4 时代，type 设置 CSS 类型语法如下：

```
<style type="text/css">......</style>
```

在 HTML4 时代，type 设置 JavaScript 类型语法如下：

```
<script type="text/javascript">......</script>
```

到了 HTML5 时代，type 设置 CSS 类型语法如下：

```
<style>......</style>
```

到了 HTML5 时代，type 设置 JavaScript 类型语法如下：

```
<script>......</script>
```

8.2.2 HTML5 的新元素与属性

下面将根据 HTML5 的新标签归纳出 8 项并进行说明。

1．格式（见表 8-1）

表 8-1 格式标签及说明

标签	说明
<bdi>	允许设置一段文本，使其脱离父元素的文本方向设置。在发布用户评论或其他无法完全控制的内容时采用

（续表）

标签	说明
<mark>	定义带有记号的文本。在需要突出显示文本时使用 <mark> 标签。效果如同用荧光笔给文字加上记号
<meter>	定义度量衡。仅用于已知最大和最小值的度量，如硬盘使用情况、查询结果的相关性等
<progress>	定义运行中的任务进度
<rp>	定义不支持 ruby 元素的浏览器所显示的内容
<ruby> 元素	由一个或多个需要解释 / 发音的字符和一个提供该信息的 <rt> 元素组成，还包括可选的 <rp> 元素
<rt>	定义字符（中文注音或字符）的解释或发音
<ruby>	定义 ruby 注释（中文注音或字符）
<time>	定义一个日期 / 时间
<wbr>	在文本中的适合之处添加换行符号。如果单词太长，或者担心浏览器会在错误的位置换行，可使用 <wbr> 元素

2. 窗体（见表 8-2）

表 8-2　窗体标签及说明

标签	说明
<datalist>	规定了 input 元素可能的选项列表。<datalist> 标签被用来为<input> 元素提供“自动完成”的特性。用户能看到一个下拉式列表，且选项是预先定义好的，将作为用户的输入数据
<keygen>	规定用于窗体的密钥。当提交窗体时，私钥存储在本地，公钥发送到服务器
<output>	作为计算结果输出显示（比如执行脚本的输出）

3. 图像（见表 8-3）

表 8-3　图像标签及说明

标签	说明
<canvas>	通过脚本（JavaScript）来绘制图形（如图表和其他图像）
<figure>	定义图像、图表、照片、代码等内容
<figcaption>	为 <figure> 元素定义标题。此元素应该被置于 <figure> 元素的第一个或最后一个子元素的位置

4. 音频与视频（见表 8-4）

表 8-4　音频与视频标签及说明

标签	说明
<audio>	定义声音，比如音乐。<audio> 元素支持 3 种文件格式：MP3、Wav、Ogg
<source>	定义媒体元素（<video> 和 <audio>）的媒体资源

（续表）

标签	说明
<track>	为媒体（<video> 和 <audio>）元素定义外部链接网址。此元素用于规定字幕文件或其他包含网页的文件，当媒体播放时，这些文件是可见的
<video>	定义一个音频或者视频。这个元素支持 3 种视频格式：MP4、WebM、Ogg

5. 链接（见表 8-5）

表 8-5　链接标签及说明

标签	说明
<nav>	定义导航链接。<nav> 元素只是标注一个导航链接的区域。在不同设备上（手机或者 PC）可以制定导航链接是否显示，以适应不同屏幕的需求

6. 区段元素（见表 8-6）

表 8-6　区段元素标签及说明

标签	说明
<header>	定义页首信息
<footer>	定义页尾信息
<section>	表示某个区域
<article>	定义文章内容
<aside>	定义其所处内容之外的内容，用以作为主内容的补充
<details>	定义了用户可见或隐藏需求的补充细节
<dialog>	定义一个对话框或者窗口
<summary>	定义一个可见的标题，当用户单击标题时会显示出详细信息

7. 内嵌内容（见表 8-7）

表 8-7　内嵌内容标签及说明

标签	说明
<embed>	定义一个容器，用来嵌入外部应用或者互动程序（插件）

8. HTML5 与旧版 HTML 的语句差异

从上述内容可得知 HTML5 新增了许多元素以加强文件结构的明确性，例如以往 HTML 中有 <div id="header">、<div id="footer"> 之类的表示方式，主要用 div 标签区分各个部分的内容；如今 HTML5 中则可使用语义明确的 header、footer 元素来表示，此外也加入 nav 元素来定义浏览链接。因此，HTML5 的特色之一便是以语义明确的元素让文件结构更加严谨，让开发者更容易编译与阅读。HTML4 与 HTML5 在网页结构编排上的差异如图 8-5 所示。

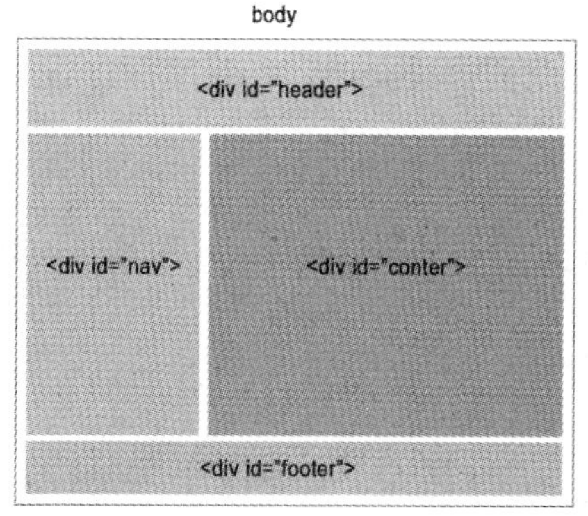

HTML 4 语句范例

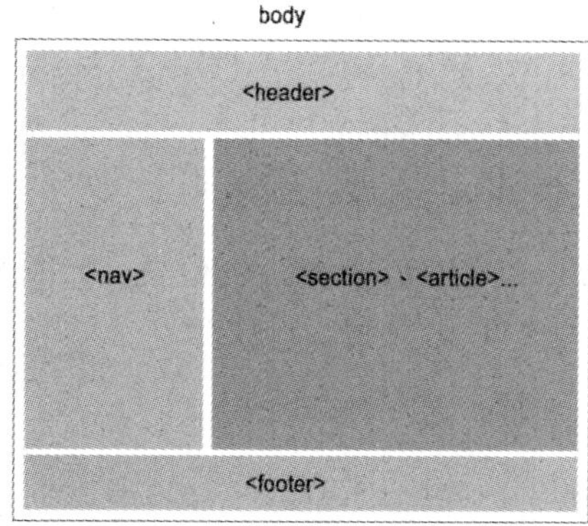

HTML 5 语句范例

图 8-5　HTML4 与 HTML5 在网页结构编排上的差异

8.2.3　认识 CSS3

CSS3 版本强化了 CSS2，并增加了许多新功能，通过 CSS3 可设置 HTML5 中元素的文字大小、颜色、字体等属性。CSS3 的新功能当中可实现阴影、圆角、渐层等旧版 CSS 无法实现的效果。同时对于开发 RWD 网站来说，Media Queries 语句切换版式更是 CSS3 的一大特色。而且 CSS3 完全向下兼容，因而不必修改现有的设计。CSS3 新增的功能如下：

- Selectors（选择器）
- Box Model（Box 模型）
- Backgrounds and Borders（背景和边框）
- Text Effects（文字特效）
- 2D/3D Transformations（2D/3D 转场）
- Animations（动画）
- Multiple Column Layout（多栏目布局）
- User Interface（用户界面）

8.2.4　CSS3 新增的属性

下面将根据 CSS3 的新内容归纳出 6 项并进行说明。

1. RGBa 属性（颜色）

RGBa 颜色值是 RGB 颜色值加 Alpha 通道的扩展（Alpha 用于指定对象的透明度）。

RGBa 颜色值指定 R、G、B、a（红、绿、蓝、Alpha）。RGB 数值表示的方式为在 0 和 255 之间或一个百分比值（从 0% 到 100%）之间的整数。例如 RGB（0, 0, 255）值呈现为蓝色，因为蓝色的参数设置为最高值（255），而其他设置为 0。Alpha 参数是一个介于 0.0（完全透明）和 1.0（完全不透明）之间的参数。

✪ RGBa 属性值说明

```
color: rgba (红、绿、蓝、透明度);
```

✪ RGBa 属性值使用范例

```
color: rgba (0、255、255、0.5);
```

2. border-radius 属性（圆角）

border-radius 属性可设置圆角效果，如图 8-6 所示，此属性可以免去用绘图软件来辅助设计，其语句如下：

✪ border-radius 属性用法

```
border-radius: 椭圆半径长度;
```

✪ border-radius 属性使用范例

```
border-radius:25px;
```

图 8-6　border-radius 属性呈现结果

如果在 border-radius 属性中只指定一个值，就将自动生成 4 个圆角。反之，也可对四个角分别指定，输入的数值所对应的位置如下：

- 四个值：第一个值为左上角，第二个值为右上角，第三个值为右下角，第四个值为左下角。
- 三个值：第一个值为左上角，第二个值为右上角和左下角，第三个值为右下角。
- 两个值：第一个值为左上角与右下角，第二个值为右上角与左下角。
- 一个值：四个圆角值相同。

输入二至四个值的对应结果如图 8-7 所示。

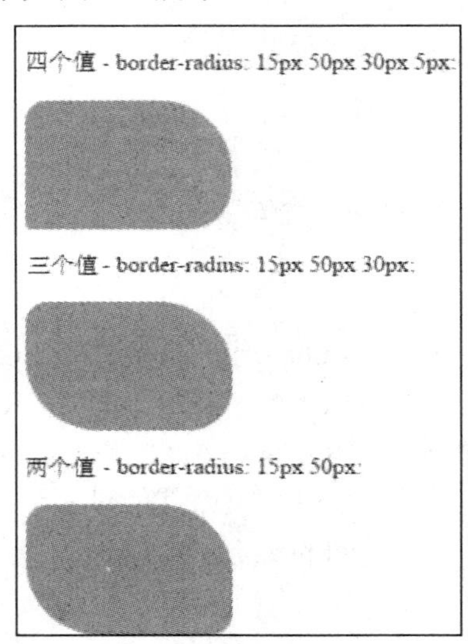

图 8-7　输入二至四个值的对应结果

此外，也可通过 border-top-left-radius（左上）、border-top-right-radius（右上）、border-bottom-left-radius（左下）、border-bottom-right-radius（右下）四个语句来分别设置，如图 8-8 所示。

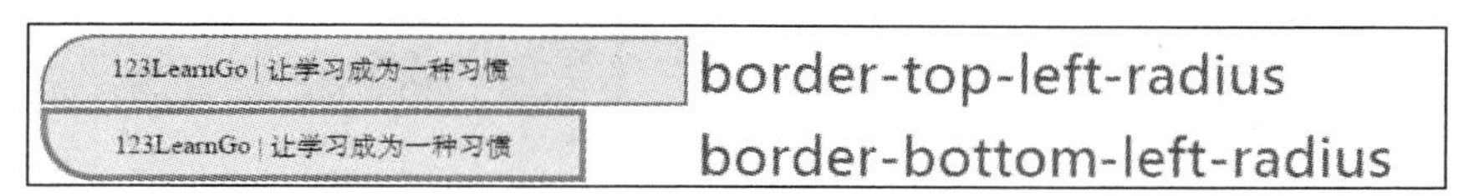

图 8-8　左上与左下的各个圆角设置

3. text-shadow 属性（文字阴影）

text-shadow 属性用以控制文字阴影效果，如图 8-9 所示，可设置阴影位置、范围及颜色。其语句如下：

✪ text-shadow 属性用法

```
text-shadow: X 轴方向的阴影 Y 轴方向的阴影 模糊范围 阴影颜色;
```

✪ text-shadow 属性使用范例

```
text-shadow: 5px 5px 5px rgba(53,144,21,0.70);
```

123LearnGo | 让学习成为一种习惯

图 8-9　text-shadow 属性显示的结果

4. Gradients 属性（渐层）

CSS3 渐变（gradients）可以在两个或多个指定的颜色之间显示出渐层的效果。

以前，必须使用图像来实现这些效果。现在，通过使用 CSS3 渐变，可以减少下载的事件和带宽的使用。此外，渐变效果的元素在放大时看起来效果更好，因为渐变是由浏览器生成的。

CSS3 定义了两种类型的渐变：

- 线性渐变（Linear Gradients）：向下 / 向上 / 向左 / 向右 / 对角方向。
- 放射状渐变（Radial Gradients）：由中心定义。

（1）Linear Gradients 线性渐变属性

创建一个线性渐变，必须至少定义两种颜色节点。颜色节点即为想要呈现平稳过渡的颜色。同时，也可以设置一个起点和一个方向（或一个角度），如图 8-10 所示。

✪ Linear Gradients 属性用法

```
background: linear-gradient(方向, 颜色 1,颜色 2, ...);
```

✪ Linear Gradients 属性使用范例

```
background: linear-gradient(to right, red , blue);
```

从左边开始的线性渐变起点是红色，慢慢过渡到蓝色

图 8-10　Linear Gradients 属性显示的结果

除此之外，还可自行设置渐变方向，可设置的方向参考表 8-8。

表 8-8　方向设置及说明

方向	说明
从上至下（默认）	background: linear-gradient(red, blue);
从左至右	background: linear-gradient(to right, red , blue);
对角线（从左上至右下）	background: linear-gradient(to bottom right, red , blue);

（2）Radial Gradients 放射状渐变属性

建立一个放射状渐变，必须至少定义两种颜色节点。颜色节点即为想要呈现平稳过渡的颜色。同时，也可以指定渐变的中心、形状（圆形或椭圆形）、大小。默认情况下，渐变的中心是 center（中心点），渐变的形状是 ellipse（椭圆形），渐变的大小是 farthest-corner（最远的角落），如图 8-11 所示。

✪ Radial Gradients 属性用法

```
background: radial-gradient(中心,外形尺寸,开始颜色, ...,结束颜色);
```

✪ Radial Gradients 属性使用范例

```
background: radial-gradient(red, green, blue);
```

图 8-11　Radial Gradients 属性呈现的结果

除此之外，还可自行设置渐变位置，可设置的位置参考表 8-9。

表 8-9　位置设置及说明

位置	说明
均匀分布(默认)	background: radial-gradient(red, green, blue);
不均匀分布	background: radial-gradient(red 5%, green 15%, blue 60%);
设置形状	background: radial-gradient(circle, red, yellow, green); circle 表示默认值，ellipse 表示椭圆形

5．box-shadow 属性（区块阴影）

box-shadow 属性可用来添加区块的阴影效果，可设置阴影位置、范围及颜色，如图 8-12 所示。

✪ box-shadow 属性用法

```
box-shadow: X 轴方向的阴影Y 轴方向的阴影 模糊范围 阴影颜色;
```

✪ box-shadow 属性使用范例

```
box-shadow: 10px 10px 5px #FF0000;
```

123LearnGo | 让学习成为一种习惯

图 8-12　box-shadow 属性呈现的结果

6．@font-face 字体规则

在 CSS3 以前的版本中，网页设计师不得不使用浏览者计算机上已经安装的字体，因此字体的显示就只有微软雅黑与楷体两种选择。在 CSS3 时代，网页设计师可以使用所喜欢的任何字体，只需简单地将字体文件包含在网站中，就会自动下载给需要的浏览者。

在新的 @font-face 规则中，设计者必须首先定义字体的名称（如 myFirstFont），然后指向该字体文件，此时在 HTML 文件中就可通过 font-family 属性来引用字体的名称（myFirstFont）。

✪ 使用字体的语句

```
@font-face{
font-family: myFirstFont;
src: url(sansation_light.woff);
}
```

建议 URL 使用小写字母，大写字母在 IE 中有时会产生意外情况。

第 9 章 响应式网页的布局方式

9.1 Grid System 简介

9.1.1 何谓Grid System

Grid System（网格系统）其实是一种平面设计方法与风格，借助固定的格子切割版面来设计布局，如图 9-1 所示。

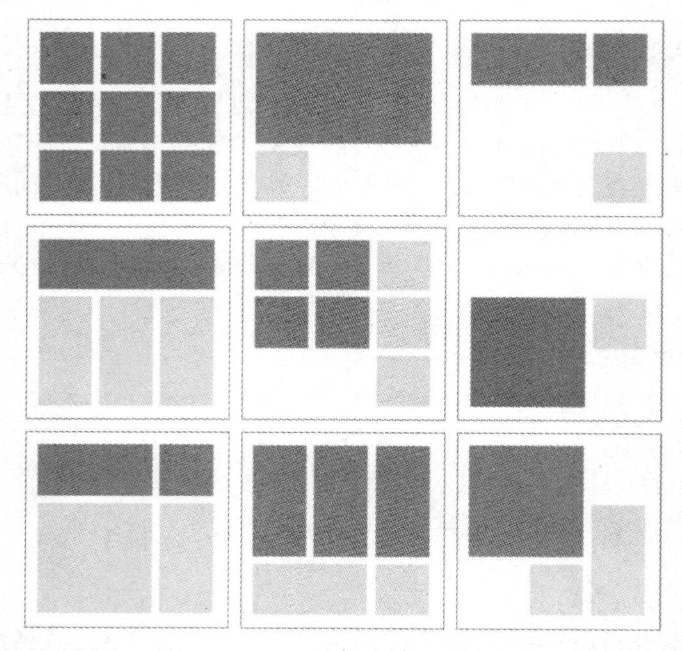

图 9-1 图片来源：http://www.graphicdesign.com/article/working-with-Grid-systems/

现代主义中的包豪斯（Bauhaus）风格追求规律理性、极简化、功能主义的设计风格，这样极简的“形随机能”风格延续到了 20 世纪中期的瑞士设计风格（Swiss Design）并被发扬光大。由于强调极简且不使用装饰，瑞士风格（Swiss style）十分强调使用文字编排来表现，此时 Grid System 在平面设计中被大量使用，很快就被推广到全世界。

可以从中理解到 Grid System 本质上就是追求对齐、理性，延续到网页设计中就变成一种以规律的网格线来进行网页布局的方法。

Grid System 会这么普遍的原因是它为我们提供了富有弹性且方便的网页排版及模块化方法，也为视觉设计师与网页工程师提供了共同沟通的“语言”。

目前已经有相当多的网页设计采用 Grid System framework。这个观念在网页开发中已经相当普遍。但从平面设计师转换到网页工程师的人，一开始必须重新建立网页排版的概念，无论是学习适应各种大小屏幕的设计还是建立网页信息流（Normal flow）的概念，Grid System 都可以帮助设计师有所“皈依”。

9.1.2 网页的 Grid System

Grid System 主要由栏（column，或列）与间隙（gutter）所组成，通过固定的格子切割版面来设计布局。简易来说，就是把一定宽度的页面切割成数栏或数列，网页上的每个元素区块则按所需的宽度栏数从上而下排版。图 9-2 所示是有名的 960 Grid，它把 960px 宽的区块切成 12 栏，在视觉设计与网页排版时就按所需的大小对齐栏线。

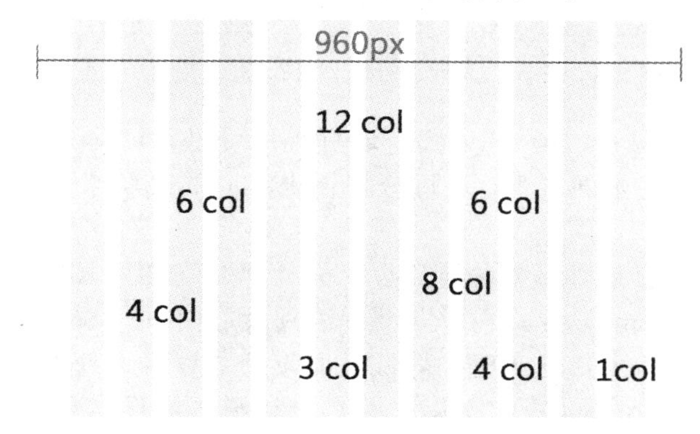

图 9-2 960 Grid

有时为了配合网页视觉上的显示结果，并不会把所有元素都填满整个页面，反而会在两旁留白（Grid Padding），但最终所有的栏、间隙与留白的宽度合计依然要等于 960px 的宽度。

由上面的例子我们可以清楚地知道 Grid System 如何使用，但如果我们需要自己设计 Grid System，那么我们必须了解 Grid System 的组成方式，如图 9-3 所示。

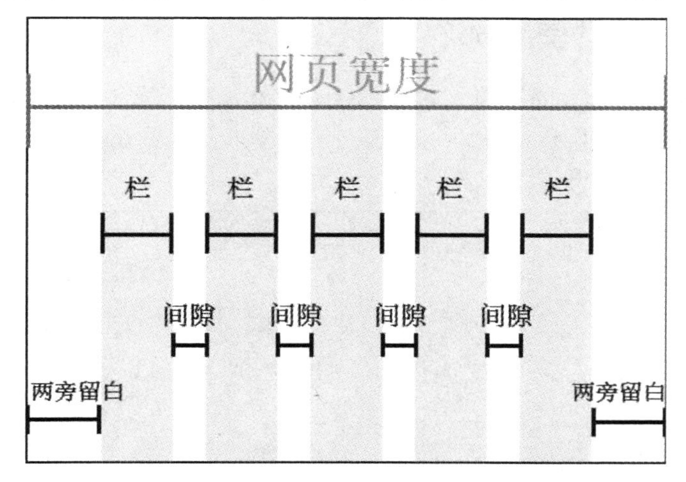

图 9-3 GridSystem 的组成

整个 Grid System 的计算公式如下：

网页宽度=两旁留白×2+（栏宽度+间隙宽度）×栏数 – 间隙宽度

以 960 Grid 举例来说，960 Grid 的各项数字是：

- 栏宽：60 px
- 间隙：20 px
- 留白：10 px

运用公式的结果是：960 = 10 × 2 +（60 +20）× 12 – 20

9.1.3 网页设计为何需要 Grid System

网页为何需要有 Grid System 来辅助设计呢？其理由有三点：

（1）增加可读性。通过 Grid System 进行布局可以建立对齐规律的排版。把运用在平面设计的对齐技巧运用于网页上，通过分栏拆出不同的区块来放置不同的内容，同时各个区块间仍然整齐排列。

（2）建立共同的语言基础。当设计师与工程师都共同使用 Grid System 时，在产品开发中可以从线框（wireframe）开始，视觉设计稿到最后网页 CSS 都一脉相承，不需要转换任何比例尺寸，可以加快开发速度并降低页面设计与程序设计的沟通成本。

（3）建立适应不同大小屏幕的布局。网页设计与平面设计最大的差别在于：网页的画布不是固定大小的；平面设计常常有一个目标大小的版面，如实际印出的大小，设计师直接根据最后输出的大小在画布上进行设计。网页设计时常会遇到用户屏幕大小不同的问题，一个网页必须自己适应在不同的屏幕上显示，固定大小的设计并不适用于屏幕大小变化不一的网页。Grid System 提供了某种程度的比例概念，易让设计师实现响应式设计——自适应设计。

9.1.4 Grid System 的使用方法

Grid 这个字有“网格”的意思，Gird System 就是把网页变成有规则大小的格子，而 Bootstrap 的 Grid System 总共有 12 个栏宽——12 列，从大到小均可，如图 9-4 所示。借助 Grid System 的辅助可以让开发过程变得很快。

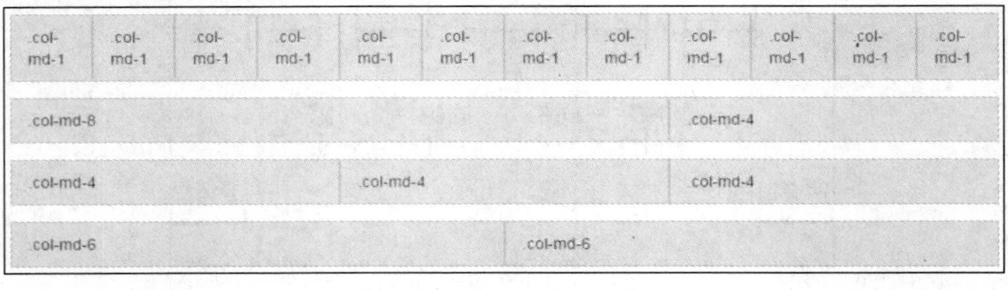

.col-md-1 .col-md-1 .col-md-1 .col-md-1 .col-md-1 .col-md-1 .col-md-1 .col-md-1 .col-md-1 .col-md-1 .col-md-1 .col-md-1
.col-md-8 .col-md-4
.col-md-4 .col-md-4 .col-md-4
.col-md-6 .col-md-6

图 9-4 Bootstrap 的 Grid System

Grid System 经由 Row（行）和 Column（栏或列）来建立页面的结构，然后再将内容装到这些由 Row（行）和 Column（栏或列）组成的框框中。简述规则如图 9-5 所示。

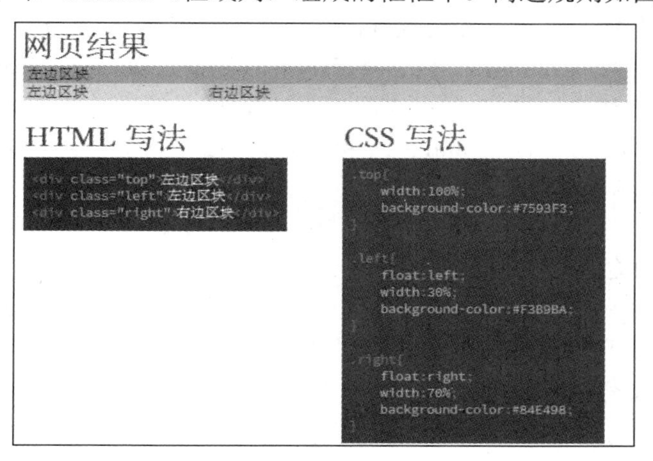

图 9-5　一般网页的写法

使用 Grid System 后，写法如图 9-6 所示。

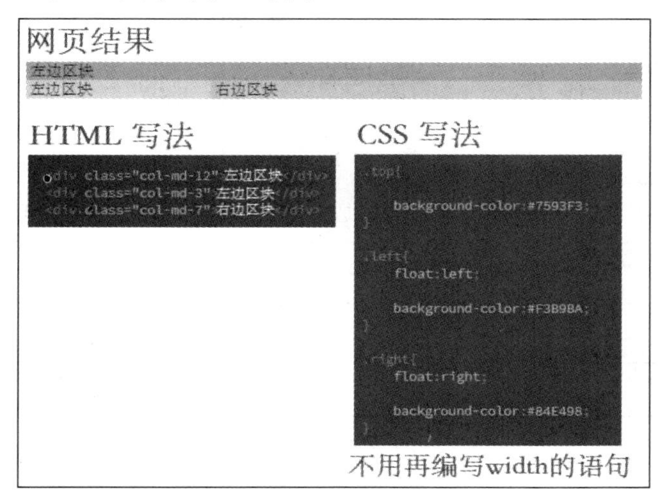

图 9-6　使用 Grid System 后网页的写法

在使用这项技术前，设计师必须具有一定的 CSS 基础与 Grid System 的概念才更容易做出 RWD 的网站。

9.2　布局规则

9.2.1　Bootstrap 中的 Grid System

Grid System 使用了一系列包含内容的行和列来创建页面布局。Bootstrap Grid System 的使用方式如下：

- Row 必须放在 .container（固定宽度）或 .container-fluid（100% 宽度）容器中，以便适当地进行对齐和内距（padding）调整。
- 使用 Row 来建立水平群组的 Column（栏或列）。
- 内容应该放置在 Column 之内，并且只有 Column 能作为 Row 的直接子元素。
- 定义好的网格线类，像是 .row 和 .col-xs-4 等，可用来快速建立网格线布局。
- 每个 Row 中所允许的 Column 总和最大为 12。例如，3 个相等的 Column 应使用 3 个 .col-xs-4 来设置。
- 如果超过 12 个 Column 放在单个 Row 中，那么每个群组额外的 Column 将作为一个单元打包到新的一行。
- 网格线类的运用，会使用设备屏幕宽度大于或等于来当作判断点，而且针对较小屏幕的设备进行了网格线类的重写。因此，运用 .col-md- 到元素上时，不仅仅会影响中等屏幕设备的样式，也会影响大屏幕设备的样式（如果未运用 .col-lg-）。

9.2.2 不同设备的 Grid 设置

通过表 9-1 来了解 Bootstrap 3 的网格线系统是如何横跨多种设备进行运行的。

表 9-1 Bootstrap 3 的网格线系统

	手机 （小于 768px）	平板电脑 （大于等于 768px）	计算机 （大于等于 992px）	计算机 （大于等于 1200px）
网格线行为	总是水平布局	开始是折叠的，当超过判断点时恢复水平布局		
容器宽度	无（自动）	750px	970px	1170px
类前缀	.col-xs-*	.col-sm-*	.col-md-*	.col-lg-*
Column（栏或列）数	12			
Column 宽度 （最大栏宽或列宽）	自动	~62px	~81px	~97px
间隙宽度	30px（column 左右边各15px）			
可嵌套运用	是			
位移（Offsets）	是			
Column 排序	是			

- 手机（小于 768px），class 语句为：.col-xs-1 ~ .col-xs-12 。
- 平板（大于等于 768px），class 语句为：.col-sm-1 ~ .col-sm-12。
- 一般计算机小型显示器（大于等于 992px），class 语句为：.col-md-1 ~ .col-md-12。

- 一般计算机大型显示器（大于等于 1200px），class 语句为：.col-lg-1 ~ .col-lg-12。

通过下列的范例说明协助各位读者更清楚地了解 Grid 的使用。

范例1

以 xs（手机）与 md（一般计算机小型显示器）两类为例。使用手机浏览时，使用最大宽度的 Column 和一半宽度的 Column，达到堆叠的效果。

```
<div class="row">
<div class="col-xs-12 col-md-8">.col-xs-12 .col-md-8</div>
<div class="col-xs-6 col-md-4">.col-xs-6 .col-md-4</div>
</div>
```

在一般计算机小型显示器屏幕上显示的结果如图 9-7 所示。

.col-xs-12 .col-md-8 .col-xs-6 .col-md-4

图 9-7 在一般计算机小型显示器屏幕上显示的结果

在手机上显示的结果如图 9-8 所示。

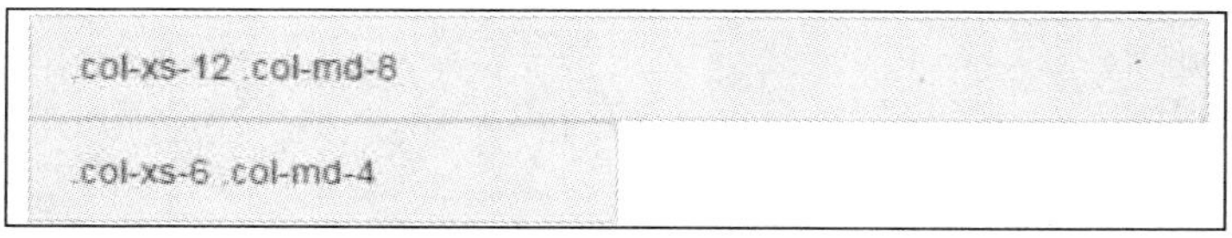

.col-xs-12 .col-md-8
.col-xs-6 .col-md-4

图 9-8 在手机上显示的结果

范例 2

以 xs（手机）、md（小型显示器）与 lg（大屏幕）三者为例：

```
<div class="row">
<div class="col-xs-6 col-md-4 col-lg-6">.col-xs-6 .col-md-4 .col-lg-6</div>
<div class="col-xs-6 col-md-4 col-lg-6">.col-xs-6 .col-md-4 .col-lg-6</div>
<div class="col-xs-6 col-md-4 col-lg-2">.col-xs-6 .col-md-4 .col-lg-2</div>
</div>
```

在大屏幕上显示的结果如图 9-9 所示。

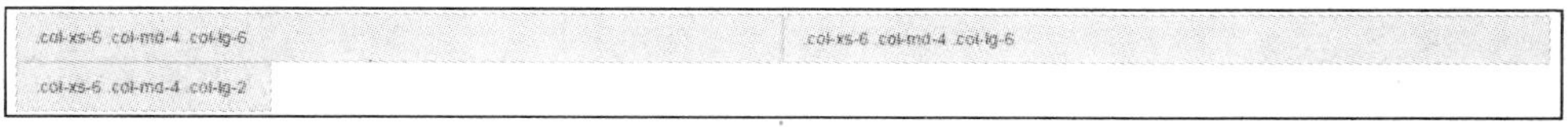

.col-xs-6 .col-md-4 .col-lg-6 .col-xs-6 .col-md-4 .col-lg-6
.col-xs-6 .col-md-4 .col-lg-2

图 9-9 在大屏幕时显示的结果

在一般计算机小型显示器上显示的结果如图 9-10 所示。

.col-xs-6 .col-md-4 .col-lg-6 .col-xs-6 .col-md-4 .col-lg-6 .col-xs-6 .col-md-4 .col-lg-2

图 9-10 在一般计算机小型显示器上显示的结果

在手机上显示的结果如图 9-11 所示。

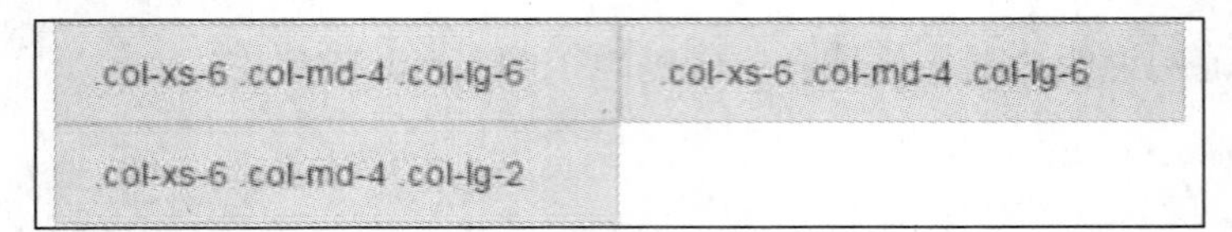

图 9-11　在手机上呈现的结果

范例3

若想让网页显示在手机、一般计算机小型显示器、大屏幕上时栏或列宽度都呈现 50%，则语句如下（显示结果如图 9-12 所示）：

```
<div class="row">
<div class="col-xs-6">.col-xs-6</div>
<div class="col-xs-6">.col-xs-6</div>
</div>
```

.col-xs-6　.col-xs-6

图 9-12　在手机、小型显示器和大屏幕上都显示列宽 50%时的结果

9.2.3 嵌套排版

在网页设计中会因为内容在排版或显示上的需求在一个 Div 中再加入数个 Div。这样将一组新的网格内容加入原本已有的网格系统中就被称为嵌套排版。图 9-13 所示为嵌套排版实例的显示结果。

方法为加入一行新的 .row 并设置 .col-sm-* 的 Column 在已存在的 .col-sm-* column 内。同样的，嵌套的 Row 该包含一组含有 12 个或更少的 Column。

```
<div class="row">
<div class="col-sm-9">Level 1: .col-sm-9
<div class="row">
<div class="col-xs-8 col-sm-6">Level 2: .col-xs-8 .col-sm-6</div>
<div class="col-xs-4 col-sm-6">Level 2: .col-xs-4 .col-sm-6</div>
</div>
</div>
</div>
```

Level 1: .col-sm-9
Level 2: .col-xs-8 .col-sm-6　Level 2: .col-xs-4 .col-sm-6

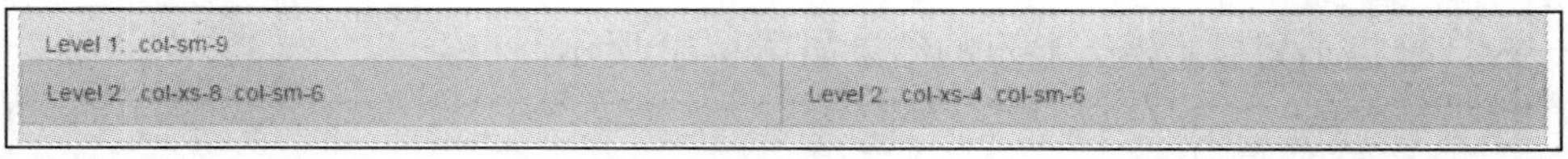

图 9-13　嵌套排版实例的显示结果

使用嵌套排版时，也要从 Row 开始。

9.2.4　移动与调整 Column 的位置

在编排网页结构时，有时 12 格都不需要有 Column，此时必须使用 offset 来调整 Column 的位置。

使用 .col-md-offset-* 类可以将 Column 向右进行位移。这些类使用 * 选择器为当下的 Column 增加左边距（margin-left）的值。例如，.col-md-offset-3 类将会把 .col-md3 向右位移 3 个 Column 的宽度。

范例1

```
<div class="row">
<div class="col-md-3 col-md-offset-3">.col-md-3 .col-md-offset-3</div>
<div class="col-md-3 col-md-offset-3">.col-md-3 .col-md-offset-3</div>
</div>
```

范例 1 的显示结果如图 9-14 所示。

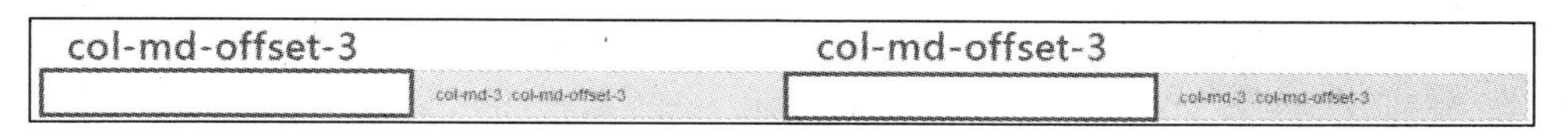

图 9-14　范例 1 的显示结果

范例2

```
<div class="row">
<div class="col-xs-2 col-xs-offset-5 col-md-6 col-md-offset-3">.col-xs-2 .col-xs-offset-5 .col-md-6 .col-md-offset-3</div>
</div>
```

范例 2 的显示结果如图 9-15 所示。

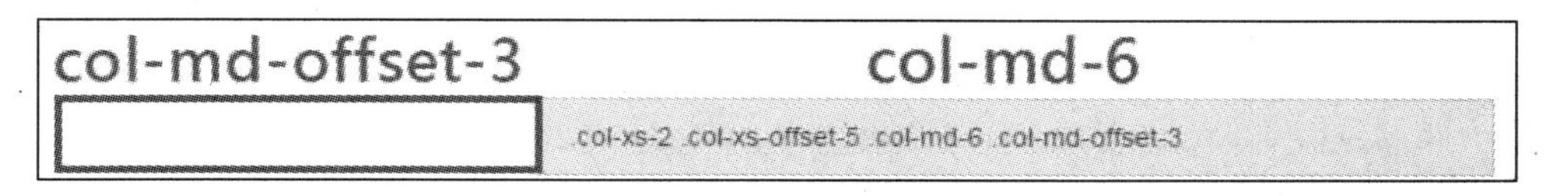

图 9-15　在一般计算机浏览时的显示结果

9.2.5　Column 的规则

无论宽度是多少，网页一行的总和需为 12 栏（12 列）。若是超过 12 栏，则之后的栏或列会自动换行，成为全新的一行，如图 9-16 所示。

✪ 网页语句

```
<div class="row">
```

```
<div class="col-xs-9">.col-xs-9</div>
<div class="col-xs-4">.col-xs-4<br>
因为 9 + 4 = 13，超过了 12 栏，所以这 4 栏会换行，成为全新的一行。
</div>
<div class="col-xs-6">.col-xs-6<br>接下来的 column 会接续着补齐</div>
</div>
```

.col-xs-9
.col-xs-4
因为 9 + 4 = 13，超过了 12 栏，所以这 4 栏会换行，成为全新的一行。
.col-xs-6
接下来的 column 会接续着补齐

图 9-16　显示结果

9.2.6　调整 Column 的顺序

HTML 的读取顺序是从上往下与从左往右，因此无法随意更改结构，但是在 Bootstrap 中可利用 .col-md-push-* 和 .col-md-pull-* 在不改变 HTML 结构的情况下调整 Column 的顺序。正常结构下的语法如下：

正常结构

```
<div class="row">
<div class="col-md-9">.col-md-9</div>
<div class="col-md-3">.col-md-3</div>
</div>
```

正常结构下显示的结果如图 9-17 所示。

图 9-17　正常结构下显示的结果

此时，若要调换这两个的先后顺序，则在不改变 HTML 结构下调整语句，具体如下：

调整后

```
<div class="row">
<div class="col-md-9 col-md-push-3">.col-md-9
<span style="color:red">.col-md-push-3</span>
</div>
<div class="col-md-3 col-md-pull-9">.col-md-3
<span style="color:red">.col-md-pull-9</span>
</div>
</div>
```

调整结构前后的显示结果如图 9-18 所示。

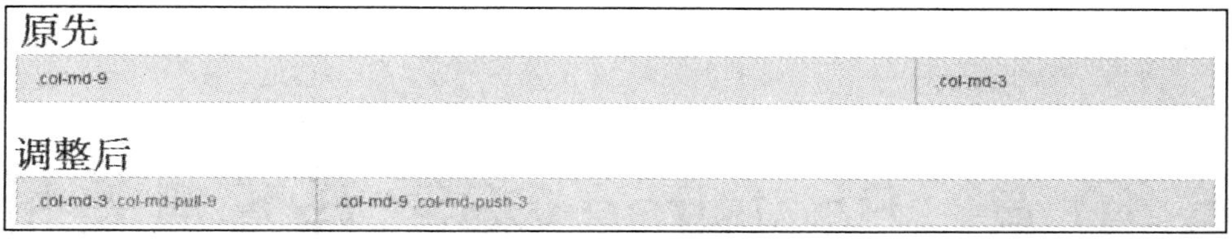

原先

.col-md-9 .col-md-3

调整后

.col-md-3 .col-md-pull-9 .col-md-9 .col-md-push-3

图 9-18　调整结构前后的显示结果对比

第 10 章　Bootstrap CSS 样式的使用

10.1　排　版

Bootstrap 使用 Helvetica Neue、Helvetica、Arial 和 sans-serif 作为其默认的字体。使用 Bootstrap 的排版特性，可以创建标题、段落、列表及其他内容元素。

10.1.1　标题

所有 HTML 的标题元素<h1> 到 <h6> 均可使用。另外，还提供了 .h1 到 .h6 类，可用于搭配标题字体样式并且在行内元素（inline）显示的文字。

✪ 范例：<h1> 至 <h6> 的用法 (ch10.1.1\headings.html)

```
<h1>h1. 我是标题 1 font-size:36px</h1>
<h2>h2. 我是标题 2 font-size:30px</h2>
<h3>h3. 我是标题3 font-size:24px</h3>
<h4>h4. 我是标题4 font-size:18px</h4>
<h5>h5. 我是标题 5 font-size:14px</h5>
<h6>h6. 我是标题 6 font-size:12px</h6>
```

✪ 范例：.h1 至 .h6 类的用法 (ch10.1.1\headings_class.html)

```
<p class="h1">h1. 我是标题 1 font-size:36px</p>
<p class="h2">h2. 我是标题 2 font-size:30px</p>
<p class="h3">h3. 我是标题 3 font-size:24px</p>
<p class="h4">h4. 我是标题 4 font-size:18px</p>
<p class="h5">h5. 我是标题 5 font-size:14px</p>
<p class="h6">h6. 我是标题 6 font-size:12px</p>
```

无论使用 <h1> 至 <h6> 标签，还是 class 类方式，其结果都是相同的，如图 10-1 所示。

h1. 我是标题1 font-size:36px

h2. 我是标题2 font-size:30px

h3. 我是标题3 font-size:24px

h4. 我是标题4 font-size:18px

h5. 我是标题5 font-size:14px

h6. 我是标题6 font-size:12px

图 10-1 标题范例的显示结果

如果需要向任何标题添加一个副标题，只需要简单地在元素两旁添加<small>或者添加 .small 类就能得到一个副标题效果，如图 10-2 所示。

✪ 范例：<h1> 至 <h6> 的用法 (ch10.1.1\small.html)

```
<h1>h1. 我是标题 1 font-size:36px  <small>我是副标题 1</small></h1>
<h2>h2. 我是标题 2 font-size:30px  <small>我是副标题 2</small></h2>
<h3>h3. 我是标题3 font-size:24px  <small>我是副标题3</small></h3>
<h4>h4. 我是标题4 font-size:18px  <small>我是副标题4</small></h4>
<h5>h5. 我是标题 5 font-size:14px  <small>我是副标题 5</small></h5>
<h6>h6. 我是标题 6 font-size:12px  <small>我是副标题 6</small></h6>
```

h1. 我是标题1 font-size:36px 我是副标题1

h2. 我是标题2 font-size:30px 我是副标题2

h3. 我是标题3 font-size:24px 我是副标题3

h4. 我是标题4 font-size:18px 我是副标题4

h5. 我是标题5 font-size:14px 我是副标题5

h6. 我是标题6 font-size:12px 我是副标题6

图 10-2 增加了副标题后的显示结果

10.1.2 页面主题

在 Bootstrap3 的全局设置中，默认 font-size（字体尺寸）是 14px，line-height（段落行高）是 1.428。这些属性值被应用于 <body> 和 <p> 段落元素上。此外，<p> 设置了一个 1/2 行高（默认为 10px）的底部边距（margin）值。

虽然 Bootstrap 已先帮我们制定了一套标准，但是同时也提供了相关的类供设计师在排版需求上使用。在这样的规范下，若是要制作一个让段落突出的效果（字体加大加粗），则仅需要在段落加入 .lead 类，显示结果如图 10-3 所示。

✪ 范例：lead 类的使用(ch10.1.2\lead.html)

```
<h2>关于我们</h2>
<p class="lead">我们是一群热爱程序设计、游戏以及视觉设计所组成的小团队，初衷是分享自己的学习经验，让人们可以通过我们的网站学习到更多有关信息科技等知识。123LearnGo 网站建立于 WordPress 平台，目前主要由团队中每个人共同维护网页及发布文章。</p>
```

关于我们 常规段落

我们是一群热爱程序设计、游戏以及视觉设计所组成的小团队，初衷是分享自己的学习经验，让人们可以通过我们的网站学习到更多有关信息科技等知识。123LearnGo 网站建立于 WordPress 平台，目前主要由团队中每个人共同维护网页及发布文章。

关于我们

我们是一群热爱程序设计、游戏以及视觉设计所组成的小团队，初衷是分享自己的学习经验，让人们可以通过我们的网站学习到更多有关信息科技等知识。123LearnGo 网站建立于 WordPress 平台，目前主要由团队中每个人共同维护网页及发布文章。

class="lead"

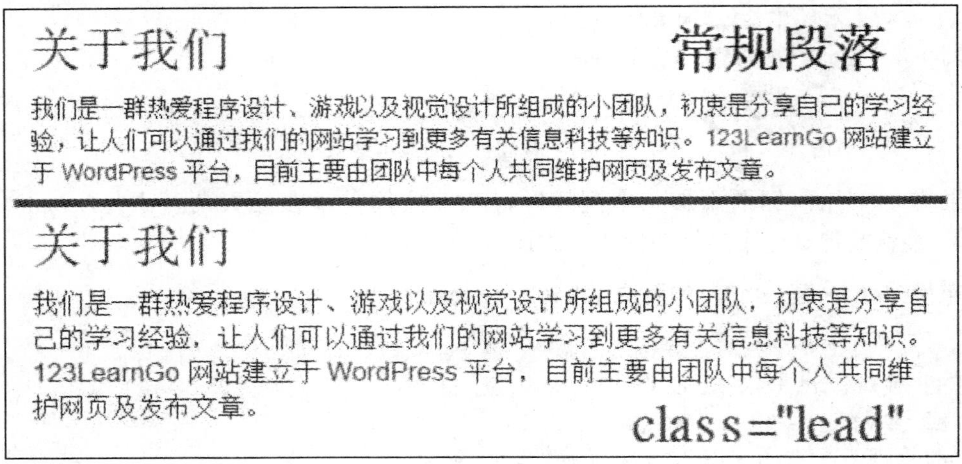

图 10-3　页面主题示例的显示结果

10.1.3　行内文字元素

在文字效果显示上可使用 Bootstrap 默认的排版标签来辅助，其使用方式都相同，只需要在特别标注的文字内容前后加入标签名称即可，如图 10-4 所示。

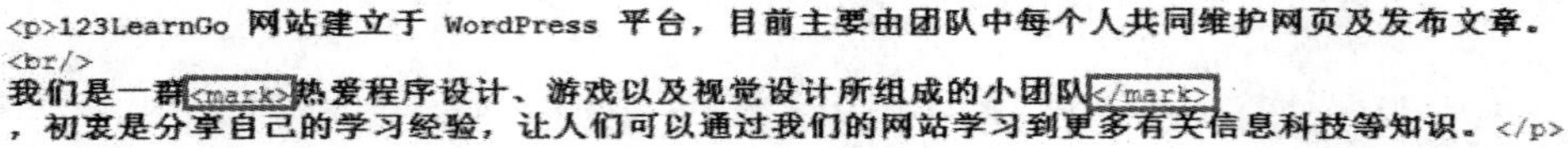

```
<p>123LearnGo 网站建立于 WordPress 平台，目前主要由团队中每个人共同维护网页及发布文章。
<br/>
我们是一群<mark>热爱程序设计、游戏以及视觉设计所组成的小团队</mark>
，初衷是分享自己的学习经验，让人们可以通过我们的网站学习到更多有关信息科技等知识。</p>
```

图 10-4　为某段文字加入 <mark> 标签

在排版上可使用的标签如表 10-1 所示。

表 10-1　排版标签用途及说明

标签	用途	说明
<mark>	标签文字	为文字加上淡黄色的底色效果
<del>	删除文字	表明此文本块已被删除
<s>	删除线效果	指出此文本块已经不再和段落有关联
<ins>	插入文字	用来指出被额外加入到文件的文字
<u>	底线文字	加强重要性
<small>	较小文字	将调整为父容器的 85% 大小
<strong>	粗体	将字体加粗，用于强调某一片段文字
<em>	斜体	使用斜体来强调某一段文字

这 8 种标签的效果如图 10-5~图 10-12 所示。

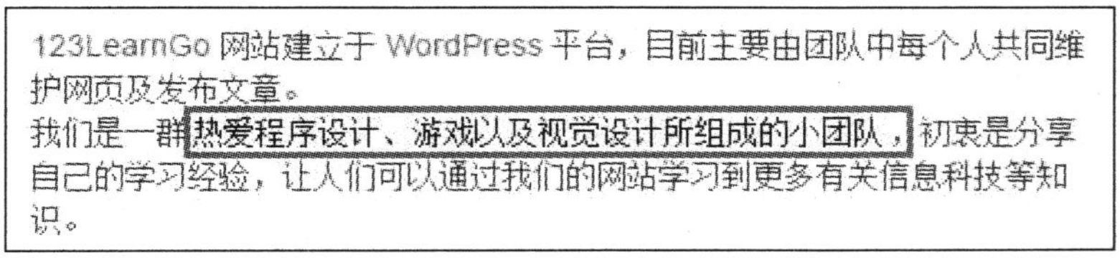

123LearnGo 网站建立于 WordPress 平台，目前主要由团队中每个人共同维护网页及发布文章。
我们是一群热爱程序设计、游戏以及视觉设计所组成的小团队，初衷是分享自己的学习经验，让人们可以通过我们的网站学习到更多有关信息科技等知识。

图 10-5　标签文字（ch10.1.3\mark.html）

123LearnGo 网站建立于 WordPress 平台，目前主要由团队中每个人共同维护网页及发布文章。
我们是一群~~热爱程序设计、游戏以及视觉设计所组成的小团队~~，初衷是分享自己的学习经验，让人们可以通过我们的网站学习到更多有关信息科技等知识。

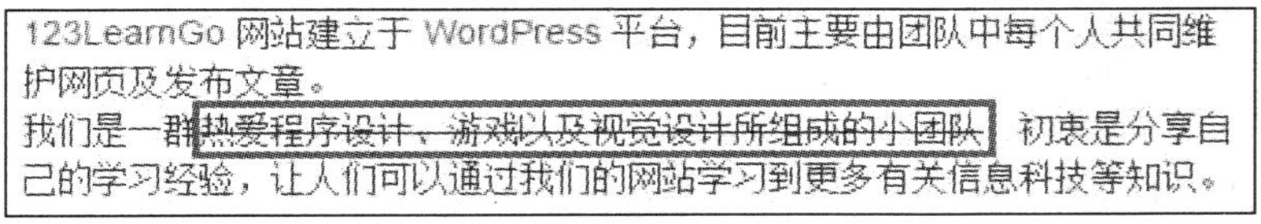

图 10-6　删除文字（ch10.1.3\del.html）

123LearnGo 网站建立于 WordPress 平台，目前主要由团队中每个人共同维护网页及发布文章。
~~我们是一群热爱程序设计、游戏以及视觉设计所组成的小团队，初衷是分享自己的学习经验，让人们可以通过我们的网站学习到更多有关信息科技等知识。~~

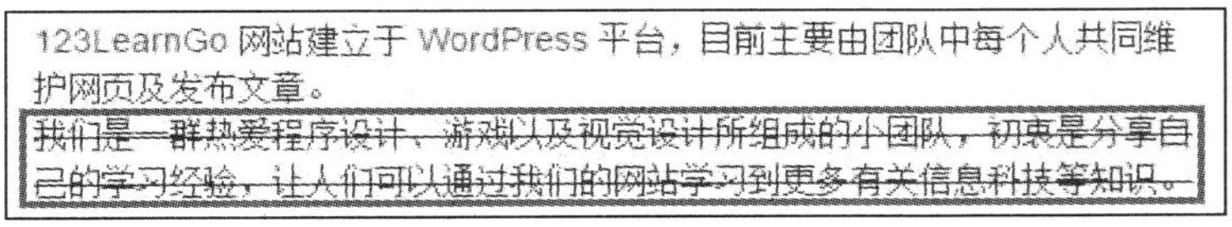

图 10-7　删除线（ch10.1.3\s.html）

<del>和<s>在显示上的效果是一模一样的，主要差异在语义上。

123LearnGo 网站建立于 WordPress 平台，目前主要由团队中每个人共同维护网页及发布文章。
我们是一群热爱程序设计、游戏以及视觉设计所组成的小团队，初衷是分享自己的学习经验，让人们可以通过我们的网站学习到更多有关信息科技等知识。

图 10-8　插入文字（ch10.1.3\ins.html）

123LearnGo 网站建立于 WordPress 平台，目前主要由团队中每个人共同维护网页及发布文章。
我们是一群热爱程序设计、游戏以及视觉设计所组成的小团队，初衷是分享自己的学习经验，让人们可以通过我们的网站学习到更多有关信息科技等知识。

图 10-9　底线文字（ch10.1.3\u.html）

123LearnGo 网站建立于 WordPress 平台，目前主要由团队中每个人共同维护网页及发布文章。
我们是一群热爱程序设计、游戏以及视觉设计所组成的小团队，初衷是分享自己的学习经验，让人们可以通过我们的网站学习到更多有关信息科技等知识。

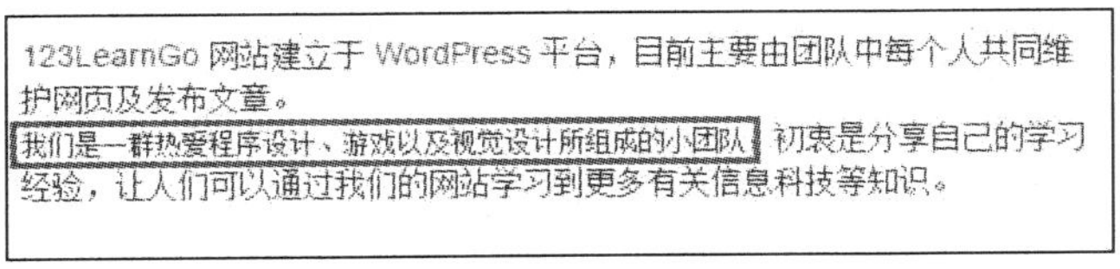

图 10-10　较小文字（ch10.1.3\small.html）

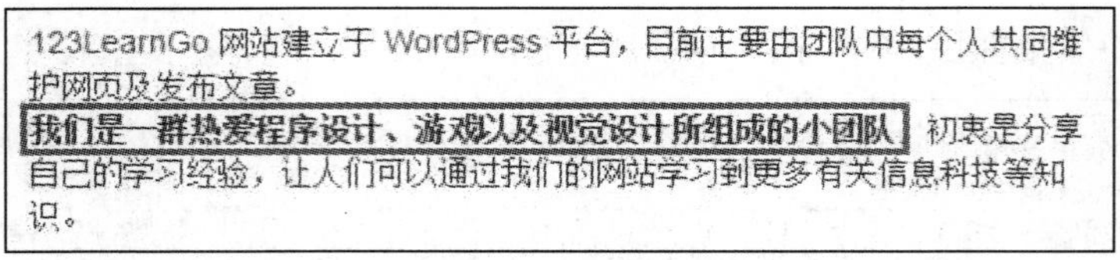

123LearnGo 网站建立于 WordPress 平台，目前主要由团队中每个人共同维护网页及发布文章。
我们是一群热爱程序设计、游戏以及视觉设计所组成的小团队，初衷是分享自己的学习经验，让人们可以通过我们的网站学习到更多有关信息科技等知识。

图 10-11　粗体（ch10.1.3\strong.html）

123LearnGo 网站建立于 WordPress 平台，目前主要由团队中每个人共同维护网页及发布文章。
*我们是一群热爱程序设计、游戏以及视觉设计所组成的小团队，*初衷是分享自己的学习经验，让人们可以通过我们的网站学习到更多有关信息科技等知识。

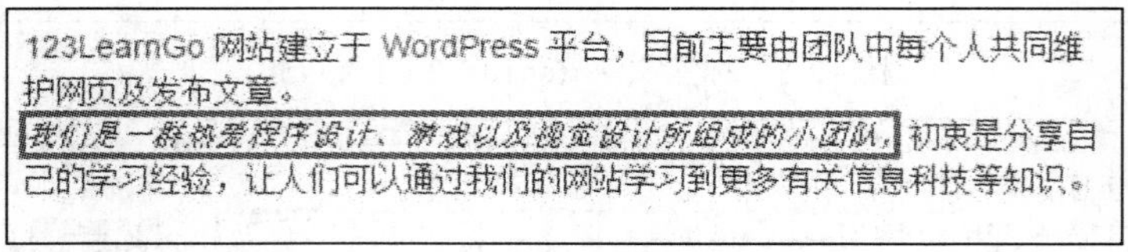

图 10-12　斜体（ch10.1.3\em.html）

em 元素默认的斜体效果在中文阅读上不是加分的效果，一般会通过 font-style:normal; 来取消样式，并采用颜色或粗体来强调。

10.1.4　对齐类

通过文字对齐 class 类可以轻松将文件里的文字重新对齐。范例显示的结果如图 10-13 所示。

✪ 范例：对齐类的使用(ch10.1.4\alignment.html)

```
<p class="text-left">靠左对齐文字。</p>
<p class="text-center">居中对齐文字。</p>
<p class="text-right">靠右对齐文字。</p>
<p class="text-justify">平均对齐文字。</p>
<p class="text-nowrap">不换行文字。</p>
```

靠左对齐文字。

居中对齐文字。

靠右对齐文字。

平均对齐文字。

不换行文字。

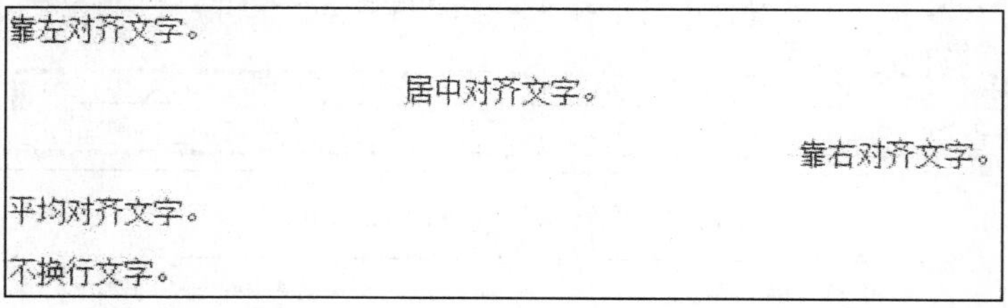

图 10-13　对齐示例的显示结果（ch10.1.4\alignment.html）

Bootstrap3 默认的 .text-justify 类仅对英文有效，想要中文也有一样的效果，只需在源代码的 .text-justify 类中附加一个 text-justify:inter-ideograph; 属性设置。

10.1.5 转换类

通过文字转换类将组件里的英文字母进行大小写转换。范例显示的结果如图 10-14 所示。

✪ 范例：转换类的使用(ch10.1.5\transformation.html)

```
<p class="text-lowercase">123LearnGo.(全小写)</p>
<p class="text-uppercase">123LearnGo.(全大写)</p>
<p class="text-capitalize">123LearnGo.(前缀大写)</p>
```

123learngo.（全小写）

123LEARNGO.（全大写）

123LearnGo.（前缀大写）

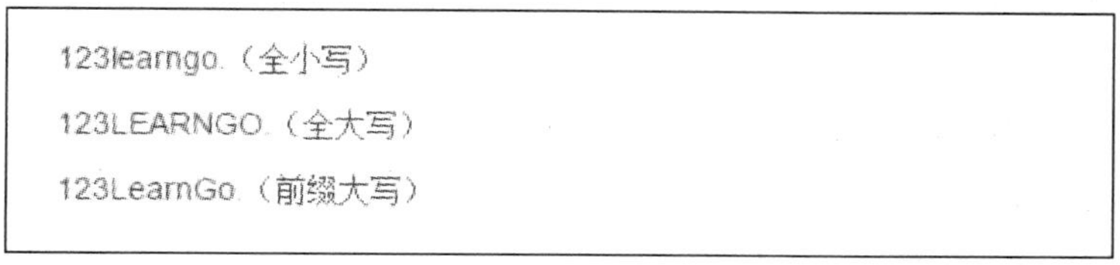

图 10-14 文字转换示例的显示结果（ch10.1.5\transformation.html）

10.1.6 联系字段

使用 <address> 标签将联系信息以最接近日常使用的格式显示，在每行结尾加入
 以进行换行。范例显示的结果如图 10-15 所示。

✪ 范例：<address> 标签的使用 (ch10.1.6\address.html)

```
<address>
<strong>123LearnGo, Inc.</strong><br>
007 street<br>
LearnGo City, State XXXXX<br>
<abbr title="Phone">P:</abbr> (123) 456-7890
</address>
<address>
<strong>Full Name</strong><br>
<a href="mailto:#">123learngo@gmail.com</a>
</address>
```

123LearnGo, Inc.
007 street
LearnGo City, State XXXXX
P: (123) 456-7890

Full Name
123learngo@gmail.com

图 10-15 联系字段范例的显示结果（ch10.1.6\address.html）

10.1.7 引用

在网页制作中，若文章中引用了他人的内容，则可使用 <blockquote> 标签来显示引用的效果。

在引用的文字内容前后加入 <blockquote> 标签即可直接显示效果。文字内容要换行时可使用 <p> 标签。范例显示的结果如图 10-16 所示。

✪ 范例：默认引用效果的使用(ch10.1.7\blockquote.html)

```
<blockquote>
<p>下马饮君酒，问君何所之？</p>
<p>君言不得意，归卧南山陲。</p>
<p>但去莫复问，白云无尽时。</p>
</blockquote>
```

下马饮君酒，问君何所之？

君言不得意，归卧南山陲。

但去莫复问，白云无尽时。

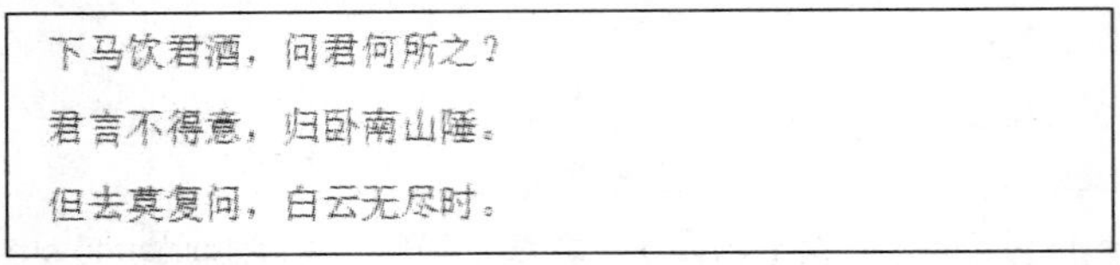

图 10-16　引用文字范例的显示结果 (ch10.1.7\blockquote.html)

在内容部分，可搭配相关标签与类进行其他效果的显示，标签整理如表 10-2 所示。

表 10-2　标签

标签 / 类	名称	说明
<q>	左右双引号	为所引用的文字前后加上左右双引号
<footer>	注明来源	在标注引用来源或网址时使用。在来源作者部分还可使用 <cite> 标签以斜体的方式来显示
.blockquote-reverse	靠右对齐	将 .blockquote-reverse 类加入 <blockquote> 标签中，使内容以靠右对齐的方式呈现

这 3 种标签/类的页面效果如图 10-17~图 10-19 所示。

"下马饮君酒，问君何所之？君言不得意，归卧南山陲。
但去莫复问，白云无尽时。"

图 10-17　使用 <q> 标签加上双引号的显示结果 (ch10.1.7\blockquote_q.html)

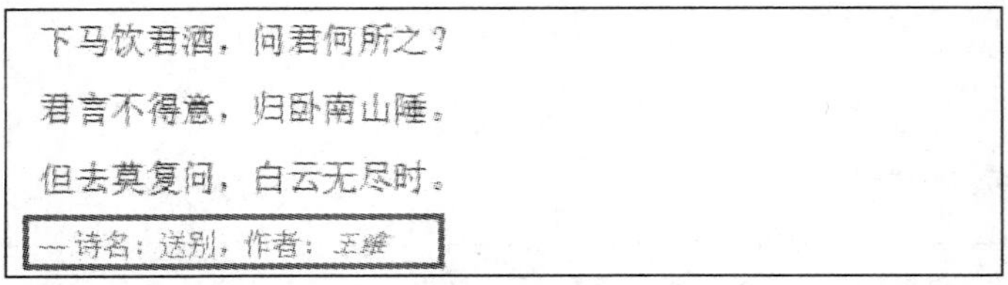

下马饮君酒，问君何所之？

君言不得意，归卧南山陲。

但去莫复问，白云无尽时。

— 诗名：送别，作者：*王维*

图 10-18　使用 <footer> 标签与 <cite> 来标注引用来源与作者 (ch10.1.7\blockquote_footer.html)

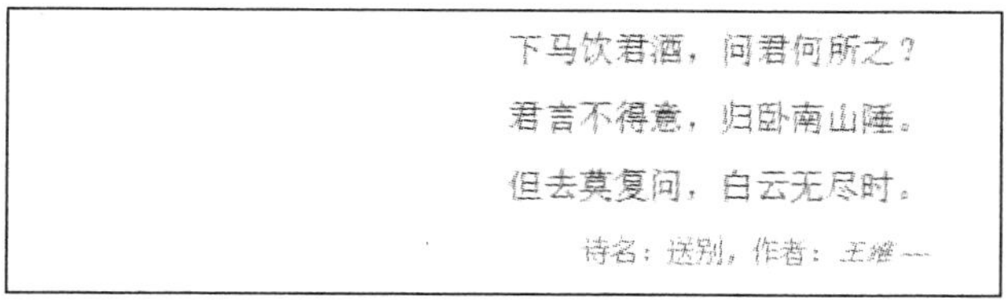

下马饮君酒，问君何所之？

君言不得意，归卧南山陲。

但去莫复问，白云无尽时。

诗名：送别，作者：王维 —

图 10-19 靠右对齐 (ch10.1.7\blockquote_reverse.html)

10.1.8 列表

列表可分为“点符列表”与“数字符号列表”。点符列表是指没有特定顺序的列表，以传统风格着重号开头的列表。

✪ 范例：点符列表(ch10.1.8\unordered.html，见图 10-20)

```
<ul>
<li>Android 应用开发</li>
<li>GameSalad 2D游戏制作</li>
<ul>
<li>第 01 节注册与下载</li>
<li>第 02 节软件操作介绍</li>
<li>第 03 节一起来找茬</li>
<li>第 04 节电流急急棒</li>
</ul>
<li>Google Web Design</li>
<li>Unity 5</li>
</ul>
```

- Android 应用开发
- GameSalad 2D 游戏制作
  - 第01节－注册与下载
  - 第02节－软件操作介绍
  - 第03节－一起来找茬
  - 第04节－电流急急棒
- Google Web Design
- Unity 5

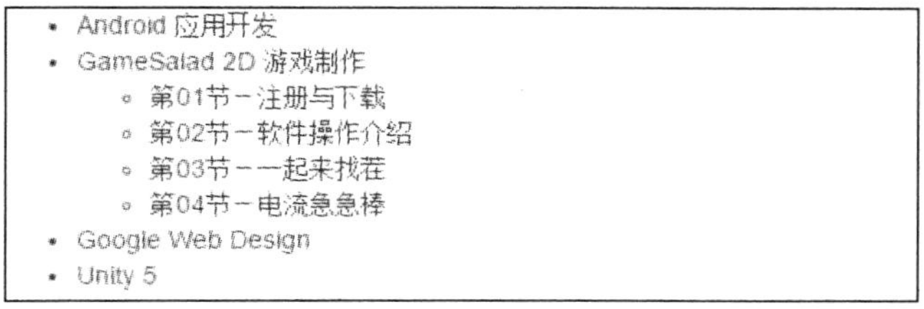

图 10-20 点符列表范例 (ch10.1.8\unordered.html)

数字符号列表是指有序列的以数字或其他有顺序之字符开头的列表。

✪ 范例：数字符号列表(ch10.1.8\ordered.html，见图 10-21)

```
<ol>
<li>Android 应用开发</li>
<li>GameSalad 2D游戏制作</li>
<ul>
<li>第 01 节注册与下载</li>
<li>第 02 节软件操作介绍</li>
<li>第 03 节一起来找茬</li>
```

```
<li>第 04 节电流急急棒</li>
</ul>
<li>Google Web Design</li>
<li>Unity 5</li>
</ol>
```

1. Android 应用开发
2. GameSalad 2D 游戏制作
    - 第01节－注册与下载
    - 第02节－软件操作介绍
    - 第03节－一起来找茬
    - 第04节－电流急急棒
3. Google Web Design
4. Unity 5

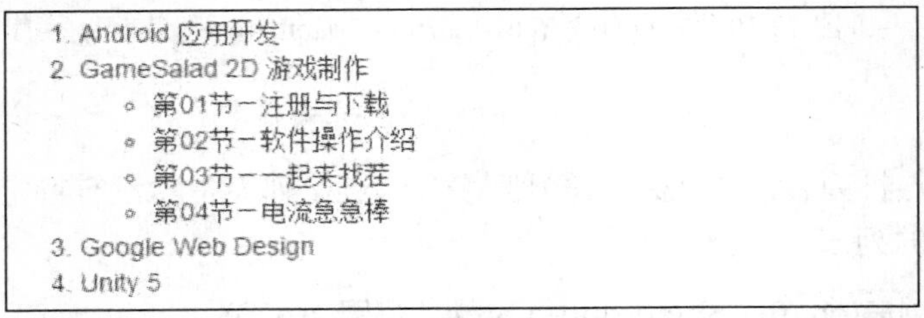

图 10-21　数字符号列表范例（ch10.1.8\ordered.html）

可使用列表类

在列表的显示上，可在标签中加入相关类以进行不同效果的显示（见图 10-22~图 10-25），类整理如表 10-3 所示。

表 10-3　列表类

类	名称	说明
list-unstyled	删除列表样式	删除列表项默认 list-style 样式和左边距（margin）值（仅对直接子元素有效）。这只会运用于子列表项上，也就是说，必须将所有嵌套列表都加入此类才能得到相同的结果
inline-block	行内列表	将所有列表项放在同一行上显示
	定义列表	相关描述的列表，无任何符号显示。语句结构如下： <dl> <dt>...</dt> <dd>...</dd> </dl>
dl-horizontal	定义列表 -水平布局	将所有列表项放在同一行上显示

Android 应用开发
GameSalad 2D 游戏制作
- 第01节－注册与下载
- 第02节－软件操作介绍
- 第03节－一起来找茬
- 第04节－电流急急棒

Google Web Design
Unity 5

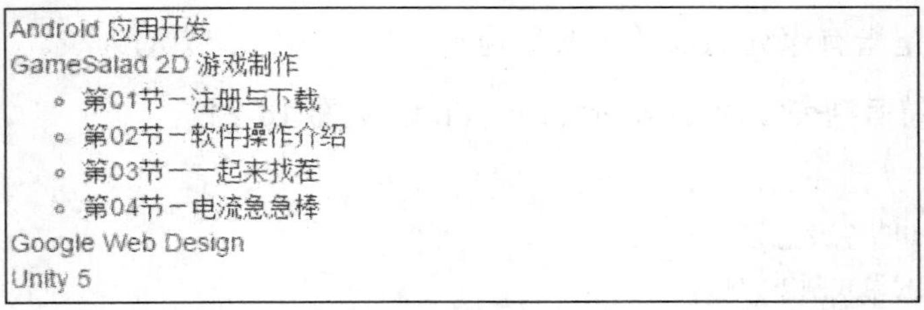

图 10-22　删除列表样式（ch10.1.8\ unstyled.html）

Android 应用开发　GameSalad 2D 游戏制作　Google Web Design　Unity 5

图 10-23　行内列表（ch10.1.8\inline.html）

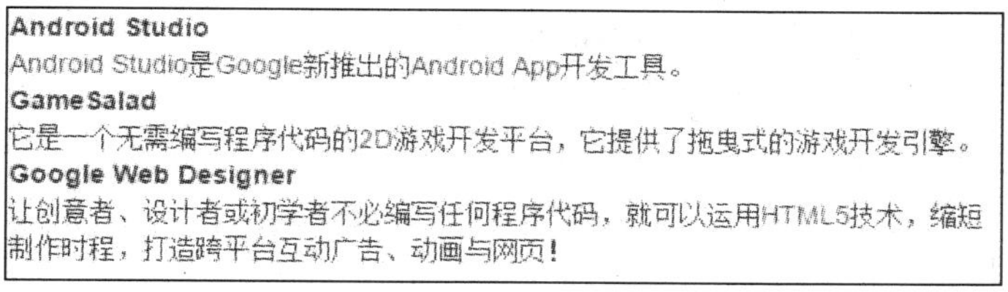

Android Studio
Android Studio是Google新推出的Android App开发工具。
GameSalad
它是一个无需编写程序代码的2D游戏开发平台，它提供了拖曳式的游戏开发引擎。
Google Web Designer
让创意者、设计者或初学者不必编写任何程序代码，就可以运用HTML5技术，缩短制作时程，打造跨平台互动广告、动画与网页！

图 10-24　定义列表（ch10.1.8\description.html）

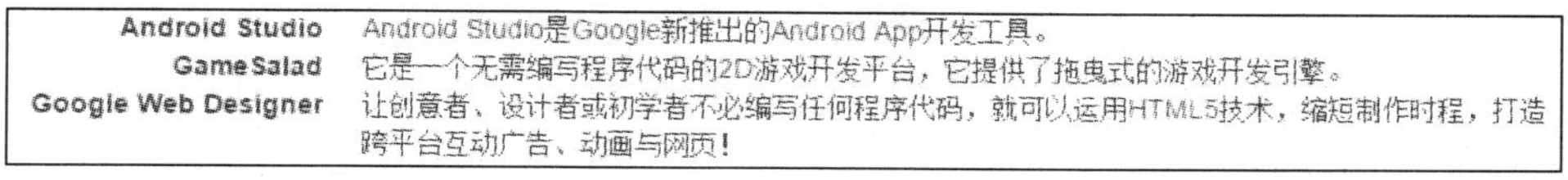

Android Studio	Android Studio是Google新推出的Android App开发工具。
GameSalad	它是一个无需编写程序代码的2D游戏开发平台，它提供了拖曳式的游戏开发引擎。
Google Web Designer	让创意者、设计者或初学者不必编写任何程序代码，就可以运用HTML5技术，缩短制作时程，打造跨平台互动广告、动画与网页！

图 10-25　定义列表——水平布局（ch10.1.8\description horizontal.html）

10.2　表　格

在网页设计中经常借助表格来辅助显示大量数据。表 10-4 列出建立表格时该使用的各项元素及其说明。

表 10-4　表格元素

标签	说明
<table>	为表格添加基础样式
<thead>	表格标题行的容器元素（<tr>），用来标识表格列
<tbody>	表格主体中的表格行的容器元素（<tr>）
<tr>	一组出现在单行上的表格单元格的容器元素（<td> 或 <th>）
<td>	默认的表格单元格
<th>	特殊的表格单元格，用来标识列或行（取决于范围和位置），必须在 <thead> 内使用
<caption>	关于表格存储内容的描述或总结

10.2.1　表格类

表格运用相当广泛，除了基本内容的归纳外，还可与其他插件配合使用，例如，日历和日期选择器。因此，在表格效果的呈现上，还可搭配使用其他的 class 类（可使用的类如表 10-5 所示）。

表 10-5　表格类

类	名称	说明
.table	分隔线	为任意 <table> 添加基本样式（只有横向分隔线）
.table-striped	条纹式 Row	在 <tbody> 内添加斑马线形式的条纹（IE8 不支持）
.table-bordered	边框表格	为所有表格的单元格添加边框
.table-hover	移入 Row	可以为表格 <tbody> 里的 Row 做鼠标移入（hover）移出时的颜色反差效果
.table-condensed	紧密表格	将表格单元格（cell）的内距（padding）减半，让表格更加紧密

这 5 种类的表格效果如图 10-26~图 10-30 所示。

名称	城市
雨龙	China
凯弟	Japan

图 10-26 .table 类 (ch10.2\example.html)

名称	城市
雨龙	China
凯弟	Japan
双口吕	USA

图 10-27 .table-striped 类 (ch10.2\striped rows.html)

名称	城市
雨龙	China
凯弟	Japan
双口吕	USA

图 10-28 .table-bordered 类 (ch10.2\bordered table.html)

鼠标未滑入

名称	城市
雨龙	China
凯弟	Japan
双口吕	USA

鼠标滑入

名称	城市
雨龙	China
凯弟	Japan
双口吕	USA

图 10-29 .table-hover 类 (ch10.2\hover rows.html)

名称	城市
雨龙	China
凯弟	Japan
双口吕	USA

图 10-30 .table-condensed 类 (ch10.2\condensed table.html)

10.2.2 状态类

可在 <tr>、<th> 和 <td> 3 个标签中加入相关类，以显示不同底色。不同的底色表示不同的含义。可使用的状态类如表 10-6 所示。

表 10-6 状态类

类	颜色	说明
.active	灰色	当鼠标移入某个 Row 或单元格（cell）时设置颜色
.success	绿色	指出一个成功的操作
.info	蓝色	指出一个信息的变化
.warning	黄色	指出一个需要注意的警告
.danger	红色	指出一个危险或潜在有害的行为

这 5 种状态类的页面效果如图 10-31 所示。

名称	城市	active
雨龙	China	success
凯弟	Japan	warning
双口吕	USA	danger
太给力	USA	info

图 10-31 状态类（ch10.2\contextual classes.html）

使用颜色加入到表格的 Row 或单独的单元格（cell）只是提供了视觉上的效果，并不会被传达至辅助技术的使用者，例如屏幕阅读器。确保颜色所表示的信息从内容上可以突显出来，或是通过其他的方式来传达。

10.2.3 响应式表格

针对响应式网页效果，表格也要呈现出响应式效果，否则当使用较小的浏览器进行网页预览时，表格的宽度会超出整个网页的宽度。

因此，只要使用 .table-responsive 类包覆任何表格，即可创建出响应式表格效果。table-responsive 的用法如图 10-32 所示。此方式能让表格在小屏幕设备（小于 768px）上进行水平滑动。当使用任何大于 768px 的屏幕观看时，并不会和平常有何不同。使用小于 768px 尺寸的设备进行浏览的效果如图 10-33 所示。

```
<div class="table-responsive">
  <table class="table">
    ...
  </table>
</div>
```

图 10-32 table-responsive 的用法

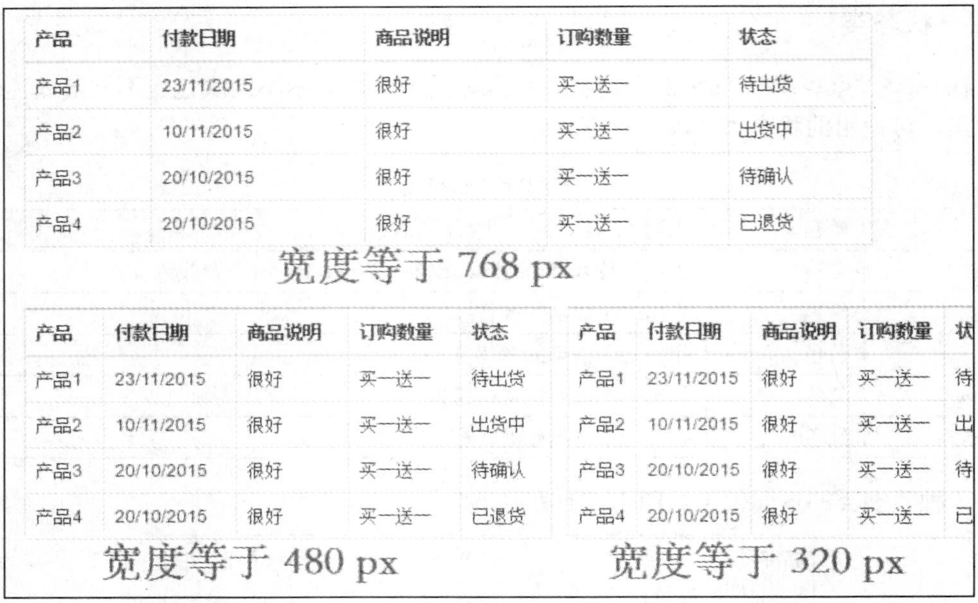

产品	付款日期	商品说明	订购数量	状态
产品1	23/11/2015	很好	买一送一	待出货
产品2	10/11/2015	很好	买一送一	出货中
产品3	20/10/2015	很好	买一送一	待确认
产品4	20/10/2015	很好	买一送一	已退货

宽度等于 768 px

产品	付款日期	商品说明	订购数量	状态
产品1	23/11/2015	很好	买一送一	待出货
产品2	10/11/2015	很好	买一送一	出货中
产品3	20/10/2015	很好	买一送一	待确认
产品4	20/10/2015	很好	买一送一	已退货

宽度等于 480 px

产品	付款日期	商品说明	订购数量	状
产品1	23/11/2015	很好	买一送一	待
产品2	10/11/2015	很好	买一送一	出
产品3	20/10/2015	很好	买一送一	待
产品4	20/10/2015	很好	买一送一	已

宽度等于 320 px

图 10-33　使用小于 768px 尺寸的设备进行浏览的效果（ch10.2\responsive tables.html）

10.3 窗　体

10.3.1 基本范例

一些单独的 form（窗体）控件会自动被赋予一些全局样式。所有设置了 .form-control 的文字类元素（如 <input>、<textarea> 和 <select> 元素）都会默认为 width: 100%;。然而，这样的效果在视觉上是不佳的，因此若将 label 标签与 form 控件使用 .form-group 包覆在一个群组中，在视觉呈现上即可获得最佳的排列样式。窗体的范例执行结果如图 10-34 所示。

✪ 范例：窗体建立(ch10.3\example.html)

```
<form role="form">
<div class="form-group">
<label for="exampleInputEmail1">电子邮件</label>
<input type="email" class="form-control" id="exampleInputEmail1" placeholder="
输入电子邮件">
</div>
<div class="form-group">
<label for="exampleInputPassword1">密码</label>
<input type=" 密 码 " class="form-control" id="exampleInputPassword1" placeholder=
"Password">
</div>
<div class="form-group">
<label for="exampleInputFile">文件上传</label>
```

```
<input type="file" id="exampleInputFile">
<p class="help-block">在此示范区块层次辅助说明文字。</p>
</div>
<div class="checkbox">
<label>
<input type="checkbox">请勾选
</label>
</div>
<button type="submit" class="btn btn-default">提交</button>
</form>
```

图 10-34　窗体的范例执行结果(ch10.3\example.html)

不要直接将 form 群组与 input 群组混用。建议方式是将 input 群组嵌套放入 form 群组内。

10.3.2　窗体布局

在 <form> 标签中可加入表 10-7 中的类，借此调整窗体的布局样式。使用 form-inline 类和 form-horizontal 类的范例结果如图 10-35 和图 10-36 所示。

表 10-7　窗体布局类

类	名称	说明
.form-inline	行内窗体	当浏览尺寸小于 768px 宽度时，窗体属性会以靠左对齐加堆叠方式呈现
.form-horizontal	水平布局窗体	此类可将 label 和 form 控件进行水平布局。这会改变 .form-group 的行为，以网格线系统的 Row 来呈现，因此不需要再加入额外的.row 设置

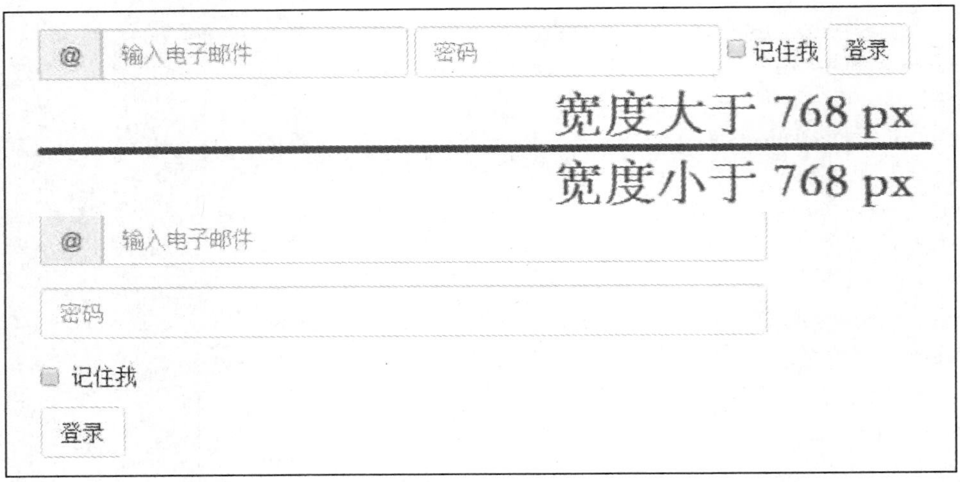

图 10-35　使用 form-inline 类 (ch10.3\inline form.html)

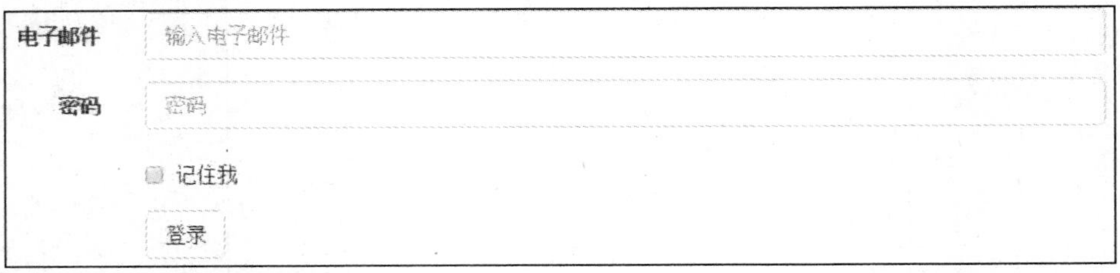

图 10-36　使用 form-horizontal 类 (ch10.3\horizontal form.html)

10.3.3　支持的控件

在 form 布局中，支持的控件说明如下：

1. input（输入框）

最常见的 form 控件、基于文字的 input 字段，也包含支持所有 HTML5 的输入类型：text、password、datetime、datetime-local、date、month、time、week、 number、email、url、search、tel 和 color。使用的同时也必须进行适当的 type 声明，这样才能让 input 获得完整的样式。范例显示的效果如图 10-37 所示。

只有在正确地声明其 type 时，input 控件才能赋予完全正确的样式。

✪ 范例：text 属性使用(ch10.3\input.html)

```
<form>
<input type="text" class="form-control" placeholder="Text input">
</form>
```

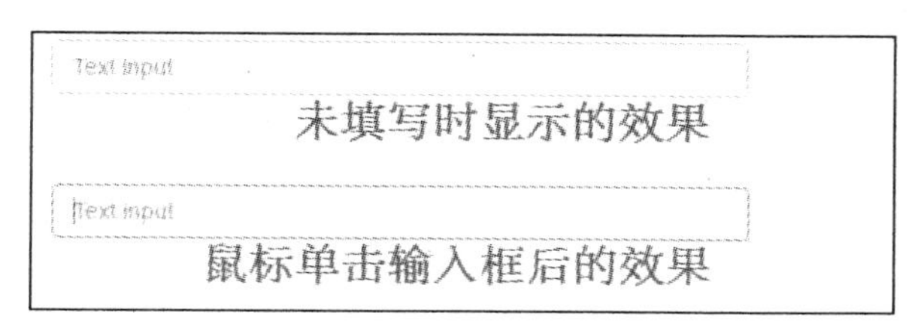

图 10-37 text 属性使用的显示效果 (ch10.3\input.html)

2. textarea（文字框或文本框）

当需要进行多行输入时，可以使用文字框 <textarea> 标签。范例的显示结果如图 10-38 所示。

✪ 范例：textarea 属性使用(ch10.3\textarea.html)

```
<form>
<textarea class="form-control" rows="3" placeholder="请输入文字"></textarea>
</form>
```

请输入文字

图 10-38 textarea 属性使用的显示效果 (ch10.3\textarea.html)

3. 复选框和单选按钮

复选框和单选按钮用于让用户从一系列默认的选项中进行选择。复选和单选使用的范例如图 10-39 和图 10-40 所示。

- 当建立窗体时，如果想让用户从列表中选择若干个选项，就可以使用 checkbox（复选）。如果限制用户只能选择一个选项就使用 radio（单选）。
- 对一系列复选框和单选按钮使用 .checkbox-inline 或 .radio-inline 类，控制它们显示在同一行上。
- 若有不想被用户选择的字段，在属性值上可使用 disabled，以呈现禁用的状态。

(1) 默认（堆叠样式）

✪ 范例：复选与禁用的建立 (ch10.3\checkboxes.html)

```
<form>
<div class="checkbox">
<label>
<input type="checkbox" value="">选项 1(可选)
</label>
</div>
<div class="checkbox">
<label>
```

```
<input type="checkbox" value="">选项 2(可选)
</label>
</div>
<div class="checkbox disabled">
<label>
<input type="checkbox" value="" disabled>选项3(不可选)
</label>
</div>
</form>
```

选项1(可选)
选项2(可选)
选项3(不可选)
初始状态

选项1(可选)
选项2(可选)
选项3(不可选)
选择后的状态

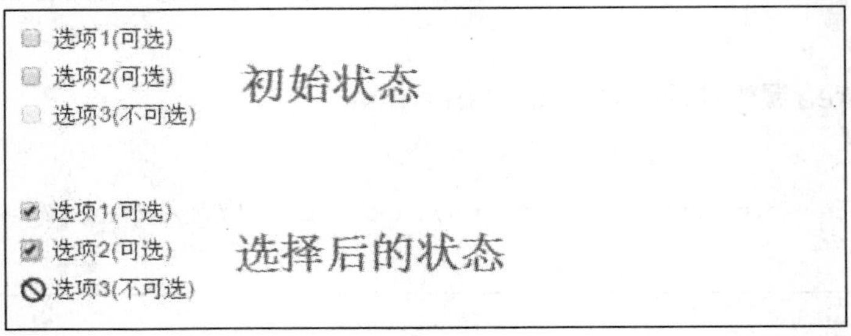

图 10-39　复选控件使用的示范 (ch10.3\checkboxes.html)

✪ 范例：单选与禁用的建立(ch10.3\radios.html)

```
<form>
<div class="radio">
<label>
<input type="radio" name="optionsRadios" id="optionsRadios1" value= "option1" checked>
选项 1
</label>
</div>
<div class="radio">
<label>
<input type="radio" name="optionsRadios" id="optionsRadios2" value=
"option2">
选项 2
</label>
</div>
<div class="radio disabled">
<label>
<input type="radio" name="optionsRadios" id="optionsRadios3" value= "option3" disabled>
选项3
</label>
</div>
</form>
```

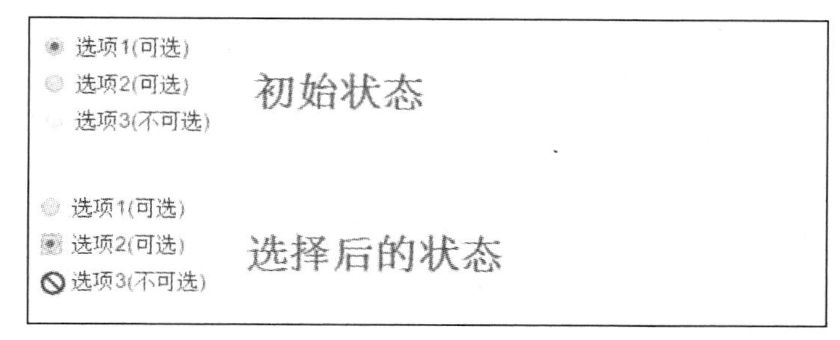

图 10-40　单选控件使用的示范 (ch10.3\radios.html)

（2）行内的复选与单选

使用 .checkbox-inline 和 .radio-inline 类可以将一系列的“复选”和“单选”控件在同一行上显示，范例的执行结果如图 10-41 所示。

✪ 范例：行内的复选与单选 (ch10.3\inline checkboxes and radios.html)

```
<form>
<label class="checkbox-inline">
<input type="checkbox" id="inlineCheckbox1" value="option1">选项 1
</label>
<label class="checkbox-inline">
<input type="checkbox" id="inlineCheckbox2" value="option2">选项 2
</label>
<label class="checkbox-inline">
<input type="checkbox" id="inlineCheckbox3" value="option3">选项3
</label>

<label class="radio-inline">
<input type="radio" name="inlineRadioOptions" id="optionsRadios3" value=  "option1">选
项 1
</label>
<label class="radio-inline">
<input type="radio" name="inlineRadioOptions" id="optionsRadios4" value=  "option2">选
项 2
</label>
<label class="radio-inline">
<input type="radio" name="inlineRadioOptions" id="optionsRadios4" value= "option2">选项3
</label>
</form>
```

选项1	选项2	选项3	选项1	选项2	选项3

图 10-41　行内的复选与单选的示范 (ch10.3\inline checkboxes and radios.html)

4．下拉式菜单

想让用户从多个选项中进行选择，但是默认情况下只能选择一个选项时，可以使用选择框。范例的显示结果如图 10-42 和图 10-43 所示。

- 使用 <select> 标签展示列表选项，通常是那些用户很熟悉的选择列表，如地区或者数字。
- 使用 multiple="multiple" 类允许用户按住【Ctrl】键来进行多选。

✪ 范例：使用 select (ch10.3\radios selects.html)

```
<form>
<select class="form-control">
<option>选项 1</option>
<option>选项 2</option>
<option>选项 3</option>
<option>选项 4</option>
<option>选项 5</option>
</select>
</form>
```

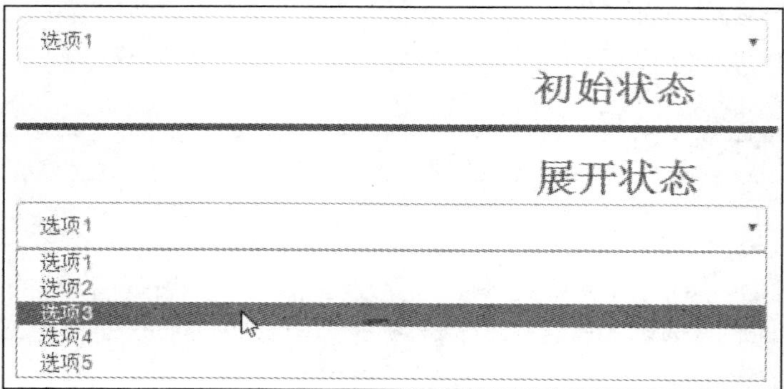

图 10-42　使用 select 的示范 (ch10.3\radios selects.html)

✪ 范例：使用 multiple (ch10.3\selects_multiple.html)

```
<form>
<select multiple class="form-control">
<option>选项 1</option>
<option>选项 2</option>
<option>选项 3</option>
<option>选项 4</option>
<option>选项 5</option>
</select>
</form>
```

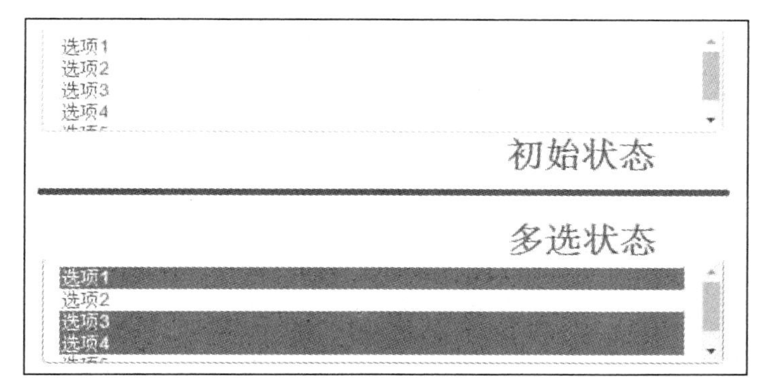

图 10-43　使用 multiple 的示范（ch10.3\selects_multiple.html）

10.3.4　焦点状态

将某些 form 控件默认的 outline 样式删除，然后加入 id="focusedInput" 语句，使 input 输入框呈现焦点状态。范例的执行结果如图 10-44 所示。

✪ 范例：焦点状态的使用（ch10.3\focus state.html）

```
<form class="form">
<input class="form-control"id="focusedInput"type="text"value="单击输入框以呈现聚焦效果">
</form>
```

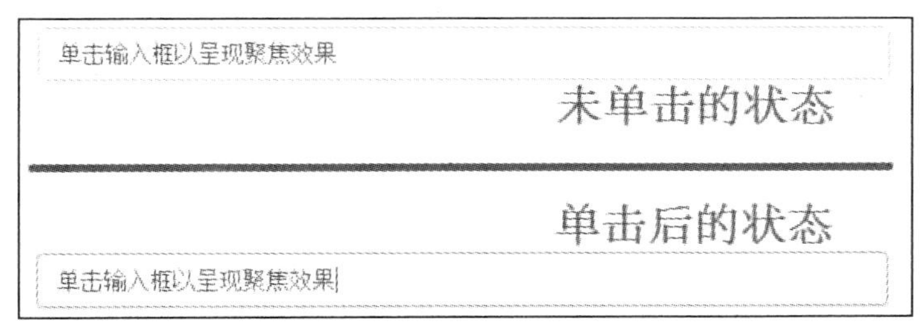

图 10-44　使用焦点状态的示范（ch10.3\focus state.html）

10.3.5　禁用状态

加入 disabled 属性到 input 元素可以防止用户输入，并且会触发一个稍微不同的外观。语句为 id="disabledInput"。范例的执行结果如图 10-45 所示。

✪ 范例：禁用状态的使用（ch10.3\disabled state.html）

```
<form class="form">
<input class="form-control" id="disabledInput" type="text" placeholder="该输入框禁止输入内容" disabled>
</form>
```

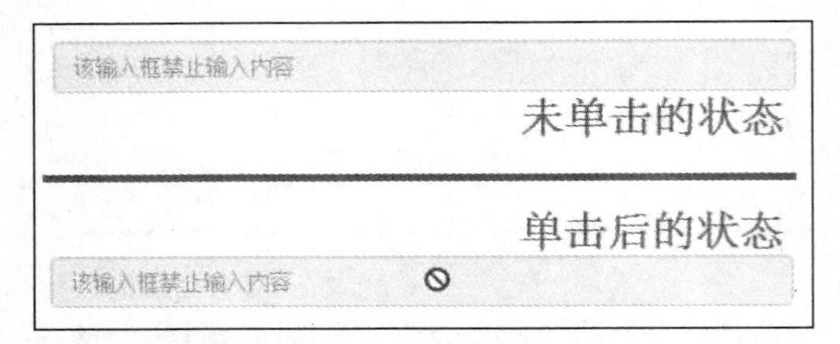

图 10-45　使用禁用状态的示范（ch10.3\Disabled state.html）

10.3.6　只读状态

在 input 元素加入 readonly 属性，可防止用户输入且样式是以禁用方式呈现。范例的执行结果如图 10-46 所示。

✪ 范例：只读状态的使用（ch10.3\readonly state.html）

```
<form class="form">
<input class="form-control" type="text" placeholder="只读字段，无法输入" readonly>
</form>
```

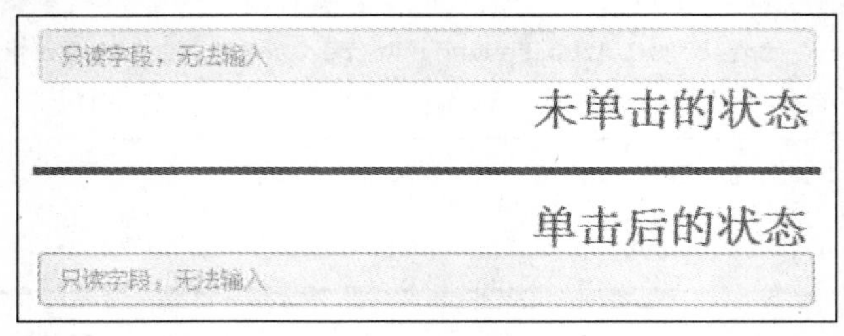

图 10-46　使用只读状态的示范（ch10.3\Readonly state.html）

10.3.7　验证状态

Bootstrap 3 的 form 控件含有验证状态样式，例如错误状态、警告状态和成功状态。如果要使用它们，只需在父元素上加入 .has-warning、.has-error 或 .has-success 即可。任何 .control-label、.form-control 和 .help-block 内的元素都能接受验证状态样式。范例的执行结果如图 10-47 所示。

✪ 范例：验证状态的使用（ch10.3\validation states.html）

```
<form class="form">
<div class="form-group has-success">
<label class="control-label" for="inputSuccess1">输入成功</label>
<input type="text" class="form-control" id="inputSuccess1">
</div>
<div class="form-group has-warning">
<label class="control-label" for="inputWarning1">输入警告</label>
```

```
<input type="text" class="form-control" id="inputWarning1">
</div>
<div class="form-group has-error">
<label class="control-label" for="inputError1">输入错误</label>
<input type="text" class="form-control" id="inputError1">
</div>
</form>
```

图 10-47　使用验证状态的示范 (ch10.3\validation states.html)

图标辅助显示

也可以加入选择性的反馈图标（icon）。只需设置 .has-feedback 与正确的 Glyphicons 图标。图标只能正常运行基于文字的 < input class="form-control" > 元素中（图标部分请参阅第 11.1 节的内容）。范例的执行结果如图 10-48 所示。

✪ 范例：图标辅助显示的使用 (ch10.3\with optional icons.html)

```
<form class="form">
<div class="form-group has-success has-feedback">
<label class="control-label" for="inputSuccess2">输入成功</label>
<input type="text" class="form-control" id="inputSuccess2" aria-describedby=
"inputSuccess2Status">
<span class="glyphicon glyphicon-ok form-control-feedback" aria-hidden= "true"></span>
<span id="inputSuccess2Status" class="sr-only">(success)</span>
</div>
<div class="form-group has-warning has-feedback">
<label class="control-label" for="inputWarning2">输入警告</label>
<input type="text" class="form-control" id="inputWarning2" aria- describedby=
"inputWarning2Status">
<span class="glyphicon glyphicon-warning-sign form-control-feedback" aria- hidden=
"true"></span>
<span id="inputWarning2Status" class="sr-only">(warning)</span>
</div>
<div class="form-group has-error has-feedback">
<label class="control-label" for="inputError2">输入错误</label>
```

```
    <input  type="text"  class="form-control"  id="inputError2"  aria-describedby=
"inputError2Status">
    <span class="glyphicon glyphicon-remove form-control-feedback" aria-hidden= "true">
</span>
    <span id="inputError2Status" class="sr-only">（error）</span>
    </div>
    </form>
```

输入成功

输入警告

输入错误

图 10-48　使用图标辅助显示的示范（ch10.3\with optional icons.html）

10.4　按　钮

10.4.1　按钮标签

在按钮的创建上，可使用 <button> 标签或 <a> 标签来实现。两种标签在 Bootstrap 中都可以使用按钮的相关类状态，但在按钮的各种类状态上，支持度最高的还是 <button> 标签。

如果 <a> 标签被用来充当按钮，以触发页面内的功能，而不是浏览到当前页面中的另一个文件或小节，在语句中应加入 role="button"。范例的执行结果如图 10-49 所示。

✪ 范例：各种可建立按钮的方式（ch10.4\button tags.html）

```
    <a class="btn btn-default" href="#" role="button">链接按钮</a>
    <button class="btn btn-default" type="submit">按钮</button>
    <input class="btn btn-default" type="button" value="Input（输入按钮）">
    <input class="btn btn-default" type="submit" value="Submit（提交按钮）">
```

图 10-49　各种可建立按钮的方式（ch10.4\button tags.html）

10.4.2　颜色类

使用以下任何按钮类均可快速创建具有样式的按钮，范例的执行结果如图 10-50 所示。类整理如表 10-8 所示。

表 10-8　颜色类

类	说明
.btn	为按钮添加基本样式
.btn-default	灰色，默认 / 标准按钮
.btn-primary	蓝色，原始按钮样式
.btn-success	绿色，表示成功的操作
.btn-info	浅蓝色，可用于要弹出信息的按钮
.btn-warning	黄色，需要谨慎操作
.btn-danger	红色，表示一个危险操作
.btn-link	白底蓝字，让按钮看起来像个链接

✪ 范例：按钮状态类 (ch10.4\options.html)

```
<!-- 标准按钮 -->
<button type="button" class="btn btn-default">默认按钮</button>
<!-- 提供额外视觉上的效果和识别一组按钮中主要的操作项目 -->
<button type="button" class="btn btn-primary">原始按钮</button>
<!-- 指出成功或积极的操作 -->
<button type="button" class="btn btn-success">成功按钮</button>
<!—信息提示方面的操作 -->
<button type="button" class="btn btn-info">信息按钮</button>
<!-- 指出应谨慎采取此操作 -->
<button type="button" class="btn btn-warning">警告按钮</button>
<!-- 指出危险或潜在负面作用的操作 -->
<button type="button" class="btn btn-danger">危险按钮</button>
<!-- 淡化一个按钮，使它看起来像是一个链接并同时保持按钮操作 -->
<button type="button" class="btn btn-link">链接按钮</button>
```

图 10-50　按钮状态类的示范 (ch10.4\options.html)

10.4.3　大小类

网页中的按钮大小也可利用 class 类加以调整，使按钮大小更可灵活运用在整体视觉的显示部分，范例的执行结果如图 10-51 所示。类整理如表 10-9 所示。

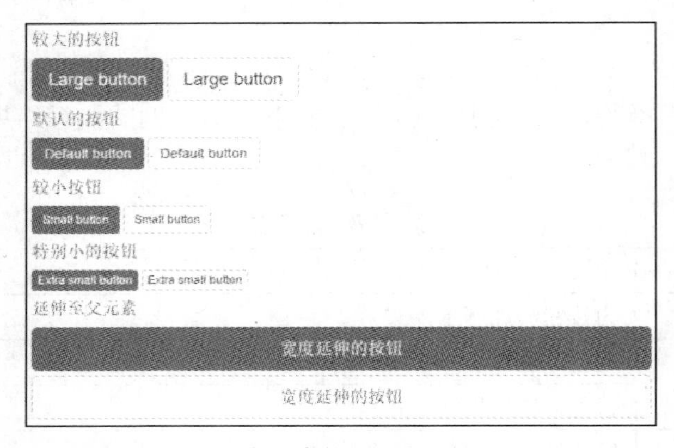

图 10-51　按钮大小类的示范 (ch10.4\sizes.html)

表 10-9　大小类

类	说明
.btn-lg	按钮较大
.btn-sm	按钮较小
.btn-xs	按钮特别小
.btn-block	宽度延伸至父元素

✪ 范例：按钮大小类 (ch10.4\sizes.html)

```
<p>
<h4>较大的按钮</h4>
<button type="button" class="btn btn-primary btn-lg">Large  button</button>
<button type="button" class="btn btn-default btn-lg">Large  button</button>
</p>
<p>
<h4>默认的按钮</h4>
<button type="button" class="btn btn-primary">Default button</button>
<button type="button" class="btn btn-default">Default button</button>
</p>
<p>
<h4>较小按钮</h4>
<button type="button" class="btn btn-primary btn-sm">Small button</button>
<button type="button" class="btn btn-default btn-sm">Small button</button>
</p>
<p>
<h4>特别小的按钮</h4>
<button type="button" class="btn btn-primary btn-xs">Extra small button</button>
<button type="button" class="btn btn-default btn-xs">Extra small button</button>
</p>
<p>
```

```
<h4>延伸至父元素</h4>
<button type="button" class="btn btn-primary btn-lg btn-block">宽度延伸的按钮
</button>
<button type="button" class="btn btn-default btn-lg btn-block">宽度延伸的按钮
</button>
</p>
```

10.4.4 启用状态

当按钮处于启用状态时，会以被压下去的效果来表现（更深的背景、更深的边框、向内的阴影）。在 <button> 标签中可通过 :active 来完成此效果。对于 <a> 标签，则需要通过 .active 类来完成。

按钮标签 <button>

加入 .active 类到 < button > 标签中。范例的执行结果如图 10-52 所示。

✪ 范例：启用状态 (ch10.4\active state button element.html)

```
<button type="button" class="btn btn-default btn-lg ">默认按钮</button>
<button type="button" class="btn btn-default btn-lg active">单击后的按钮</button>
<button type="button" class="btn btn-primary btn-lg ">默认按钮</button>
<button type="button" class="btn btn-primary btn-lg active">单击后的按钮</button>
```

图 10-52 启用状态的按钮 (ch10.4\active state button element.html)

链接标签 <a>

加入 .active 类到 <a> 标签中，可让 <a> 标签以按钮方式呈现。范例的执行结果如图 10-53 所示。

✪ 范例：链接元素 (ch10.4\active state anchor element.html)

```
<a href="#" class="btn btn-primary btn-lg active" role="button">默认链接按钮</a>
<a href="#" class="btn btn-default btn-lg active" role="button">默认链接按钮</a>
```

图 10-53 链接按钮的示范 (ch10.4\active state anchor element.html)

10.4.5 禁用状态

通过将按钮的背景颜色减少透明度（颜色会变淡 50%）让按钮看起来无法用鼠标单击。

按钮元素 <button>

加入 disabled 属性到 <button> 标签中。范例的执行结果如图 10-54 所示。

✪ 范例：<button> 禁用（ch10.4\disabled state button element.html）

```
<p>
<button type="button" class="btn btn-default btn-lg">默认按钮</button>
<button type="button" class="btn btn-default btn-lg" disabled="disabled">禁用按钮
</button>
</p>
<p>
<button type="button" class="btn btn-primary btn-lg ">默认按钮</button>
<button type="button" class="btn btn-primary btn-lg" disabled="disabled">禁用按钮
</button>
</p>
```

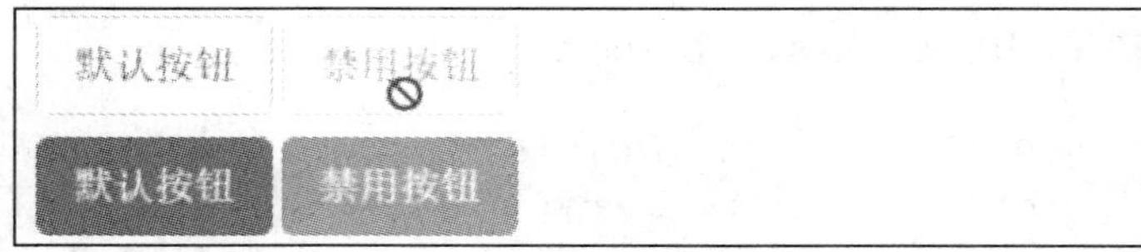

图 10-54　<button> 禁用的示范（ch10.4\ disabled state button element.html）

链接元素 <a>

加入 disabled 属性到 <a> 标签中。在此把 .disabled 类当成工具类使用即可。范例的执行结果如图 10-55 所示。

✪ 范例：<a> 禁用（ch10.4\disabled state anchor element.html）

```
<p>
<a href="#" class="btn btn-default btn-lg" role="button">链接按钮</a>
<a href="#" class="btn btn-default btn-lg disabled" role="button">禁用的链接按钮</a>
</p>
<p>
<a href="#" class="btn btn-primary btn-lg" role="button">链接按钮</a>
<a href="#" class="btn btn-primary btn-lg disabled" role="button">禁用的链接按钮</a>
</p>
```

图 10-55　<a> 禁用的示范（ch10.4\disabled state anchor element.html）

10.5 图 片

10.5.1 响应式图片

在图片中加入 .img-responsive 类，可以让图片拥有响应式效果。这只运用了 max-width: 100%; 和 height: auto; 属性到图片上，让图片可以在父元素中进行更好的缩放效果。

在排版当中，若需要让图片居中，可加入 .center-block 类来实现。范例的显示结果如图 10-56 所示。

✪ 范例：响应式图片 (ch10.5\responsive images.html)

```
<img src="logo.png" class="img-responsive" >
```

图 10-56 响应式图片在不同浏览器显示的效果

10.5.2 图片形状

最常看到的网页图片有圆角、圆形与缩略图 3 种效果。这样的效果现在可直接通过程序来处理，其实就是通过 CSS3 中的圆角属性来实现，因此在不支持 CSS3 的浏览器中则不会显示出效果来。

在使用上只要在 <img> 标签中加入表 10-10 中的类，就可很轻松地让图片以不同样式来显示。范例的显示结果如图 10-57 所示。

表 10-10 图片形状类

类	说明
.img-rounded	为图片添加圆角（IE8 不支持）
.img-circle	将图片变为圆形（IE8 不支持）
.img-thumbnail	缩略图功能

✪ 范例：图片形状（ch10.5\image shapes.html）

```
<img src="logo_small.png" alt="圆角矩形" class="img-rounded">
<img src="logo_small.png" alt="正圆形" class="img-circle">
<img src="logo_small.png" alt="缩略图" class="img-thumbnail">
```

图 10-57　图片的 3 种形状（ch10.5\image shapes.html）

第 11 章　Bootstrap 布局组件的使用

11.1　字体图标

Bootstrap 约有 200 个由 Glyphicon Halflings 所提供的字体格式符号，让设计者选择使用，而不是像早期那样需通过设计软件来产生符号图片。

在每个符号的下方都有用于引用的类名称，如图 11-1 所示，在 HTML 设计中只要在指定的元素中加入此类名称，即可运用该图标。

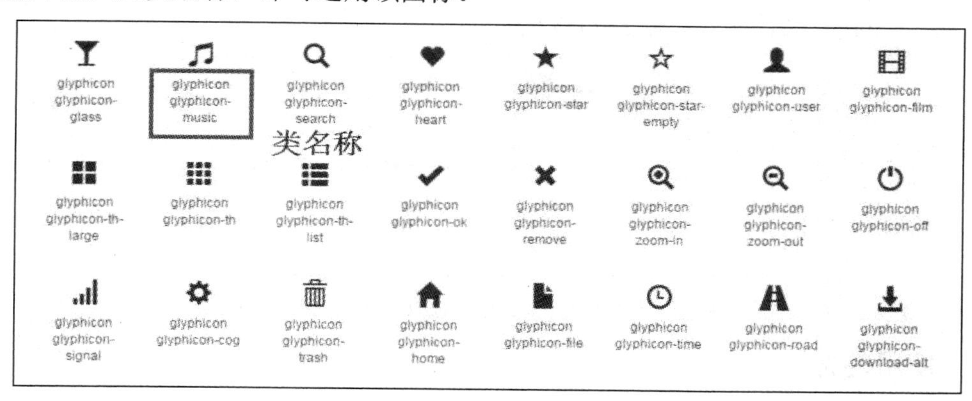

图 11-1　字体图标及其类名称

在使用图标的过程中，并非所有情况都适用。最常发生的问题是，将图标类应用到本身已经应用了非常多类的标签中，这种做法的结果常会导致图标无法顺利显示。因此，最佳的用法应该是先加入一个 <span> 标签，再将图标类应用其中。

范例

可在按钮、工具栏的群组、导航栏或窗体 input 元素使用图标类。本范例以<button> 标签为例，并加入两种图标类进行说明，效果如图 11-2 所示。

✪ 范例：图标类的使用 (ch11.1\example.html)

```
<button type="button" class="btn btn-default" aria-label="Left Align">
<span class="glyphicon glyphicon-align-left"></span>
</button>
<button type="button" class="btn btn-default btn-lg">
```

```
<span class="glyphicon glyphicon-star"></span> Star
</button>
```

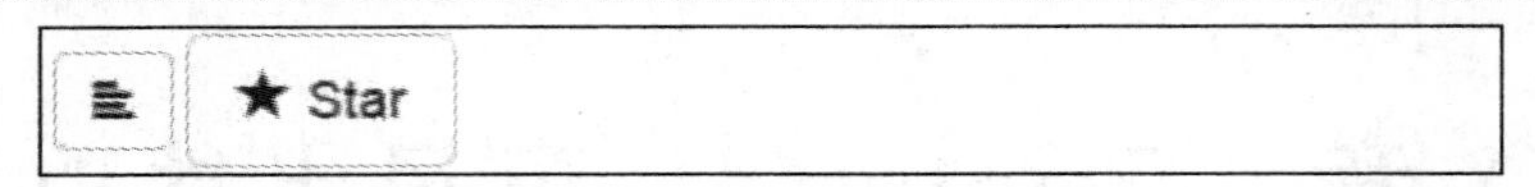

图 11-2　图标类使用的示范（ch11.1\example.html）

11.2　下拉式菜单

11.2.1　说明

下拉式菜单通常被用于导航栏或窗体中，将某个类进行分类以呈现一个具有层次关系的菜单。例如，“视频教学”是最上层的按钮，当单击后可展开“Android 应用开发”“GameSalad 2D 游戏制作”“Google Web Design”等选项，届时用户再通过单击鼠标选择其一，以便前往对应的页面。下拉式菜单的效果如图 11-3 所示。

图 11-3　下拉式菜单的效果（ch11.2\example.html）

11.2.2　使用的方法

使用方法有两种，一种为加入 dropdown 类，另一种为建立 data 属性做呼应，具体说明如下（参考图 11-4）：

```
<div class="dropdown"> 1
  <button class="btn btn-default dropdown-toggle" type="button" data-toggle="dropdown"
  aria-expanded="true">视频教学                                              2
    <span class="caret"></span>
  </button>
  <ul class="dropdown-menu">
    <li>
        <a tabindex="-1" href="#">Android 应用开发</a>
    </li>
    <li>
        <a tabindex="-1" href="#">GameSalad 2D 游戏制作</a>
    </li>
    <li>
        <a tabindex="-1" href="#">Google Web Design</a>
    </li>
    <li>
        <a tabindex="-1" href="#">Unity 5</a>
    </li>
  </ul>
</div>
```

图 11-4　下拉式菜单的使用方法

（1）在最外层的 <div> 标签中设置 dropdown 类。

（2）在<button> 标签中建立 data-toggle="dropdown" 属性，与最外层的 dropdown 类呼应。

11.2.3 其他辅助项目

可搭配使用的类如表 11-1 所示。

表 11-1 辅助项目类

类	名称	说明	使用方法
dropdown-menu-right	菜单向右对齐	菜单按钮不变，但菜单项内容会整体靠右对齐	在 <ul> 标签中的 dropdown-menu 类之后加入此类
dropdown-menu-left	菜单向左对齐	菜单按钮不变，但菜单项内容会整体靠左对齐	在 <ul> 标签中的 dropdown-menu 类之后加入此类
dropdown-header	标题	给下拉菜单加入标题，以呈现出一个群组的概念	在 <li> 标签中加入此类
divider	分隔线	用来分隔每个系列下拉菜单的链接	在 <li> 标签中加入此类且此标签不需具有任何内容，只单纯显示分隔线效果，<li class="divider"></li>
disabled	禁用链接	链接完全失去作用	在 <li> 标签中加入此类

相关类的页面展示效果如图 11-5~图 11-8 所示。

图 11-5 菜单靠右对齐（ch11.2\alignment.html）

图 11-6　标题（ch11.2\headers.html）

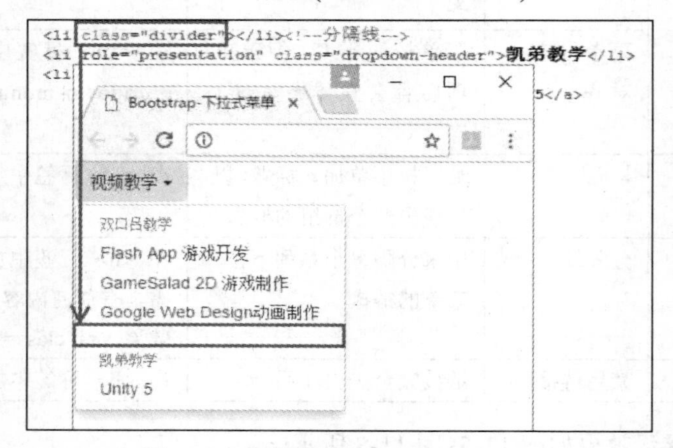

图 11-7　分隔线（ch11.2\divider.html）

图 11-8　禁用链接（ch11.2\disabled menu items.html）

11.2.4　范例

此范例使用了标题、分隔线、禁用链接 3 种类，执行结果如图 11-9 所示。

✪ 范例：下拉式菜单的制作 (ch11.2\example final.html)

```
<div class="dropdown">
<button type="button" class="btn dropdown-toggle" id="dropdownMenu" data-toggle=
"dropdown">

视频教学

<span class="caret"></span>
</button>
<ul class="dropdown-menu" role="menu" aria-labelledby="dropdownMenu">
<li role="presentation" class="dropdown-header">双口吕教学</li>
<li>
<a role="presentation" href="#">Flash App 游戏开发</a>
</li>
<li class="disabled">
<a role="presentation" href="#">GameSalad 2D 游戏制作</a>
</li>
<li class="disabled">
<a role="presentation" href="#">Google Web Design 动画制作</a>
</li>
<li role="separator" class="divider"></li><!--分隔线-->
<li role="presentation" class="dropdown-header">凯弟教学</li>
<li>
<a role="presentation" href="#">Unity 5</a>
</li>
</ul>
</div>
```

图 11-9　下拉式菜单的制作 (ch11.2\example final.html)

11.3　按钮群组

11.3.1　说明

通过群组的方式将 <button> 标签放置于同一行中，以产生如同单选（radio）或复选（checkbox）效果的操作，如图 11-10 所示。

图 11-10　按钮群组的效果 (ch11.3\example.html)

在按钮群组的工具提示与弹出窗口中需要特别设置（参阅第 12.3 或 12.4 节的内容）。

当在 .btn-group 中的元素使用工具提示（Tooltips） 或弹出提示（popovers）时必须指定 container: 'body' 选项，以避免不必要的副作用（例如，工具提示或弹出窗口被触发时会让元素变宽和（或）失去圆角效果）。

11.3.2　使用方法

在最外层的 <div> 标签中加入 .btn-group 类来包覆其他需要群组的 <button> 标签即可。在群组的效果部分，最左边与最右边的按钮会以圆角样式来呈现，如图 11-11 所示。

```
<div class="btn-group" role="group" >
  <button type="button" class="btn btn-default">Flash App 游戏开发</button>
  <button type="button" class="btn btn-default">GameSalad 2D 游戏制作</button>
  <button type="button" class="btn btn-default">Google Web Design动画制作</button>
</div>
```


图 11-11　按钮群组的使用方法

11.3.3　其他辅助项目

可搭配使用的类如表 11-2 所示，各个范例的执行结果如图 11-12~图 11-16 所示。

表 11-2　按钮群组辅助类

类	名称	说明
btn-toolbar	按钮工具栏	在 <div class="btn-toolbar"> 内包含多组<div class="btn-group">内容
.btn-group-*	大小	为群组内每个 button 运用大小作用类的替代做法，只需要在.btn-group 加入.btn-group-*类，尺寸为 lg、md、sm、xs 四种

（续表）

类	名称	说明
	嵌套	在一个按钮组内嵌套另一个按钮组，即在一个 .btn-group 内嵌套另一个 .btn-group
.btn-group-vertical	垂直变化	让群组按钮以垂直堆叠方式呈现而不是水平方式
. btn-group-justified	水平变化	让群组按钮延伸为相同大小（平均分配）以填满父元素的宽度

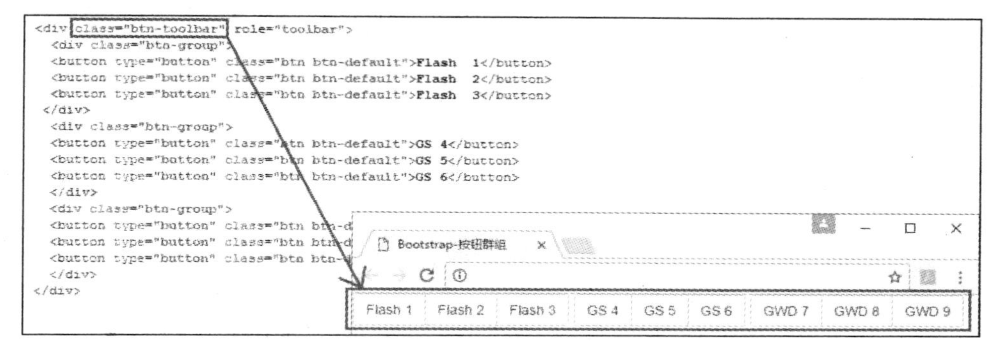

图 11-12 按钮工具栏 (ch11.3\button toolbar.html)

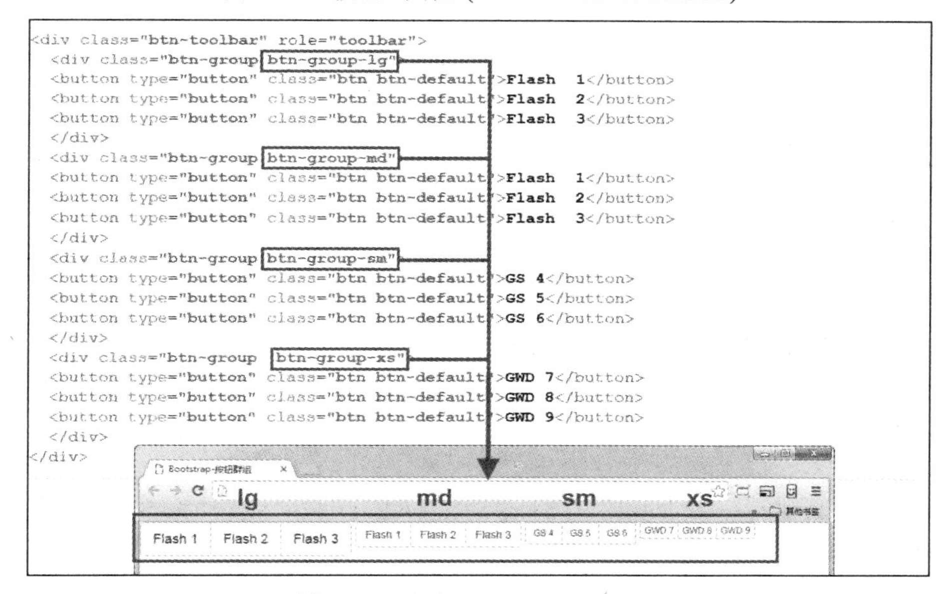

图 11-13 大小 (ch11.3\sizing.html)

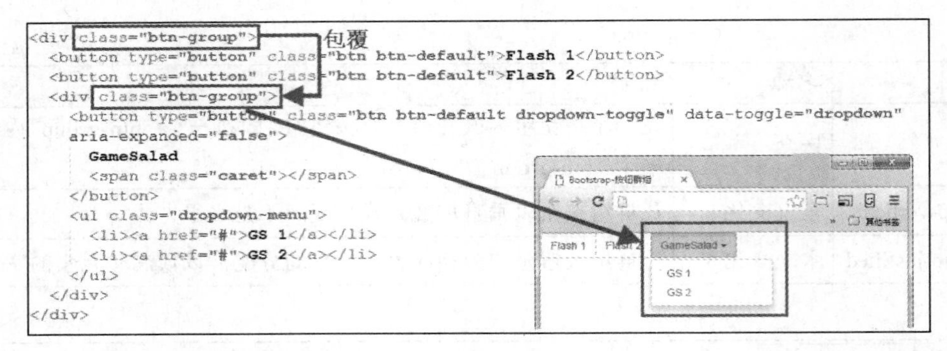

图 11-14　嵌套（ch11.3\nesting.html）

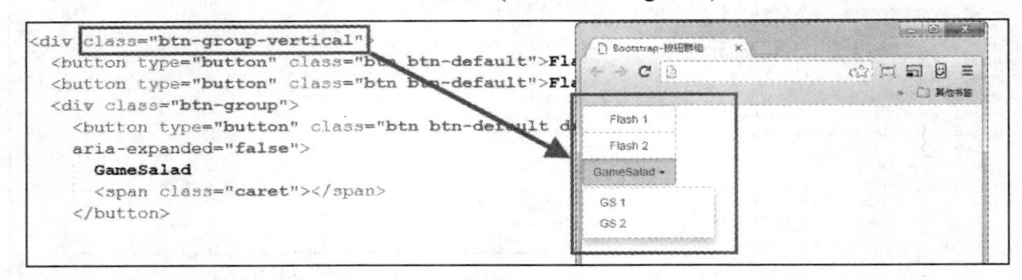

图 11-15　垂直变化（ch11.3\vertical variation.html）

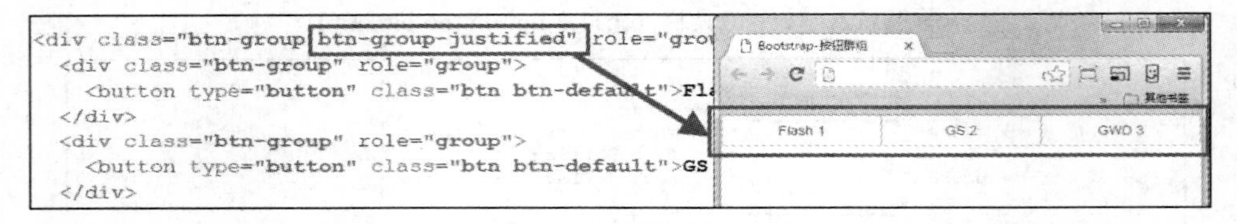

图 11-16　水平变化（ch11.3\Justified button groups.html）

11.3.4　范例

此范例使用了工具栏、嵌套、水平变化 3 种类，范例的执行结果如图 11-17 所示。

✪ 范例：按钮群组的制作（ch11.3\example final.html）

```
<div >
<div class="btn-group btn-group-justified" aria-label="Justified button group  with nested
dropdown">
<a href="#" class="btn btn-default" role="button">Flash 1</a>
<a href="#" class="btn btn-default" role="button">GS 1</a>
<div class="btn-group" role="group">
<a href="#" class="btn btn-default dropdown-toggle" data-toggle="dropdown"  role="button"
aria-expanded="false">
Google Web Design
<span class="caret"></span>
</a>
<ul class="dropdown-menu">
<li><a href="#">GWD 1</a></li>
```

```
<li><a href="#">GWD 2</a></li>
<li><a href="#">GWD 3</a></li>
<li class="divider"></li>
<li><a href="#">GWD 4</a></li>
</ul>
</div>
</div>
</div>
```

图 11-17　按钮群组的制作（ch11.3\example final.html)

11.4　输入框群组

11.4.1　说明

在输入框（input）群组的使用当中，可在 <input> 标签之前、之后加入其他元素，让用户在通过输入框进行相关操作时可更直觉与便利。添加的元素可为美元符号、@符号、按钮等。输入框的效果范例如图 11-18 所示。

图 11-18　输入框的效果（ch11.4\example.html)

11.4.2　使用方法

为 .input-group 加入 .input-group-addon 类，可以让 .form-control 的前面或后面额外加入其他元素。建立的步骤如下：

步骤01 在最外层的 <div> 标签中加入 .input-group 类。

步骤02 建立 <span> 标签，并加入 .input-group-addon 类与内容，并将 <span>标签放置在 <input> 标签的前面或后面，如图 11-19 所示。

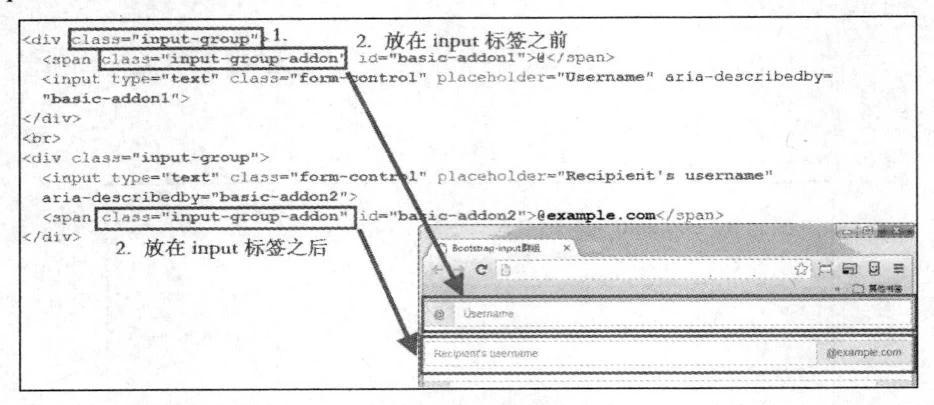

图 11-19 建立输入框的方法

11.4.3 其他辅助项目

可搭配使用的类与其他效果，如表 11-3 所示，4 个辅助项对应的范例如图 11-20~图 11-23 所示。

表 11-3 输入框群组辅助类

类 / 效果	名称	说明
.input-group-*	大小	为 .input-group 加入对应的大小类，包含的元素会自动重设大小，尺寸为 lg、md、sm、xs 四种
type="radio"、type="checkbox"	单选与复选	添加单选（radio）或复选（checkbox）选项到 <input> 群组，以替换文字
	包覆按钮内容	使用 .input-group-btn 替代 .input-group-addon 来包覆 button 内容
	下拉式菜单	在输入框群组中添加带有下拉式菜单的按钮，只需要简单地在一个 .input-group-btn 类中包裹按钮和下拉式菜单即可。建立的方式请参阅第 11.2 节

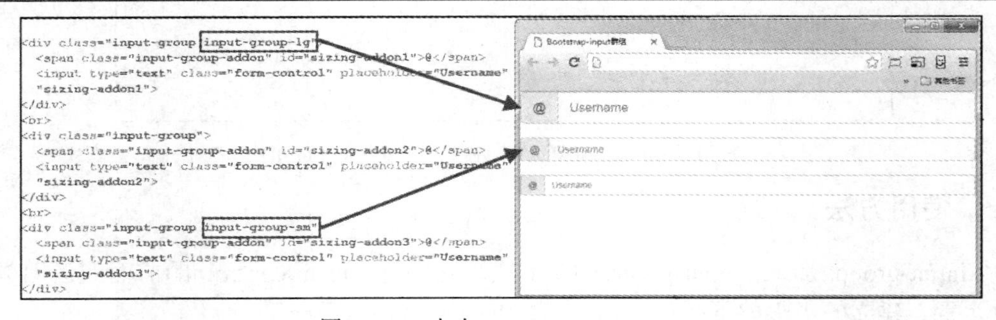

图 11-20 大小（ch11.4\sizing.html）

```
<div class="row">
  <div class="col-lg-6">
    <div class="input-group">
      <span class="input-group-addon">
        <input type="checkbox">
      </span>
      <input type="text" class="form-control">
    </div>
  </div>
  <br>
  <div class="col-lg-6">
    <div class="input-group">
      <span class="input-group-addon">
        <input type="radio">
      </span>
      <input type="text" class="form-control">
    </div>
  </div>
</div>
```

图 11-21　附加 checkbox 和 radio 元素（ch11.4\checkboxes and radio addons.html）

```
<div class="row">
  <div class="col-lg-6">
    <div class="input-group">
      <span class="input-group-btn">
        <button class="btn btn-default" type=
      </span>
      <input type="text" class="form-control"
    </div>
  </div>
  <br>
  <div class="col-lg-6">
    <div class="input-group">
      <input type="text" class="form-control"
      <span class="input-group-btn">
        <button class="btn btn-default" type="
      </span>
    </div>
  </div>
</div>
```

图 11-22　前后包覆按钮（ch11.4\button addons.html）

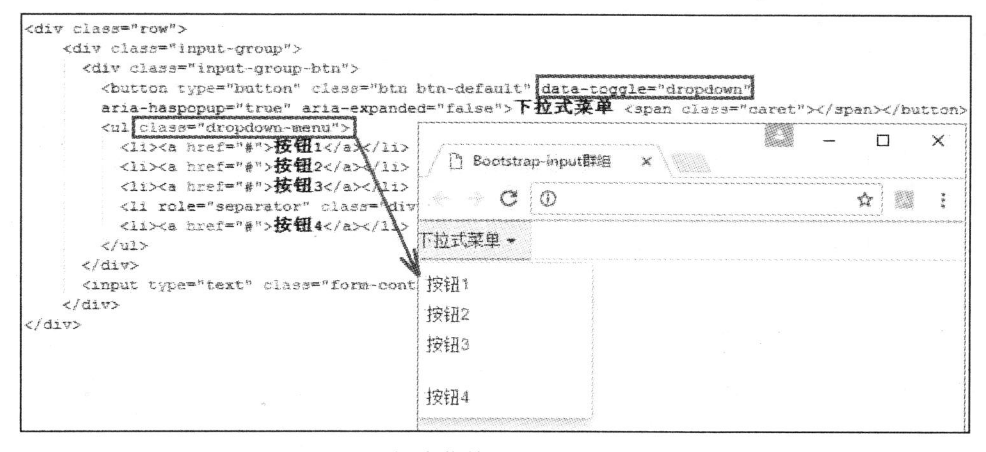

图 11-23　下拉式菜单（ch11.4\dropdown.html）

11.4.4　范例

此范例结合了按钮与下拉式菜单两种项目，同时让单边可呈现多个按钮，且加入粗体与斜体两种图标类（图标类请参阅第 11.1 节）。范例的执行结果如图 11-24 所示。

✪ 范例：多个按钮与图标的运用 (ch11.4\example final.html)

```
<div class="row">
<div class="col-lg-12">
<div class="input-group">
<div class="input-group-btn">
<button type="button" class="btn btn-default" aria-label= "Bold"><span class="glyphicon glyphicon-bold"></span></button>
<button type="button" class="btn btn-default" aria-label= "Italic"><span class="glyphicon glyphicon-italic"></span></button>
</div>
<div class="input-group-btn">
<button type="button" class="btn btn-default" data-toggle= "dropdown" aria-haspopup="true" aria-expanded="false">下拉式菜单 <span class= "caret"></span></button>
<ul class="dropdown-menu">
<li><a href="#">按钮 1</a></li>
<li><a href="#">按钮 2</a></li>
<li><a href="#">按钮3</a></li>
<li role="separator" class="divider"></li>
<li><a href="#">按钮4</a></li>
</ul>
</div>
<input type="text" class="form-control">
</div>
</div>
</div>
```

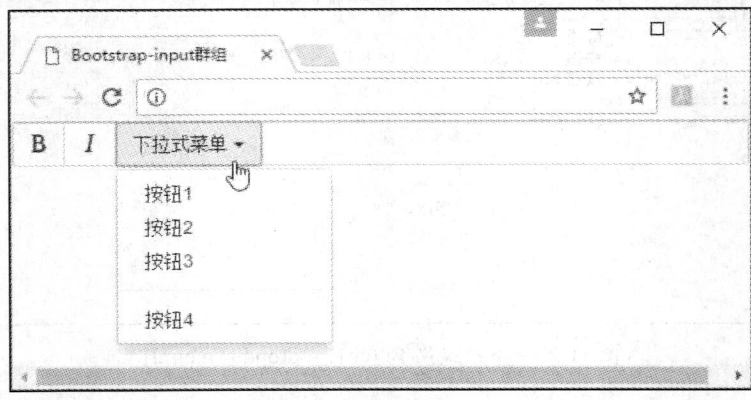

图 11-24　多个按钮与图标的运用范例 (ch11.4\example final.html)

11.5 导 航

11.5.1 说明

导航（见图 11-25）在 Bootstrap 中可共享相同的标签（.nav 类）样式。此方式需搭配 JavaScript 的页签功能，使其呈现切换的效果，页签功能请参阅第 12 章。

首页 关于我们 视频教学

图 11-25 导航效果 (ch11.5\example.html)

11.5.2 使用方法

导航是一个无项目符号的效果，因此必须使用 <ul> 与 <li> 标签的关系来建立内容。建立的步骤如下（参考图 11-26）：

步骤01 在最外层的 <ul> 标签中加入 .nav 类。

步骤02 在 .nav 类之后加入 .nav-tabs 类。

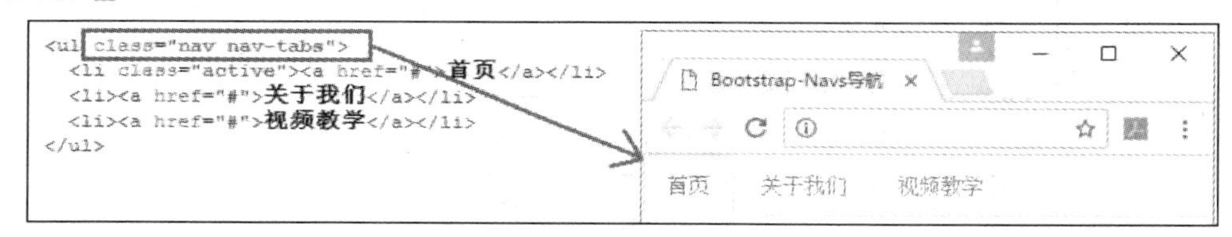

图 11-26 导航的使用方法 (ch11.5\example.html)

11.5.3 其他辅助项目

可搭配使用的类如表 11-4 的示，各个辅助项目的范例如图 11-27~图 11-30 所示。

表 11-4 导航辅助类

类	名称	说明
.nav-pills	按钮样式	使用 .nav-pills 替换 .nav-tabs
.nav-stacked	垂直堆叠	.nav-stacked 类需加在 .nav-tabs 或 .nav-pills 之后
.nav-justified	等宽样式	在大于 768px 的屏幕上，通过加入 .nav-justified 很容易让页签或按钮样式以等宽的样式来呈现。另外，在小屏幕上，导航链接会以堆叠方式呈现
.disabled	禁用链接	对于任何导航组件（ 页签或按钮样式）都可以加入 .disabled 类，以呈现灰色链接和无鼠标滑入的效果

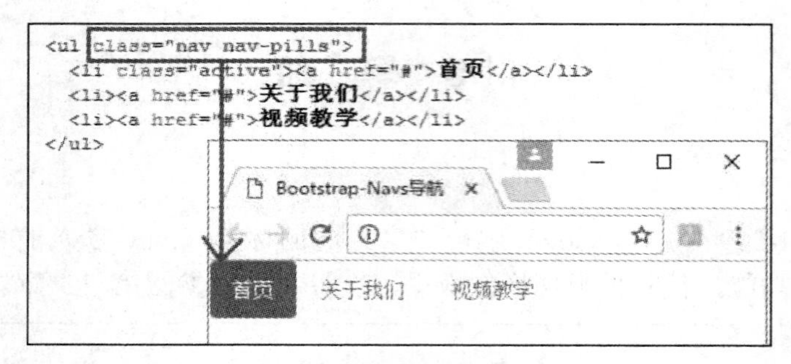

图 11-27　按钮样式（ch11.5\pills.html）

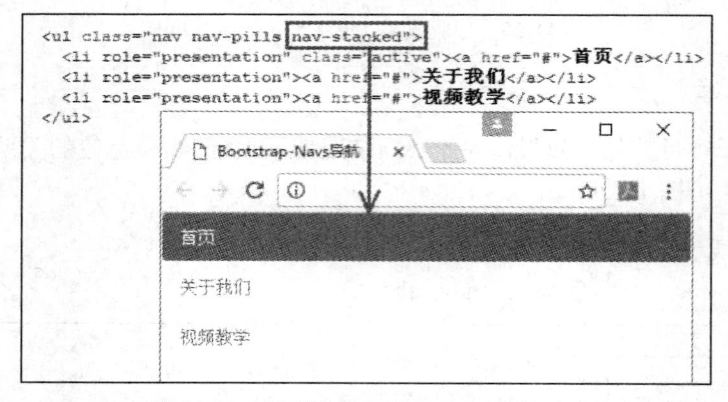

图 11-28　垂直堆叠（ch11.5\stacked.html）

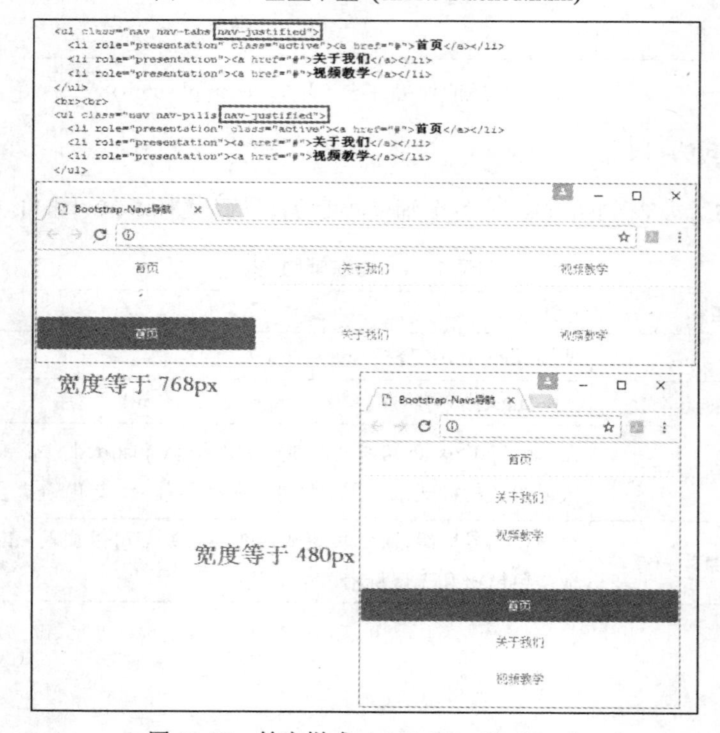

图 11-29　等宽样式（ch11.5\justified.html）

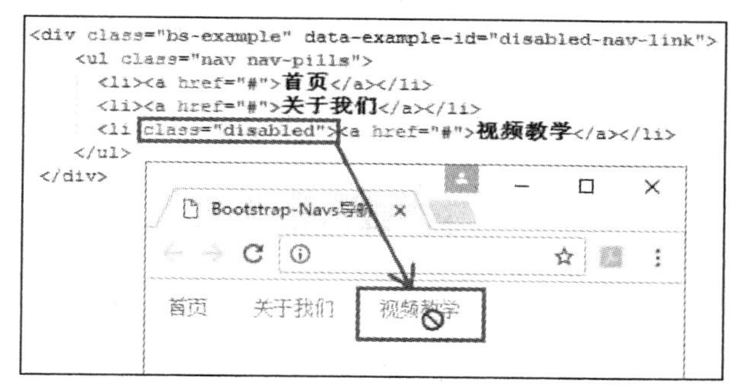

图 11-30　禁用链接（ch11.5\disabled links.html）

11.5.4　范例

此范例与下拉式菜单功能进行整合（制作下拉式菜单的方式可参阅第 11.2 节的内容），执行结果如图 11-31 所示。

图 11-31　导航加下拉式菜单制作（ch11.5\example final.html）

✪ 范例：导航加下拉式菜单的制作（ch11.5\example final.html）

```
<div class="bs-example" data-example-id="nav-tabs-with-dropdown">
<ul class="nav nav-tabs">
<li role="presentation" class="active"><a href="#">首页</a></li>
<li role="presentation"><a href="#">关于我们</a></li>
<li role="presentation" class="dropdown">
<a    class="dropdown-toggle"    data-toggle="dropdown"    href="#"    role="button"
aria-haspopup="true" aria-expanded="false">
视频教学 <span class="caret"></span>
</a>
<ul class="dropdown-menu">
<li><a href="#">Android 应用开发</a></li>
<li><a href="#">Google Web Design 动画制作</a></li>
<li><a href="#">GameSalad 2D 游戏制作</a></li>
<li role="separator" class="divider"></li>
<li><a href="#">Unity 5</a></li>
</ul>
```

```
</li>
</ul>
</div>
```

11.6 导 航 栏

11.6.1 说明

导航栏可用于应用程序或网站导航标题的响应式基础组件。它们在移动设备的可视区域是以折叠方式呈现的（可切换开关），在可视区域的宽度渐渐增加时（大于移动设备的判断点时）会转为以水平布局方式呈现。范例的执行结果如图 11-32 所示。

图 11-32 导航栏说明（ch11.6\example.html）

11.6.2 使用方法

建立导航栏的步骤如下，范例如图 11-33 所示。

步骤01 在最外层的 <nav> 标签中按序加入 .navbar 与 .navbar-default 两个类。

步骤02 在第二层 <div> 标签中加入 .navbar-header 类，且此 <div> 标签内的内容必须带有 .navbar-brand 类的 <a> 标签。

步骤03 导航栏需使用 <ul> 与 <li> 两个标签建立无顺序的内容（菜单），且在<ul> 标签中需加入 .nav 与 .navbar-nav 两个类。

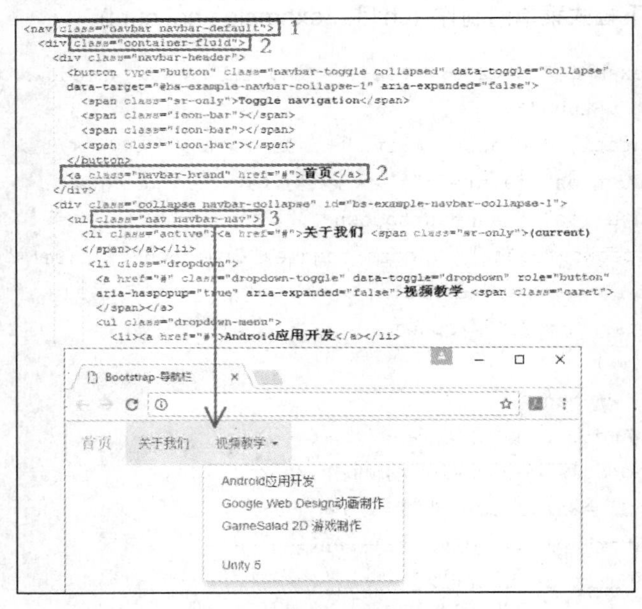

图 11-33 建立导航栏的步骤

11.6.3 其他辅助项目

可搭配使用的类如表 11-5 所示，范例如图 11-34~图 11-38 所示。

表 11-5 导航栏辅助类

类	名称	说明
.navbar-right	靠右对齐	能让导航栏的链接、窗体、按钮、文字靠右对齐
.navbar-left	靠左对齐	能让导航栏的链接、窗体、按钮、文字靠左对齐（默认效果）
.navbar-fixed-top	固定至顶端	加入 .navbar-fixed-top 类可以让导航栏固定至顶端
.navbar-fixed-bottom	固定至底端	加入 .navbar-fixed-bottom 类可以让导航栏固定至底端，包含 .container 或 .container- fluid 类让导航栏内容居中对齐和左右加入 padding 设置
.navbar-static-top	顶端静止	加入 .navbar-static-top 类可以建立一个 100% 宽度的导航栏，它会随着页面向下滑动而消失，包含 .container 或 .container-fluid 类让导航栏内容居中对齐和左右加入 padding 设置
.navbar-inverse	反向颜色	加入 .navbar-inverse 类以修改导航的外观

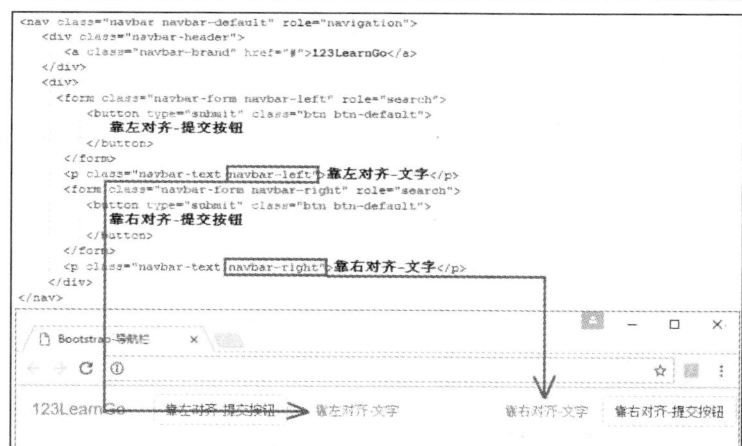

图 11-34 靠左/右对齐（ch11.6\component alignment.html）

图 11-35 固定至顶端（ch11.6\fixed to top.html）

固定至顶端或底端，也就是说，当网页上下滑动时，导航栏并不会从画面上消失，而是保持显示在网页的顶端或底端，就像是“固定”在那里一样。

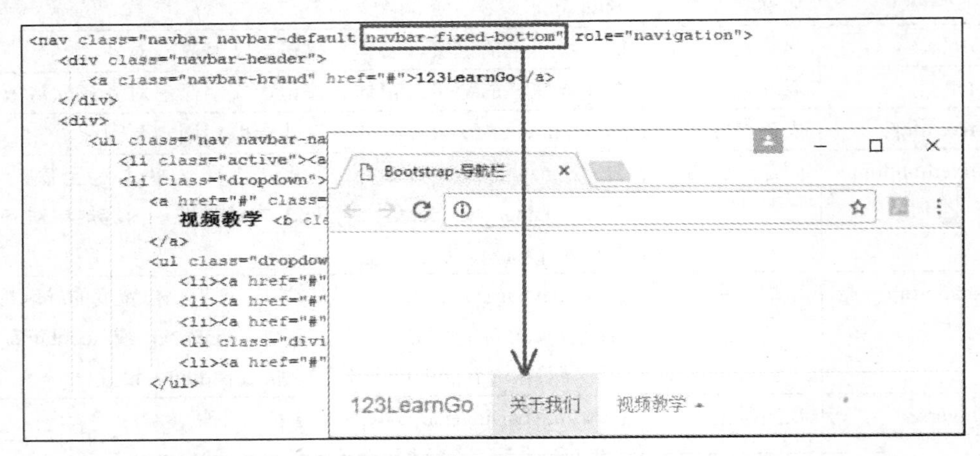

图 11-36　固定至底端（ch11.6\fixed to bottom.html）

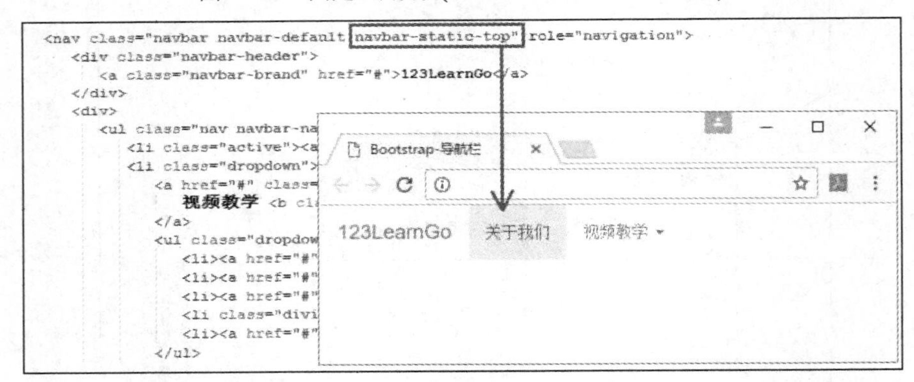

图 11-37　顶端静止（ch11.6\static top.html）

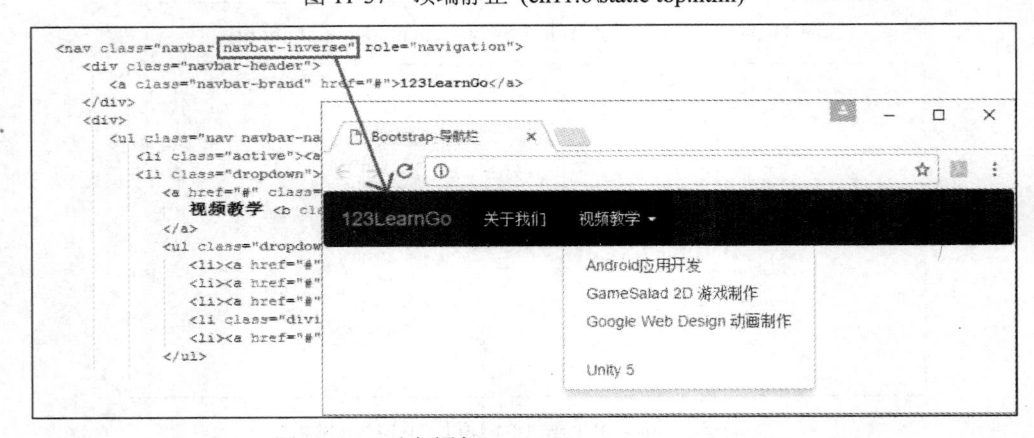

图 11-38　反向颜色（ch11.6\inverted navbar.html）

11.6.4　范例

本范例的导航栏中加入了按钮、窗体与下拉式菜单等功能，执行结果如图 11-39 所示。

✪ 范例：导航栏（ch11.6\example final.html）

```
<nav class="navbar navbar-default">
<div  class="container-fluid">
<div class="navbar-header">
<button type="button" class="navbar-toggle collapsed" data-toggle="collapse"
data-target="#bs-example-navbar-collapse-1" aria-expanded="false">
<span class="sr-only">Toggle navigation</span>
<span class="icon-bar"></span>
<span class="icon-bar"></span>
<span class="icon-bar"></span>
</button>
<a class="navbar-brand" href="#">首页</a>
</div>
<div class="collapse navbar-collapse" id="bs-example-navbar-collapse-1">
<ul class="nav navbar-nav">
<li class="active"><a href="#">关于我们 <span class="sr-only">(current)
</span></a></li>
<li><a href="#">关于我们</a></li>
<li class="dropdown">
<a    href="#"    class="dropdown-toggle"    data-toggle="dropdown"    role="button"
aria-haspopup="true" aria-expanded="false">视频教学 <span class="caret"></span></a>
<ul class="dropdown-menu">
<li><a href="#">Android 应用开发</a></li>
<li><a href="#">Google Web Design 动画制作</a></li>
<li><a href="#">GameSalad 2D 游戏制作</a></li>
<li role="separator" class="divider"></li>
<li><a href="#">Unity 5</a></li>
</ul>
</li>
</ul>
<form class="navbar-form navbar-left" role="search">
<div class="form-group">
<input type="text" class="form-control" placeholder="Search">
</div>
<button type="submit" class="btn btn-default">Submit</button>
</form>
<ul class="nav navbar-nav navbar-right">
<li class="dropdown">
```

```
<a    href="#"    class="dropdown-toggle"    data-toggle="dropdown"    role="button"
aria-haspopup="true" aria-expanded="false">视频教学 <span class="caret"></span></a>

<ul class="dropdown-menu">
<li><a href="#">Android 应用开发</a></li>
<li><a href="#">Google Web Design 动画制作</a></li>
<li><a href="#">GameSalad 2D 游戏制作</a></li>
<li role="separator" class="divider"></li>
<li><a href="#">Unity 5</a></li>
</ul>
</li>
</ul>
</div>
</div>
</nav>
```

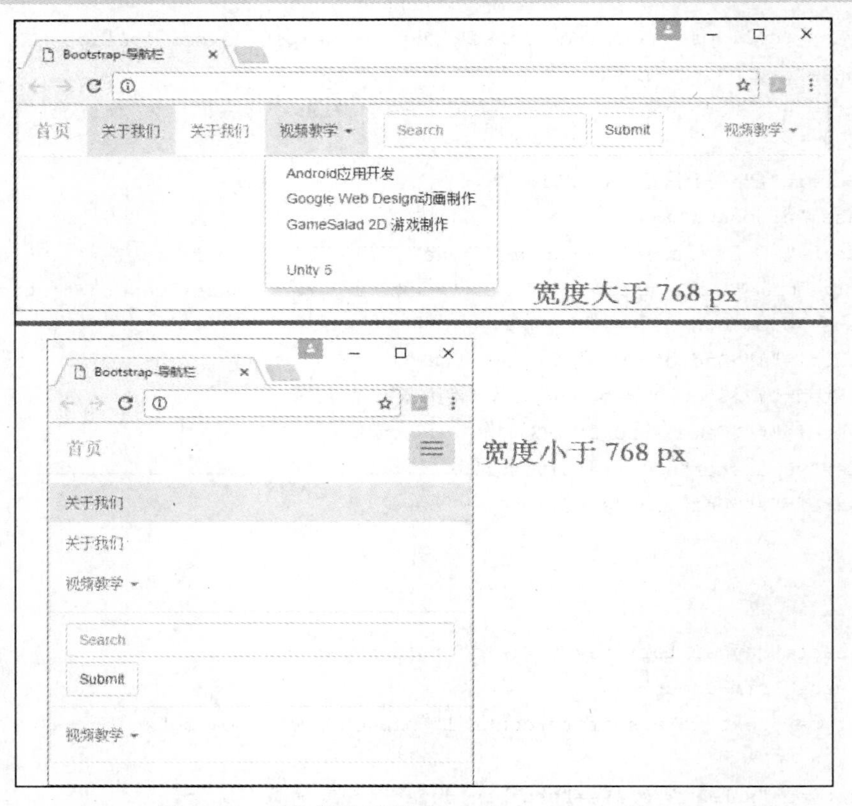

图 11-39　导航栏的示范（ch11.6\example final.html）

11.7 分 页

11.7.1 说明

此效果是一种无顺序符号，可为网站的应用程序提供分页链接的多分页组件，提供简单的换页功能。

11.7.2 使用方法

因为此效果属于无顺序符号，所以必须使用 <ul> 与 <li> 两个标签建立出顺序的效果。分页效果的显示只需在 <ul> 标签中加入 .pagination 类即可。分页的范例效果如图 11-40 所示。

```
<nav>
  <ul class="pagination">
    <li>
      <a href="#" aria-label="Previous">
        <span aria-hidden="true">&laquo;</span>
      </a>
    </li>
    <li><a href="#">1</a></li>
    <li><a href="#">2</a></li>
    <li><a href="#">3</a></li>
    <li><a href="#">4</a></li>
    <li><a href="#">5</a></li>
    <li>
      <a href="#" aria-label="Next">
        <span aria-hidden="true">&raquo;</span>
      </a>
    </li>
  </ul>
</nav>
```

Bootstrap-分页

« 1 2 3 4 5 »

图 11-40 分页效果（ch11.7\example.html）

11.7.3 其他辅助项目

可搭配使用的类如表 11-6 所示，各个范例如图 11-41~图 11-44 所示。

表 11-6 分页辅助类

类	名称	说明
.disabled	禁用	指定为不能单击的链接
.active	启用	标示为当前的页面
.pagination-*	大小	尺寸为 lg、md、sm、xs 四种
.pager	换页	默认的状态下，换页链接会居中对齐，且不必使用 .previous 与.next 两个类
.previous	上一页	<ul> 标签中需加入 pager 类才可顺利呈现效果
.next	下一页	<ul> 标签中需加入 pager 类才可顺利呈现效果

```
<nav>
    <ul class="pagination">
        <li class="disabled"><a href="#"><span aria-hidden="true">&laquo;
        </span><span class="sr-only">Previous</span></a></li>
        <li class="active"><a href="#">1 <span class="sr-only">(current)
        </span></a></li>
    </ul>
</nav>
```

禁用

启用

Bootstrap-分页

« 1

图 11-41 禁用与启用（ch11.7\disabled.html）

```
<nav>
  <ul class="pagination pagination-lg">
    <li>
      <a href="#" aria-label="Previous">
        <span aria-hidden="true">&laquo;</span>
      </a>
    </li>
    <li><a href="#">1</a></li>
    <li><a href="#">2</a></li>
    <li><a href="#">3</a></li>
    <li><a href="#">4</a></li>
    <li><a href="#">5</a></li>
    <li>
      <a href="#" aria-label="Next">
        <span aria-hidden="true">&raquo;</span>
      </a>
```

Bootstrap-分页

« 1 2 3 4 5 »

pagination-lg

« 1 2 3 4 5 »

pagination

« 1 2 3 4 5 »

pagination-sm

图 11-42 大小（ch11.7\sizing pagination.html）

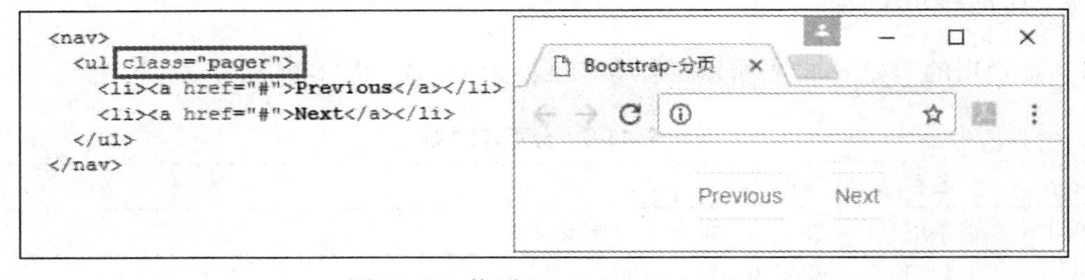

图 11-43 换页（ch11.7\pager.html）

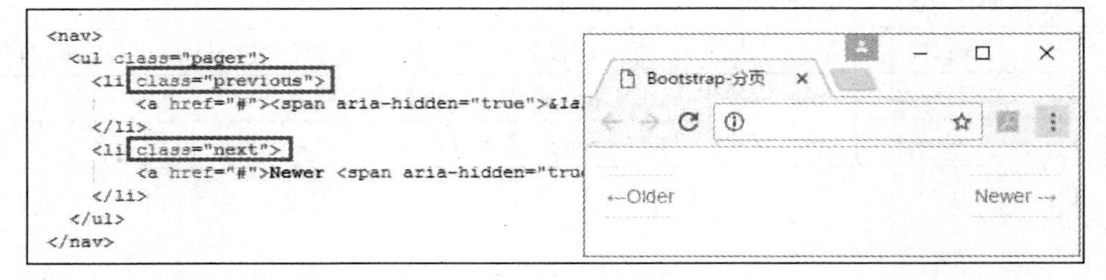

图 11-44 对齐链接（ch11.7\pager aligned links.html）

11.7.4 范例

此范例以最常见的分页方式作为介绍，执行结果如图 11-45 所示。

✪ 范例：分页的制作 (ch11.7\example final.html)

```
<nav>
<ul class="pagination">
<li>
<a href="#" aria-label="Previous">
<span aria-hidden="true">&laquo;</span>
</a>
</li>
<li><a href="#">1</a></li>
<li><a href="#">2</a></li>
<li><a href="#">3</a></li>
<li><a href="#">4</a></li>
<li><a href="#">5</a></li>
<li>
<a href="#" aria-label="Next">
<span aria-hidden="true">&raquo;</span>
</a>
</li>
</ul>
</nav>
```

图 11-45 分页制作的示范 (ch11.7\example final.html)

11.8 提示标志

11.8.1 说明

加入 <span class="badge"> 元素到链接、导航或其他元素，可呈现出醒目的“新”或“未读”信息的提示效果，如图 11-46 所示。

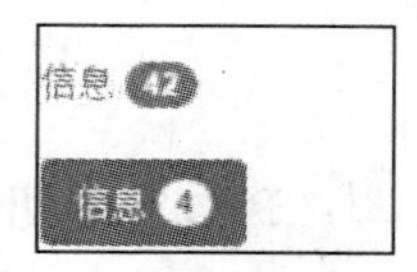

图 11-46　提示标志效果（ch11.8\example.html）

11.8.2　范例

✪ 范例：提示标志的制作（ch11.8\example final.html，见图 11-47）

```
<ul class="nav nav-pills" role="tablist">
<li role="presentation" class="active"><a href="#">首页 <span class="badge">42
</span></a></li>
<li role="presentation"><a href="#">关于我们</a></li>
<li role="presentation"><a href="#">留言板 <span class="badge">3</span></a></li>
</ul>
```

图 11-47　提示标志制作的示范（ch11.8\example final.html）

11.9　大屏幕效果

11.9.1　说明

此效果能使元素延展至整个浏览器的可视区域，以展示网站的关键内容。这个组件本身已具有响应式的效果。范例的执行结果如图 11-48 所示。

图 11-48　大屏幕的效果（ch11.9\example.html）

11.9.2　范例

在 <div> 标签中加入 .jumbotron 类，且搭配 .container 类可使内容显示的区域不是整个浏览器宽度。范例的执行结果如图 11-49 所示。

✪ 范例：大屏幕效果的制作 (ch11.9\example final.html)

```
<div class="jumbotron">
<div class="container">
<h1>Hello, world!</h1>
<p>这是一个超大屏幕（Jumbotron）的范例</p>
<p><a class="btn btn-primary btn-lg" href="#" role="button">Learn more</a></p>
</div>
</div>
```

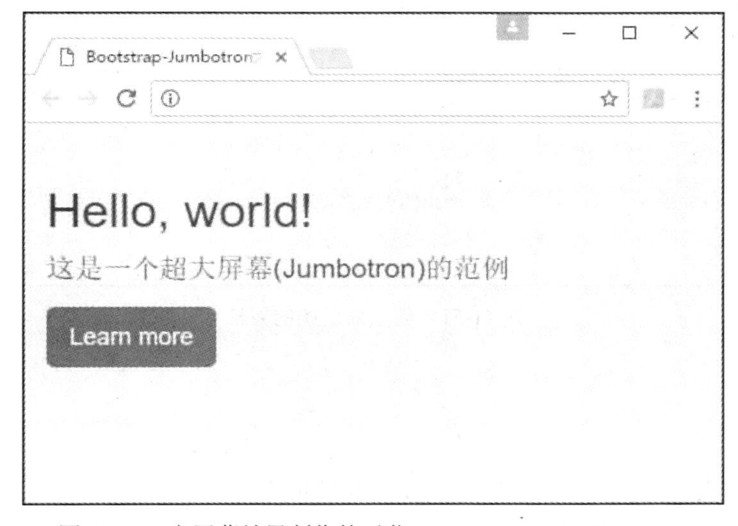

图 11-49　大屏幕效果制作的示范 (ch11.9\example final.html)

11.10　缩 略 图

11.10.1　说明

在网页设计中，多数都需要在网格中布局图像、视频、文字等内容。通过 thumbnail　类，只需用最少的标签就可以展示出带有链接的图片，如图 11-50 所示。

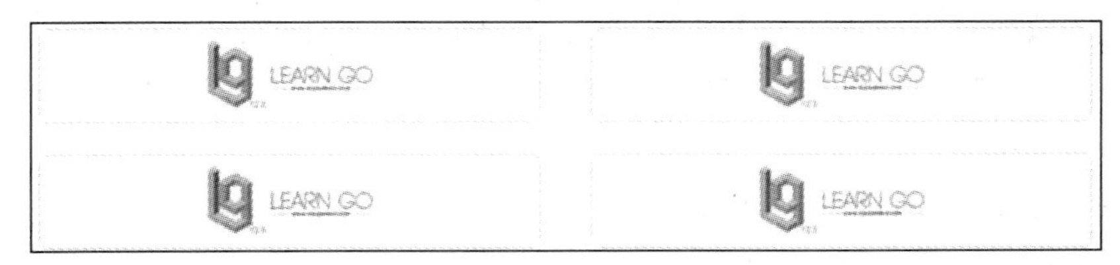

图 11-50　缩略图的效果 (ch11.10\example.html)

11.10.2 使用方法

使用 Bootstrap 创建缩略图的步骤如下（参考范例，如图 11-51 所示）：

步骤01 在 <a> 标签中加入 .thumbnail 类。

步骤02 thumbnail 类会给图像添加 4 个像素的内边距（padding）和一个灰色的边框。

步骤03 当鼠标滑到图像上时，就会出现蓝色的轮廓。

```
<div class="row">
    <div class="col-xs-3">
      <a href="#" class="thumbnail">
        <img src="logo.jpg" alt="通用的缩略图">
      </a>
    </div>
    <div class="col-xs-3">
      <a href="#" class="thumbnail">
        <img src="logo.jpg" alt="通用的
      </a>
    </div>
    <div class="col-xs-3">
      <a href="#" class="thumbnail">
        <img src="logo.jpg" alt="通用的
      </a>
    </div>
    <div class="col-xs-3">
      <a href="#" class="thumbnail">
        <img src="logo.jpg" alt="通用的缩略图">
      </a>
    </div>
</div>
```

Bootstrap-缩略图

file:///D:/My%20Docu

图 11-51 创建缩略图的方法

11.10.3 范例

在缩略图内容中加入标题、段落与按钮 3 种标签内容。范例的执行结果如图 11-52 所示。

✪ 范例：缩略图的制作 (ch11.10\example final.html)

```
<div class="row">
<div class="col-sm-6 col-md-4">
<div class="thumbnail">
<img src="logo.jpg" alt="通用的缩略图">
<div class="caption">
<h3>缩略图标签</h3>
<p>123LERNGO 是由一群热爱程序设计、游戏以及视觉设计的人所组成的小团队，初衷是分享自己的学习经验，让人们可以通过我们的网站学习到更多有关信息科技等知识。</p>
<p><a href="#" class="btn btn-primary" role="button">Button
</a> <a href="#" class="btn btn-default" role="button">Button</a></p>
</div>
</div>
</div>
<div class="col-sm-6 col-md-4">
<div class="thumbnail">
```

```
<img src="logo.jpg" alt="通用的缩略图">
<div class="caption">
<h3>缩略图标签</h3>
<p>123LERNGO 是由一群热爱程序设计、游戏以及视觉设计的人所组成的小团队，初衷是分享自己的学习经验，让人们可以通过我们的网站学习到更多有关信息科技等知识。</p>
<p><a href="#" class="btn btn-primary" role="button">Button
</a> <a href="#" class="btn btn-default" role="button">Button</a></p>
</div>
</div>
</div>
<div class="col-sm-6 col-md-4">
<div class="thumbnail">
<img src="logo.jpg" alt="通用的缩略图">
<div class="caption">
<h3>缩略图标签</h3>
<p>123LERNGO 是由一群热爱程序设计、游戏以及视觉设计的人所组成的小团队，初衷是分享自己的学习经验，让人们可以通过我们的网站学习到更多有关信息科技等知识。</p>
<p><a href="#" class="btn btn-primary" role="button">Button
</a> <a href="#" class="btn btn-default" role="button">Button</a></p>
</div>
</div>
</div>
</div>
```

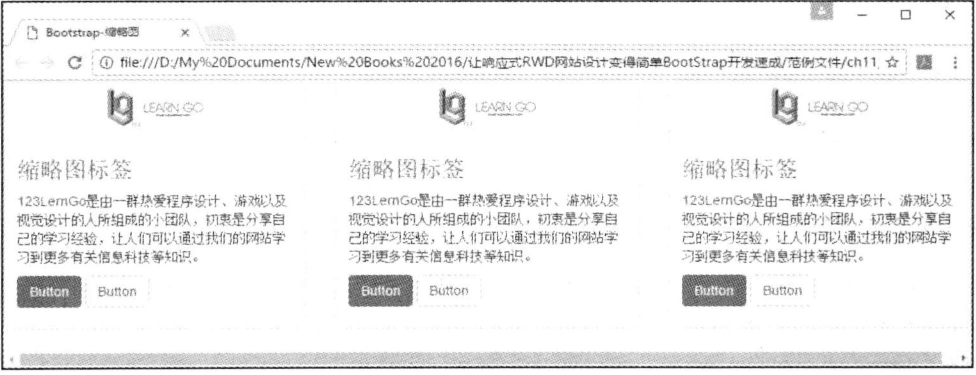

图 11-52　缩略图制作的示范（ch11.10\example final.html）

11.11　进 度 条

11.11.1　说明

通过这些简单又具有弹性的进度条，为工作流程或活动进度提供了最新的反馈信息，进度条的效果如图 11-53 所示。

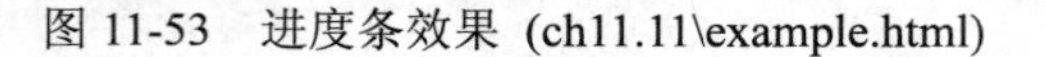

图 11-53　进度条效果 (ch11.11\example.html)

Bootstrap 进度条使用 CSS3 过渡和动画来获得这种效果。IE 9 以及之前的版本和旧版的 Firefox 不支持该特性，Opera 12 则不支持进度条动画这个效果。

11.11.2　使用方法

创建一个基本的进度条步骤如下（见图 11-54）：

步骤01 在最外层的 <div> 标签中加入 .progress 类。

步骤02 在第二层的 <div> 标签中加入 .progress-bar 类。

步骤03 添加一个带有百分比表示的宽度的 style 属性，例如 style="60%"; 属性表示进度条在 60% 的位置。

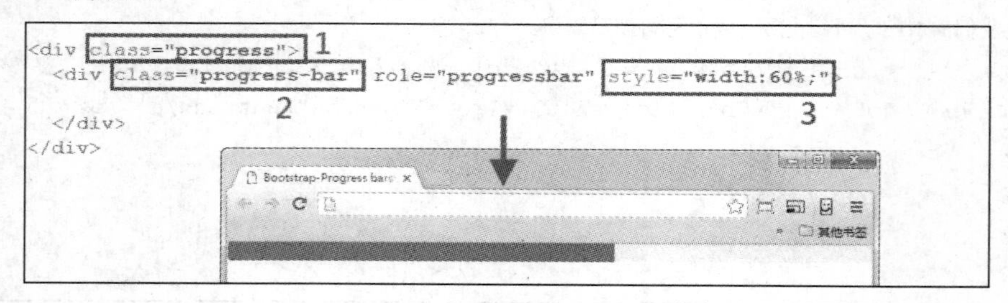

图 11-54　创建进度条的步骤

11.11.3　其他辅助项目

可搭配使用的类如表 11-7 所示，各个辅助项目的范例如图 11-55~图 11-58 所示。

表 11-7　进度条辅助项目

类	名称	说明
progress-bar-primary、progress-bar-success、progress-bar-info、progress-bar-warning、progress-bar-danger	显示状态	进度条使用与按钮类和警告类一致的场景颜色样式
progress-bar-striped	条纹样式	此类需加在 progress-bar 类之后
active	动画样式	将.active 加入.progress-bar-striped 类，以呈现从右向左的条纹动画效果
	堆叠样式	将多个进度条（.progress-bar）放置于同一个.progress 容器内

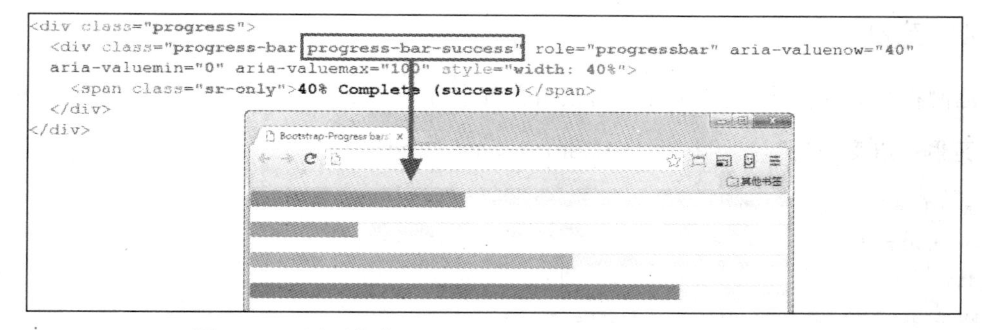

<div class="progress">
<div class="progress-bar progress-bar-success" role="progressbar" aria-valuenow="40"
aria-valuemin="0" aria-valuemax="100" style="width: 40%">
<span class="sr-only">40% Complete (success)</span>
</div>
</div>

图 11-55　显示状态（ch11.11\contextual alternatives.html）

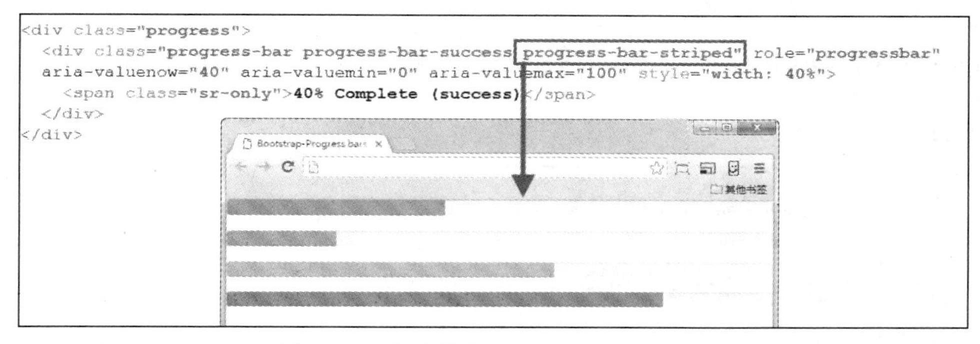

<div class="progress">
<div class="progress-bar progress-bar-success progress-bar-striped" role="progressbar"
aria-valuenow="40" aria-valuemin="0" aria-valuemax="100" style="width: 40%">
<span class="sr-only">40% Complete (success)</span>
</div>
</div>

图 11-56　条纹样式（ch11.11\striped.html）

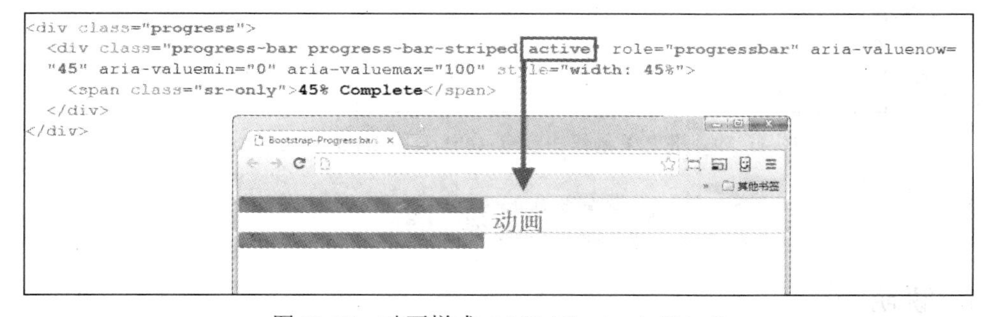

图 11-57　动画样式（ch11.11\animated.html）

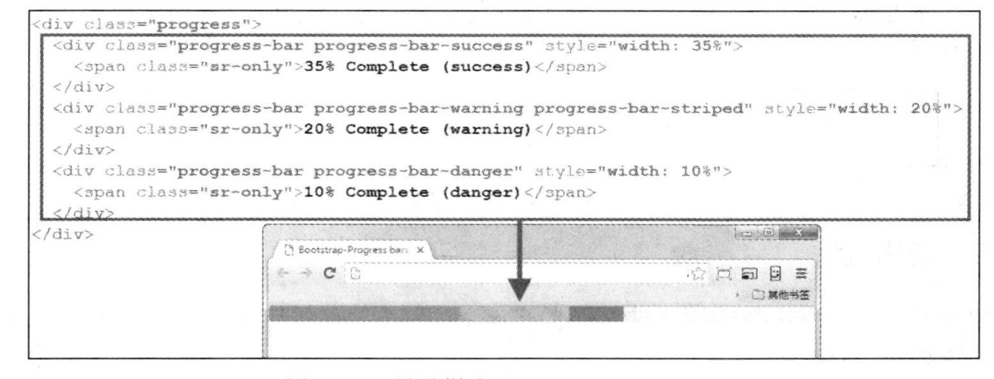

图 11-58　堆叠样式（ch11.11\stacked.html）

11.11.4 范例

此范例在每条进度条中加入对应的数值并显示出来，该范例的执行结果如图 11-59 所示。

✪ 范例：进度条的制作 (ch11.11\example final.html)

```
<div class="progress">
<div class="progress-bar progress-bar-success" style="width: 35%">  35%
</div>
<div class="progress-bar progress-bar-warning progress-bar-striped" style="width:  20%">
20%
</div>
<div class="progress-bar progress-bar-danger" style="width: 10%">  10%
</div>
</div>
```

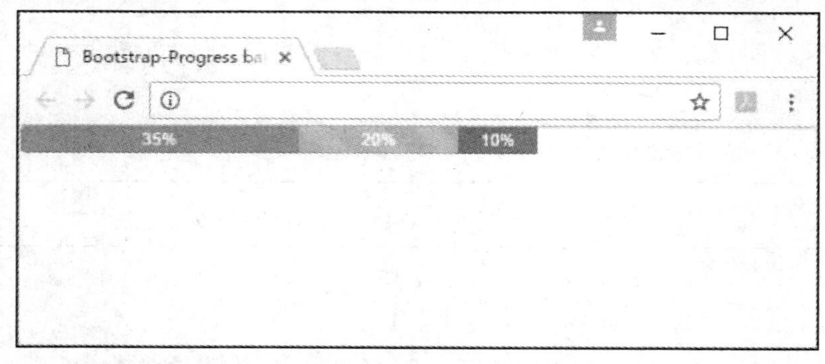

图 11-59　进度条制作的示范 (ch11.11\example final.html)

11.12 面　板

11.12.1 说明

建立一个面板，并将需要放置的内容放置在此面板中，以显示出一个区块的效果，如图 11-60 所示。

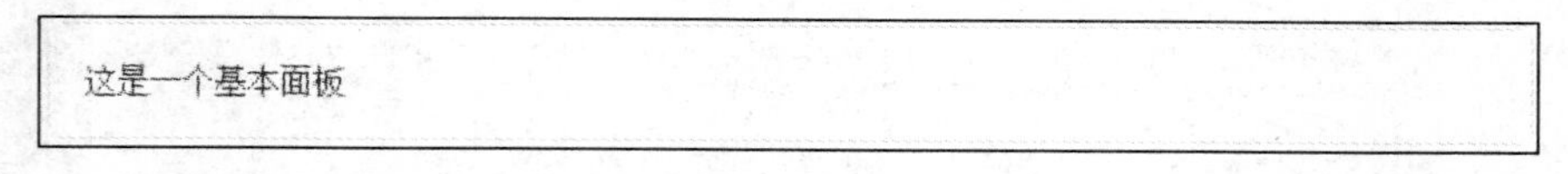

图 11-60　面板效果 (ch11.12\example.html)

11.12.2 使用方法

创建面板只需在 <div> 标签中按序加入 .panel 和 .panel-default 这两个类即可，范例及其执行结果如图 11-61 所示。

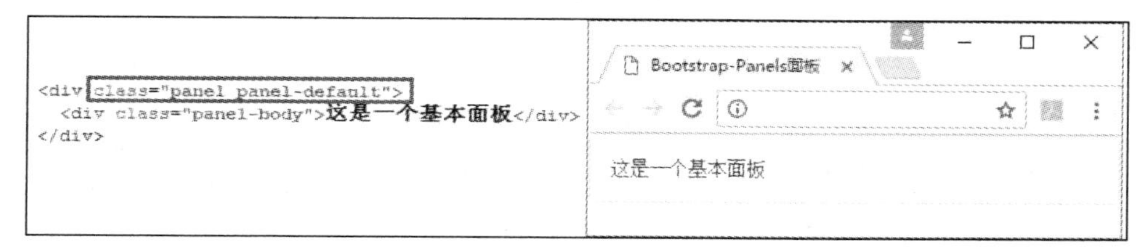

图 11-61 创建面板的方法

11.12.3 其他辅助项目

可搭配使用的类如表 11-8 所示，各个辅助项目的范例如图 11-62~图 11-64 所示。

表 11-8 面板辅助项目

类	名称	说明
.panel-heading	标题	加入标题类到面板之中，在视觉显示上更为突显主题
.panel-footer	页脚	将按钮或次要文字放置在 .panel-footer 内。面板页脚不会从状态类继承颜色或边框的设置，因为它们并不是主要的内容
panel-primary、panel-success、panel-info、panel-warning、panel-danger	显示状态	与其他组件一样，只需要为面板加入状态类，很容易让面板在特定场景下更有意义

图 11-62 标题（ch11.12\panel with heading.html）

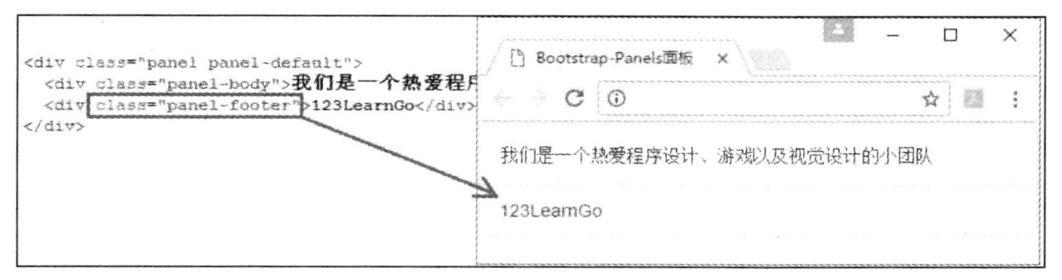

图 11-63 页脚（ch11.12\panel with footer.html）

图 11-64　显示状态（ch11.12\contextual　alternatives.html）

11.12.4　范例

本范例采用了标题与显示状态两个类，并加入表格内容进行显示，如图 11-65 所示。

✪ 范例：面板的制作（ch11.12\example final.html）

```
<div class="panel panel-danger">
<div class="panel-heading">
<h3 class="panel-title">123LearnGo</h3>
</div>
<div class="panel-body">
我们是一个热爱程序设计、游戏以及视觉设计的小团队
</div>
<table class="table">
<th>Android</th><th>GameSalad </th>
<tr><td>教学 A</td><td>教学 A</td></tr>
<tr><td>教学 B</td><td>教学 B</td></tr>
</table>
</div>
```

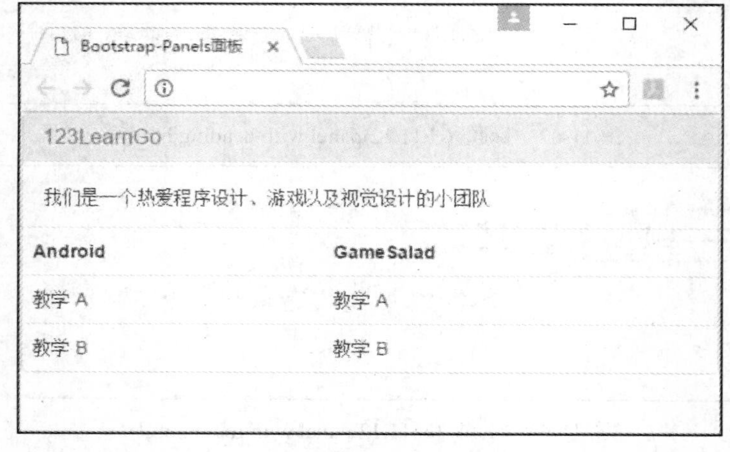

图 11-65　面板制作的示范（ch11.12\example final.html）

11.13 响应式嵌入内容

11.13.1 说明

在网页设计中，有时会嵌入外部的视频或相关页面，但嵌入的内容并无法应对响应式网页的缩放而实时进行调整，只会以固定的大小显示出来。

因此，此响应式的嵌入内容可直接运用于 <iframe>、<embed> 和 <object> 元素上，当想要符合某些属性的样式时，可以选择使用明确的类 .embed-responsive-item。

11.13.2 范例

本范例按步骤引导各位读者制作响应式嵌入内容。

✪ 完整范例：范例文件\ch11\ch11.13\example.html

步骤01 复制视频嵌入的全部程序代码，如图 11-66 所示。

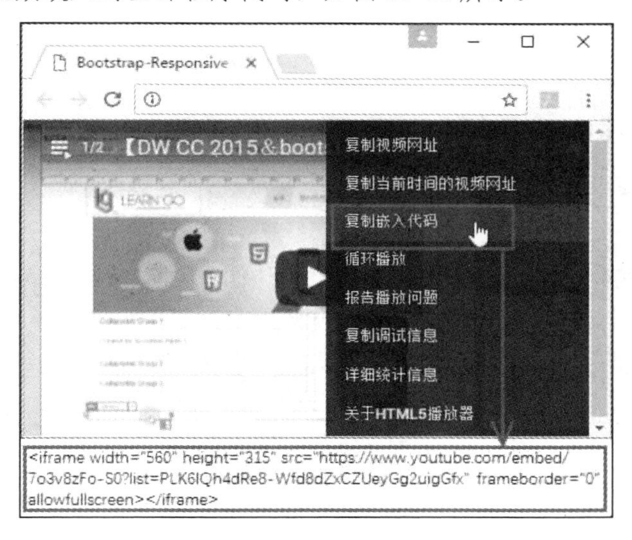

图 11-66 复制视频嵌入的全部程序代码

步骤02 将语句粘贴到 <body> 标签中。

步骤03 将程序代码中的“宽”与“高”部分删除，如图 11-67 所示。

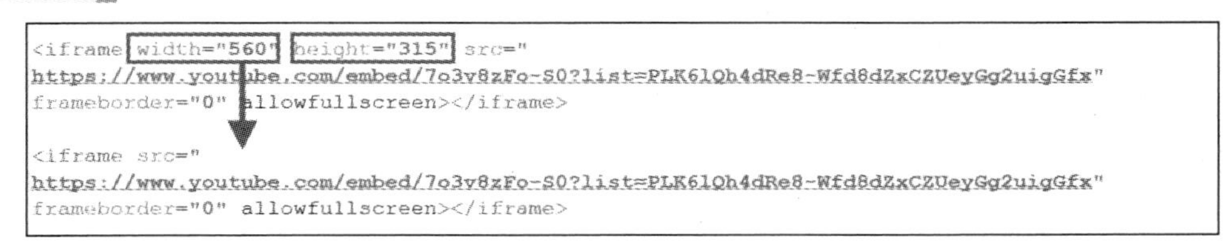

```
<iframe width="560" height="315" src="
https://www.youtube.com/embed/7o3v8zFo-S0?list=PLK6lQh4dRe8-Wfd8dZxCZUeyGg2uigGfx"
frameborder="0" allowfullscreen></iframe>

<iframe src="
https://www.youtube.com/embed/7o3v8zFo-S0?list=PLK6lQh4dRe8-Wfd8dZxCZUeyGg2uigGfx"
frameborder="0" allowfullscreen></iframe>
```

图 11-67 粘贴程序代码并删除代码中的“宽”与“高”部分

步骤04 添加一个 <div> 标签并加入 embed-responsive 类，其后再加入 embed-responsive embed-responsive-16by9 类即可完成，如图 11-68 所示。

```
<div class="embed-responsive embed-responsive-16by9">
  <iframe src="
  https://www.youtube.com/embed/7o3v8zFo-S0?list=PLK61Qh4dRe8-Wfd8dZxCZUeyGg2uigGfx"
  frameborder="0" allowfullscreen></iframe>
</div>
```

图 11-68　添加一个 <div> 标签并加入 embed-responsive 类

16by9　代表视频是 16:9，若是 4:3 则要改为 4by3。

第 12 章　Bootstrap JS 插件的使用

12.1　概　观

在前面有关布局组件的章节中所讨论到的组件仅仅是个开始。其实 Bootstrap 还提供了多种 jQuery 插件，可以给网站添加更多的互动。即使不是 JavaScript 开发人员，也可以着手学习 Bootstrap 的 JavaScript 插件。大部分的插件可以在不编写任何代码的情况下被触发。

网站引用 Bootstrap 插件的方式有以下两种：

- 单独引用：使用 Bootstrap 的*.js 文件。
- 同时引用：使用 bootstrap.js 或压缩版的 bootstrap.min.js。

请勿同时引用这两个文件，因为 bootstrap.js 和 bootstrap.min.js 都包含了所有的插件。

12.2　页　签

12.2.1　说明

一个网页页面上要显示的信息越来越多，但总不可能把全部的内容一次全部显示出来，这时可通过页签（Tab）效果的展示方式为各个内容进行分类，用户可以通过鼠标单击来进行内容的切换，使得网页中只要规划一个小区域的位置，可以放置的信息就会比原先多，如图 12-1 所示。

首页　关于我们　专业讲师
首页的内容

首页　关于我们　专业讲师
关于我们的内容

首页　关于我们　专业讲师
专业讲师的内容

图 12-1　页签效果（ch12.2\example.html）

12.2.2 使用方法

使用的方式有两点：一是加入相关类，二是页签与切换内容的名称对应。具体说明如下：

（1）在页签的 <ul> 标签中设置 nav 与 nav-tabs 两个类即可运用页签组件，若是加入 nav 和 nav-pills 类，则页签效果将以按钮方式显示出来。

（2）在互动切换的部分由 href="# id 名称 " 与 <div id=" 名称 "> 相互呼应，也就是 HTML 的锚定关系，如图 12-2 所示。

```
<!-- Tab 页签 -->
<ul class="nav nav-tabs"> 1
    <li class="active">
        <a href="#home" aria-controls="home" data-toggle="tab">首页</a>
    </li>                                   2
    <li>
        <a href="#profile" aria-controls="profile" data-toggle="tab">关于我们</a>
    </li>
    <li>
        <a href="#messages" aria-controls="messages" data-toggle="tab">专业讲师</a>
    </li>
</ul>

<!-- Tab 内容 -->
<div class="tab-content">
    <div class="tab-pane active" id="home">首页的内容</div>
    <div class="tab-pane" id="profile">关于我们的内容</div>
    <div class="tab-pane" id="messages">专业讲师的内容</div>
</div>
```

图 12-2　页签使用方法的示范

12.2.3 淡入效果

要让页签有淡入的效果，只需在每个页签内容的 tab-pane 类后加入 .fade 类即可，但第一个页签页面需额外加入 .in 类，以便正确初始化淡入效果的内容。范例如图 12-3 所示。

```
<!-- Tab 内容 -->
<div class="tab-content">
    <div class="tab-pane fade in active" id="home">首页的内容</div>
    <div class="tab-pane fade" id="profile">关于我们的内容</div>
    <div class="tab-pane fade" id="messages">专业讲师的内容</div>
</div>
```

图 12-3　淡入的效果 (ch12.2\ fade.html)

12.2.4 范例

此范例结合上述所介绍的页签建立方式与淡入效果。同时为了应对在遇到内容具有层次关系时一般的页签方式不利于显示层次关系的内容，本范例加入了“下拉式菜单”的效果，使页签的切换能有新的选择方式。范例的执行结果如图 12-4 所示。

✪ 范例：页签的制作 (ch12.2\example_Final.html)

```
<ul class="nav nav-tabs">
```

```
<li class="active">
<a href="#about" data-toggle="tab">关于我们</a>
</li>
<!--下拉式菜单开始-->
<li class="dropdown">
<a href="#" id="myTabDrop1" class="dropdown-toggle" data-toggle="dropdown">
视频教学

<b class="caret"></b>
</a>
<ul class="dropdown-menu">
<li>

<a href="#android" tabindex="-1" data-toggle="tab">Android
Studio</a>
</li>
<li>
<a href="#gwd" tabindex="-1" data-toggle="tab">Google Web
Design</a>
</li>
</ul>
</li>
<!--下拉式菜单结束-->
</ul>
<div class="tab-content">
<div class="tab-pane fade in active" id="about">
<p>我们是一个热爱程序设计、游戏以及视觉设计的小团队，初衷是分享自己的学习经验，让人们可以
通过我们的网站学习到更多有关信息科技等知识。</p>
</div>
<div class="tab-pane fade" id="android">
<p>Android Studio 是 Google 新推出的 Android App 开发工具。</p>
</div>
<div class="tab-pane fade" id="gwd">
<p>网页设计新神器 Google Web Designer 就是要让创意者、设计者或初学者不必编写任何程序代
码， 就可以运用 HTML5 技术，缩短制作时程，打造跨平台互动广告、动画与网页！</p>
</div>
</div>
```

图 12-4　页签制作的示范（ch12.2\example_Final.html）

12.3　提示工具

12.3.1　说明

在网页中，想要描述或说明一个连接点的作用时，可通过提示工具（Tooltip，提示信息的工具）来实现。提示工具演变至今，已可使用 CSS 来实现动画效果，用 data 属性来存储标题信息，而不需要再像早期的做法那样依赖图片来实现此效果。

此效果的原理为：在任意元素中加入一个小覆盖层，以便加入额外的信息，只要当鼠标移入时就能触发此功能，如图 12-5 所示。

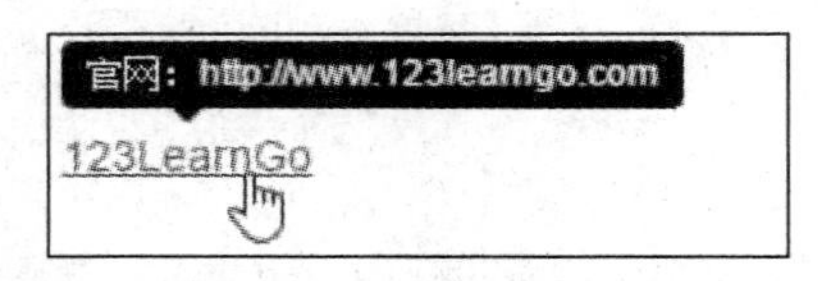

图 12-5　提示工具的效果（ch12.3\example.html）

12.3.2　使用方法

使用的方法一是加入 jQuery 指令来进行触发操作的声明，并加入 data-toggle 属性作为呼应；二是使用 data-placement 属性与 title 属性来建立位置与标签内容，具体说明如下（参考图 12-6）：

（1）加入提示工具初始化的语句：

```
<script>
$(function () { $("[data-toggle='tooltip']").tooltip(); });
</script>
```

（2）在 <a> 标签中加入 data-toggle 属性，与初始化语句相呼应。

（3）使用 data-placement 属性来指定提示信息出现的 4 个方向，选项有 top、right、bottom、left 对齐方式。

（4）使用 title 属性来显示提示信息的内容。

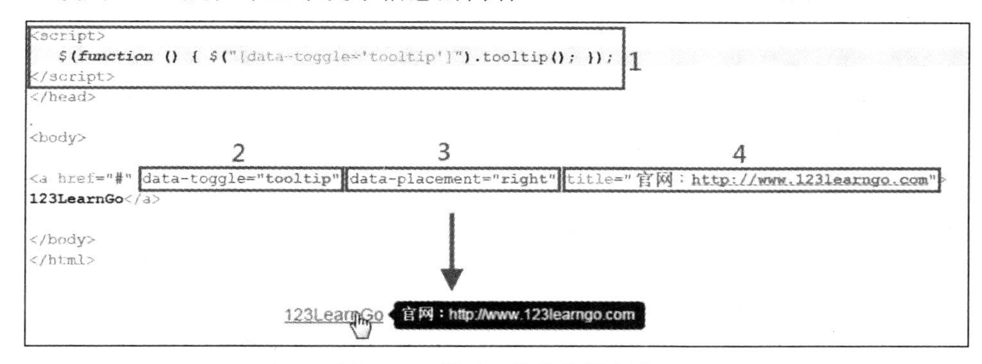

图 12-6　提示工具的使用方法

12.3.3　范例

除了使用 <a> 标签来显示提示信息外，也可使用按钮的方式来实现此效果，本范例以 <button> 按钮的方式来进行介绍，范例的执行结果如图 12-7 所示。

✪ **范例：提示工具的制作 (ch12.3\examples_Final.html)**

```
<!-声明初始化-->
<script>
$(function () { $("[data-toggle='tooltip']").tooltip(); });
</script>

<!--内容-->
<h4>提示工具 (Tooltip) </h4>
<button type="button" class="btn btn-default" data-toggle="tooltip" data-placement=
"top" title="顶部的 Tooltip">顶部的 Tooltip</button>
<button type="button" class="btn btn-default" data-toggle="tooltip" data-placement=
"bottom" title="底部的 Tooltip">底部的 Tooltip</button>
<button type="button" class="btn btn-default" data-toggle="tooltip" data-placement=
"right" title="右侧的 Tooltip"> 右侧的 Tooltip</button>
<button type="button" class="btn btn-default" data-toggle="tooltip" data-placement=
"left" title="左侧的 Tooltip">左侧的 Tooltip</button>
```

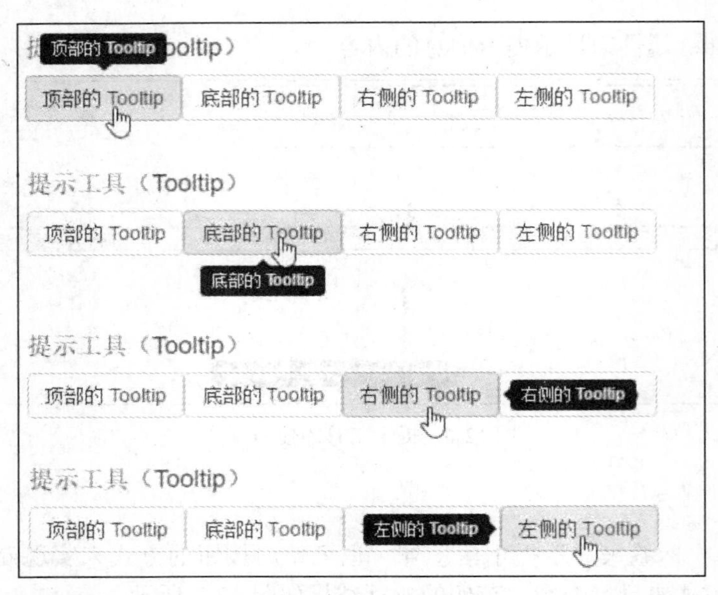

图 12-7　提示工具制作的示范（ch12.3\examples_Final.html）

12.4　弹出提示

12.4.1　说明

弹出提示与提示工具的显示模式是雷同的，差别在于提示工具是当鼠标移入时触发操作；而弹出提示是当鼠标单击时触发的。在显示的效果上弹出信息还可将标题与内容进行区分。弹出提示的效果如图 12-8 所示。

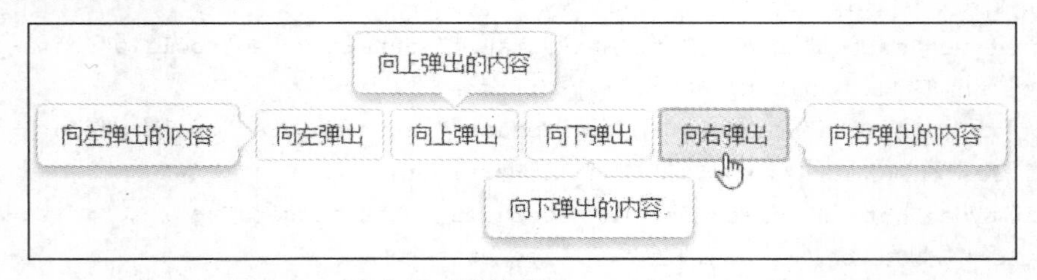

图 12-8　弹出提示的效果（ch12.4\example.html）

12.4.2　使用方法

使用方法一是加入 jQuery 指令来作为触发操作的声明并加入 data-toggle 属性作为呼应；二是使用 data-placement 属性与 title 属性来建立位置与标签内容。使用方法的具体说明（参考图 12-9）如下：

（1）加入提示信息初始化的语句：

```
<script>
$(function () { $("[data-toggle= popover]").popover (); });
</script>
```

（2）在 <button> 标签中加入 data-toggle 属性，与初始化语句相呼应。

（3）使用 data-placement 属性来指定弹出信息出现的 4 个方向，选项有 top、right、bottom、left 等对齐方式。

（4）使用 title 属性来显示提示信息的标题。

（5）使用 data-content 属性来显示提示信息的内容。

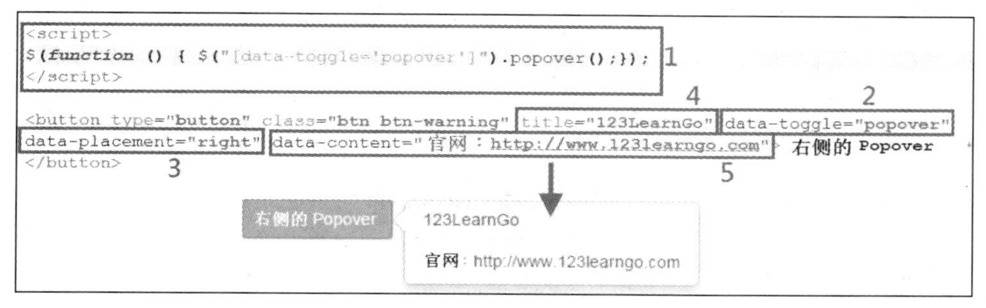

图 12-9 “弹出提示”使用方法的示范

12.4.3 范例

此范例除展示了 4 个方向（top、right、bottom 和 left）的属性对应的效果之外，还加入 <button> 的显示状态类，使按钮能以不同的颜色显示。

✪ 范例：弹出信息的制作 (ch12.4\example_Final.html，见图 12-10)

```
<script>
$(function () { $("[data-toggle='popover']").popover();});
</script>

<div style="padding:100px 200px 10px;">
<button type="button" class="btn btn-default" title="标题" data-toggle="popover" data-placement="left" data-content="左侧的内容">左侧
</button>
<button type="button" class="btn btn-primary" title="标题" data-toggle="popover" data-placement="top" data-content="顶部的内容">顶部
</button>
<button type="button" class="btn btn-success" title="标题" data-toggle="popover" data-placement="bottom" data-content="底部的内容">底部
</button>
<button type="button" class="btn btn-warning" title="标题" data-toggle="popover" data-placement="right" data-content="右侧的内容">右侧
</button>
</div>
```

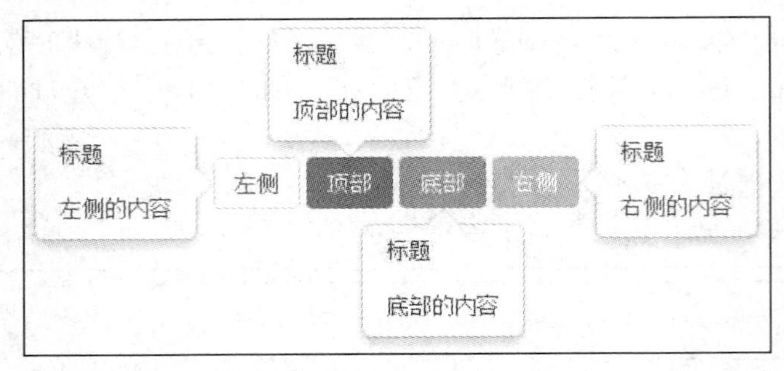

图 12-10　弹出信息的示范　(ch12.4\example_Final.html)

12.5　折叠效果

12.5.1　说明

折叠效果有点像手风琴的效果，即让页面区域进行折叠。此效果可运用于建立折叠式的内容上，借助折叠的效果让一些内容暂时收合，待用户用鼠标单击时再展开，如图 12-11 所示。

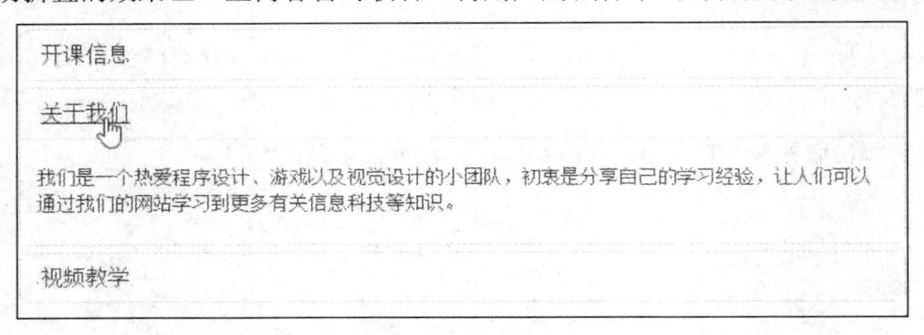

图 12-11　折叠效果 (ch12.5\example.html)

12.5.2　使用方法

有两点注意事项：一是加入相关类，二是页签与切换内容的名称相对应。使用方法的具体说明（可参考图 12-12）如下：

（1）将 data-toggle="collapse" 属性添加到想要展开或折叠的组件链接上。

（2）在互动切换的部分由 href="# id 名称 " 与 <div id=" 名称 "> 相呼应。

（3）要加入手风琴样式的群组管理，需加入 data-parent="# 名称 " 属性。此属性名称要对应最外层的 <div id=" 名称 ">。如果没有加入此属性，那么折叠效果必须用鼠标单击两次才会执行折叠操作。反之，当单击其他页签时，刚刚展开的内容会自动折叠起来。

```
<div class="panel-group" id="accordion">
  <div class="panel panel-default">
    <div class="panel-heading">
      <h4 class="panel-title">
        <a data-toggle="collapse" data-parent="#accordion" href="#collapseOne">开课信息
        </a>
      </h4>
    </div>
    <div id="collapseOne" class="panel-collapse collapse">
      <div class="panel-body">
          <h4> 网页设计丙级 解题 开课了</h4>
          <p>学习如何利用Google Web Design 软件进行【网页设计丙级】的技术解题</p>
      </div>
    </div>
  </div>
```

图 12-12 折叠效果的使用方法示范

12.5.3 范例

折叠效果默认的状态是让所有可展开的内容隐藏起来，通过鼠标单击页签来展开所折叠起来的内容。但在某些时候为了突显重点，会让某些内容在默认的状态下就是展开的。因此本范例在转场效果的部分加入了 in 类，让“网页设计丙级 解题 开课了”这项内容一开始就是展开的。范例的执行结果如图 12-13 所示。

- .collapse：隐藏内容。
- .collapse.in：显示内容。

✪ 范例：折叠效果的制作 (ch12.5\example_Final.html)

```
<div class="panel-group" id="accordion">
<div class="panel panel-default">
<div class="panel-heading">
<h4 class="panel-title">
<a data-toggle="collapse" data-parent="#accordion" href="#collapseOne">
开课信息</a>
</h4>
</div>
<div id="collapseOne" class="panel-collapse collapse in">
<div class="panel-body">
<h4>网页设计丙级 解题 开课了</h4>
<p>学习如何利用 Google Web Design 软件进行【网页设计丙级】的技术解题</p>
</div>
</div>
</div>
<div class="panel panel-default">
<div class="panel-heading">
<h4 class="panel-title">
<a data-toggle="collapse" data-parent="#accordion" href="#collapseTwo">
关于我们</a>
```

```
</h4>
</div>
<div id="collapseTwo" class="panel-collapse collapse">
<div class="panel-body">
<p>我们是一个热爱程序设计、游戏以及视觉设计的小团队，初衷是分享自己的学习经验，让人们可以通过我们的网站学习到更多有关信息科技等知识。</p>
</div>
</div>
</div>
<div class="panel panel-default">
<div class="panel-heading">
<h4 class="panel-title">
<a data-toggle="collapse" data-parent="#accordion"  href="#collapseThree">
视频教学</a>
</h4>
</div>
<div id="collapseThree" class="panel-collapse collapse">
<div class="panel-body">
<h4>GameSalad 2D游戏制作</h4>
<p>一款简易、直觉式的游戏开发软件，让非程序设计者也能开发 Web、智能手机与平板电脑的跨平台游戏 App</p>
<h4>Google Web Design</h4>
<p>网页设计新神器 Google Web Designer 就是要让创意者、设计者或初学者不必编写任何程序代码，就可以运用HTML5 技术，缩短制作时程，打造跨平台互动广告、动画与网页！</p>
</div>
</div>
</div>
</div>
```

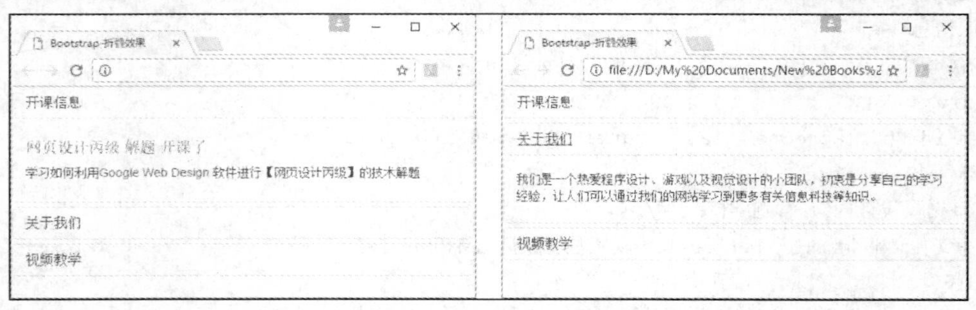

图 12-13　折叠效果的制作（ch12.5\example_Final.html）

12.6 轮播效果

12.6.1 说明

Bootstrap 轮播（Carousel）插件是通过元素的循环组成幻灯片的组件。轮播的内容部分可以是图像、内嵌框架、视频或者其他想要放置的任何类型的内容。轮播的效果如图 12-14 所示。

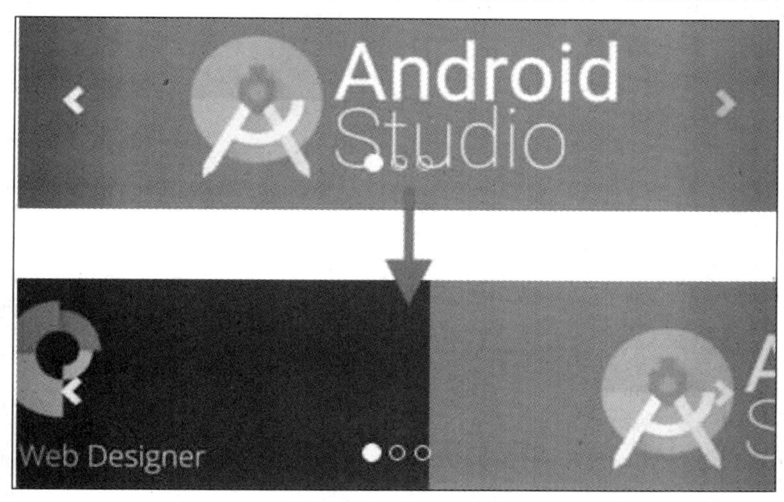

图 12-14 轮播效果（ch12.6\example.html）

12.6.2 使用方法

在轮播插件中不需要加入 jQuery 语句，也不必使用 data 属性，只要使用相关的 class 类即可。

轮播效果是由两种内容所组成的：一是轮播指针，二是轮播项目。为了控制方便，可再加入轮播导航（左、右按钮），也可加入标题来为图片进行说明。

轮播的组成结构说明如下（参考图 12-15）：

图 12-15 轮播的组成结构

轮播指针说明

（1）class="active" 类表示第一个播放的内容。在轮播项目中也需加入 active 类，使两者相对应，否则一开始在状态显示上就会产生错误。

（2）data-slide-to 属性可传递幻灯片索引值给轮播插件，指定数值后即可直接播放指定索引值的幻灯片。

```
<ol class="carousel-indicators">
<li data-target="#carousel-example-generic" data-slide-to="0" class= "active"></li>
<li data-target="#carousel-example-generic" data-slide-to="1"></li>
<li data-target="#carousel-example-generic" data-slide-to="2"></li>
</ol>
```

轮播项目说明

（1）指定要播放的内容，可以是图片或视频等元素。

（2）第一个播放内容需加入 active 类，以和轮播指针的 active 类相对应。

```
<div class="carousel-inner">
<div class="item active">
<img src="android-studio-banner.jpg" alt="First slide">
</div>
<div class="item">
<img src="gamesalad-banner.jpg" alt="Second slide">
</div>
<div class="item">
<img src="google-web-design-banner.jpg" alt="Third slide">
</div>
</div>
```

轮播导航说明

通过 left 与 right 类来控制轮播项目内容的切换。

```
<a class="left carousel-control" href="#carousel-example-generic" role="button"
data-slide="prev">
<span class="glyphicon glyphicon-chevron-left" aria-hidden="true"></span>
<span class="sr-only">Previous</span>
</a>
<a class="right carousel-control" href="#carousel-example-generic" role="button"
data-slide="next">
<span class="glyphicon glyphicon-chevron-right" aria-hidden="true"></span>
<span class="sr-only">Next</span>
</a>
```

12.6.3　标题制作

在轮播项目中加入 .carousel-caption 类即可为该播放内容加入标题或说明文字，加入的任意 HTML 标签均会自动对齐与格式化。标题建立方式如下（执行结果如图 12-16 所示）：

```
<div class="item">
<img src="绑定图片位置">
<div class="carousel-caption">
<h3>标题</h3>
<p>说明文字</p>
</div>
</div>
```

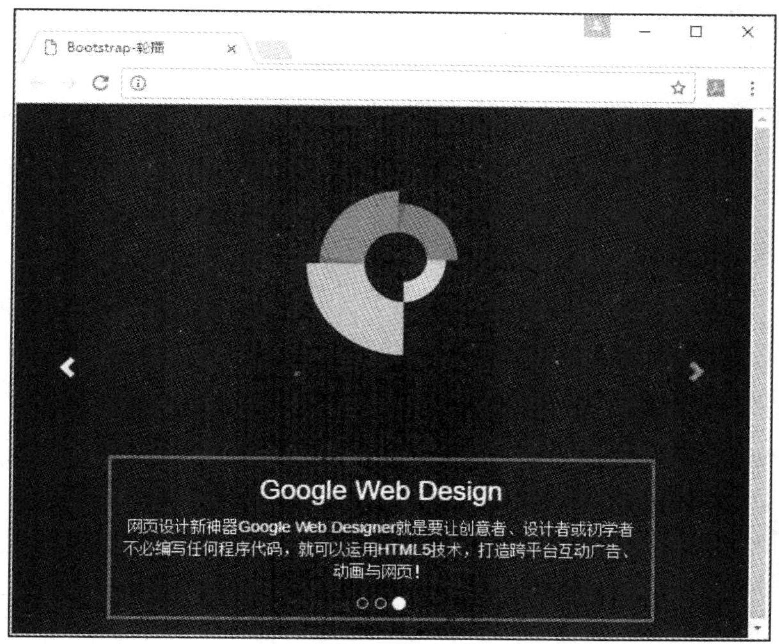

图 12-16　轮播的标题与说明文字制作示范

12.6.4　范例

此范例整合了指针、项目、导航与标题 4 种内容，执行结果如图 12-17 所示。

✪ 范例：轮播效果的制作（ch12.6\example_Final.html）

```
<div id="carousel-example-generic" class="carousel slide" data-ride="carousel">
<!-- 轮播（Carousel）指针 -->
<ol class="carousel-indicators">
<li data-target="#carousel-example-generic" data-slide-to="0" class="active"></li>
<li data-target="#carousel-example-generic" data-slide-to="1"></li>
<li data-target="#carousel-example-generic" data-slide-to="2"></li>
```

```
</ol>
<!--轮播（Carousel）项目-->
<div class="carousel-inner">
<div class="item active">
<img src="android-studio-banner.jpg" alt="First slide">
<div class="carousel-caption">
<h3>Android 应用开发</h3>
<p>最新的技术结合，无论使用 HTML5 或 Unity 都能打造出一款结合虚拟现实的 App 应用</p>
</div>
</div>
<div class="item">
<img src="gamesalad-banner.jpg" alt="Second slide">
<div class="carousel-caption">
<h3>GameSalad 2D游戏制作</h3>
<p>一款简易、直觉式的游戏开发软件，让非程序设计者也能开发 Web、智能手机与平板电脑的跨平台游戏 APP</p>
</div>
</div>
<div class="item">
<img src="google-web-design-banner.jpg" alt="Third slide">
<div class="carousel-caption">
<h3>Google Web Design</h3>
<p>网页设计新神器 Google Web Designer 就是要让创意者、设计者或初学者不必编写任何程序代码，就可以运用 HTML5 技术，打造跨平台互动广告、动画与网页！</p>
</div>
</div>
</div>
<!--轮播（Carousel）导航-->
<a class="left carousel-control" href="#carousel-example-generic" role="button" data-slide="prev">
<span class="glyphicon glyphicon-chevron-left" aria-hidden="true"></span>
<span class="sr-only">Previous</span>
</a>
<a class="right carousel-control" href="#carousel-example-generic" role="button" data-slide="next">
<span class="glyphicon glyphicon-chevron-right" aria-hidden="true"></span>
<span class="sr-only">Next</span>
</a>
</div>
```

图 12-17　轮播效果范例的运行结果（ch12.6\example_Final.html）

第 13 章　网站实践——书籍宣传网页

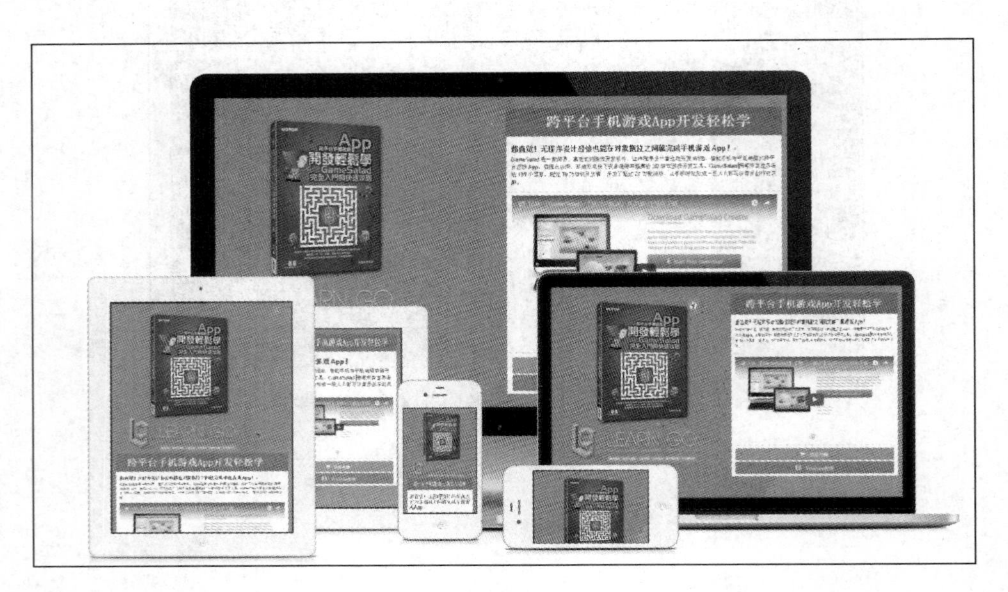

学习重点：

- 网页布局
- CSS：按钮、图片
- 组件：可用符号、面板、响应式嵌入内容

13.1　套入链接

步骤01 使用自己擅长的网页开发工具，启动 index_Exercise.html 网页范例来进行练习。

- 练习文件：范例文件\ch13\index_Exercise.html

步骤02 在 <head> </head> 标签之间加入 viewport 标签，语句如下：

```
<meta name="viewport" content="width=device-width, initial-scale=1">
```

步骤03 在 <head> </head> 标签之间加入 Bootstrap 的相关链接路径，语句如下：

```
<link href="bootstrap/css/bootstrap.css" rel="stylesheet">
<script src="bootstrap/js/bootstrap.js"></script>
```

步骤04 在 <head> </head> 标签之间加入 jQuery 的相关链接路径，语句如下：

```
<script src="bootstrap/js/jquery-3.1.0.min.js"></script>
```

实际的 Bootstrap 文件夹路径与 jQuery 文件版本要按照自身的文件存放位置进行调整。

步骤05 在 <title> </title> 标签中输入“GameSalad 游戏教学”，如图 13-1 所示。

```
<title>GameSalad 游戏教学</title>
```

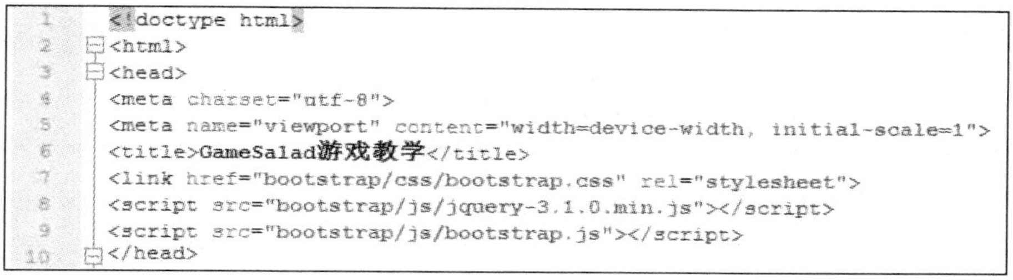

```
1  <!doctype html>
2  <html>
3  <head>
4  <meta charset="utf-8">
5  <meta name="viewport" content="width=device-width, initial-scale=1">
6  <title>GameSalad游戏教学</title>
7  <link href="bootstrap/css/bootstrap.css" rel="stylesheet">
8  <script src="bootstrap/js/jquery-3.1.0.min.js"></script>
9  <script src="bootstrap/js/bootstrap.js"></script>
10 </head>
```

图 13-1 在 <title> </title> 标签中输入“GameSalad 游戏教学”

13.2 网格布局

步骤01 在制作网页之前要先思考网页内容在各种设备（台式机、平板电脑、智能手机）上的显示位置，然后进行网页布局的规划。本范例以平板电脑 768px 尺寸作为断点，进行两种网页的布局，结果如图 13-2 所示。

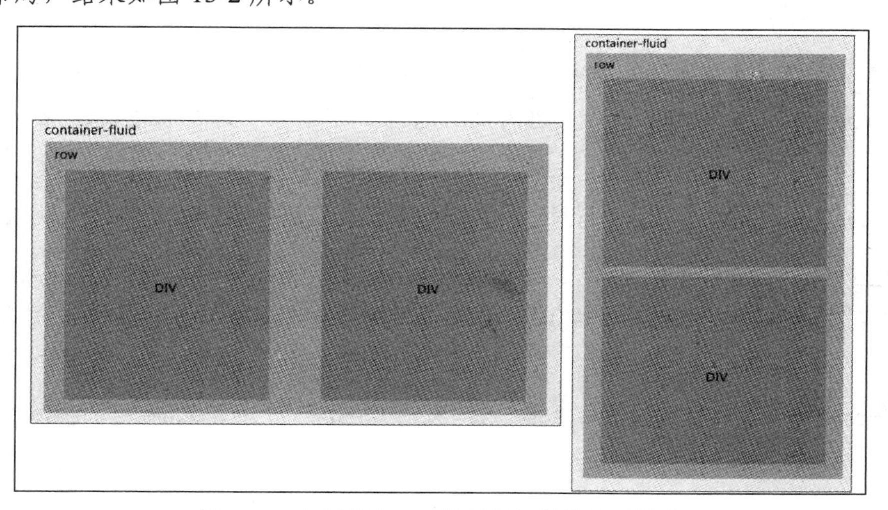

图 13-2 布局结构——横版与竖版的显示样式

步骤02 最外层以 container-fluid（100% 宽度）类的容器进行布局。

步骤03 在 container-fluid 容器中添加 row（行）类来建立网格线布局。

步骤04 在 row 类中，使用 col-*-* 类进行内容的网格线布局，同时需考虑到各种设备的显示结果，因此在这个类中按序为大屏幕（lg）、屏幕（md）、平板电脑（sm）、智能手机（xs）进行数值上的调整。

步骤05 在 <body></body> 标签之间建立的语句如下：

```
<div  class="container-fluid">
<div class="row">
<div class="col-lg-6 col-md-6 col-sm-12 col-xs-12"></div>
<div class="col-lg-6 col-md-6 col-sm-12 col-xs-12"></div>
</div>
</div>
```

在编辑器中的程序截图如图 13-3 所示。

```
12  <body>
13  <div class="container-fluid">
14      <div class="row">
15          <div class="col-lg-6 col-md-6 col-sm-12 col-xs-12"></div>
16          <div class="col-lg-6 col-md-6 col-sm-12 col-xs-12"></div>
17      </div>
18  </div>
19  </body>
20  </html>
```

图 13-3　在 container-fluid 容器中包含在<body></body> 标签之间的内容

13.3　页面设计

13.3.1　左边容器

步骤01 在第一个（左边）内容容器中自定义 <img> 的链接语句，并链接 images 文件夹中的 logo.png 图片，在 alt 属性（图片替换文字）中输入"跨平台手机游戏 App 开发轻松学"。

```
<img src="./images/logo.png" alt="跨平台手机游戏 App 开发轻松学">
```

步骤02 在 <img> 语句中加入 img-responsive 类，让此图片具有响应式效果。同时，使用换行的方式调整程序代码。步骤 01、步骤 02 的完整代码如图 13-4 所示。浏览效果如图 13-5 所示。

```
<img src="./images/logo.png" class="img-responsive" alt="跨平台手机游戏 App 开发轻松学">
```

```
12 <body>
13 <div class="container-fluid">
14     <div class="row">
15         <div class="col-lg-6 col-md-6 col-sm-12 col-xs-12">
16             <img src="./images/logo.png" class="img-responsive" alt=
           "跨平台手机游戏App开发轻松学 ">
17         </div>
18         <div class="col-lg-6 col-md-6 col-sm-12 col-xs-12"></div>
19     </div>
20 </div>
21 </body>
22 </html>
```

图 13-4　步骤 01 和步骤 02 的完整代码

图 13-5　浏览结果

13.3.2　右边容器

步骤01 在第二个（右边）内容容器中自定义 <div> 标签并运用 panel（面板）类，其后再增加一个 panel-primary 状态类，程序代码增加的位置如图 13-6 所示。

```
<div class="panel panel-primary"><div>
```

```
12 <body>
13 <div class="container-fluid">
14     <div class="row">
15         <div class="col-lg-6 col-md-6 col-sm-12 col-xs-12">
16             <img src="./images/logo.png" class="img-responsive" alt=
           "跨平台手机游戏App开发轻松学 ">
17         </div>
18         <div class="col-lg-6 col-md-6 col-sm-12 col-xs-12">
19             <div class="panel panel-primary"><div>
20         </div>
21     </div>
22 </div>
23 </body>
24 </html>
```

图 13-6　增加的 panel-primary 状态类在程序中的位置

步骤02 在 <div class="panel panel-primary"><div> 之间添加两个 <div> 标签，并各自运用 panel-heading 与 panel-body 类，如图 13-7 所示。

```
<div class="panel panel-primary">
<div class="panel-heading"></div>
<div class="panel-body"></div>
</div>
```

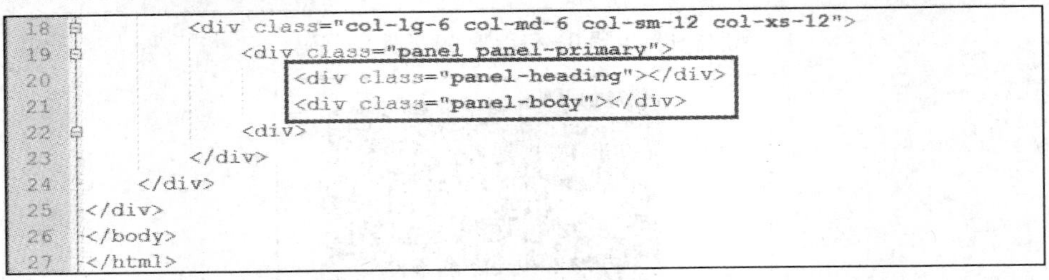

```
18            <div class="col-lg-6 col-md-6 col-sm-12 col-xs-12">
19                <div class="panel panel-primary">
20                    <div class="panel-heading"></div>
21                    <div class="panel-body"></div>
22                <div>
23            </div>
24        </div>
25    </div>
26    </body>
27    </html>
```

图 13-7　添加两个 <div> 标签

步骤03 在 <div class="panel-heading"></div> 中间自定义 <img> 的链接语句，并链接 images 文件夹中的 title.png 图片，在 alt 属性(图片替换文字)中输入“跨平台手机游戏 App 开发轻松学”，且增加 img-responsive 类，让此图片具有响应式效果。添加的代码如图 13-8 所示。

```
<img src="./images/title.png" class="img-responsive" alt="夸平台手机游戏 APP 开发轻松学">
```

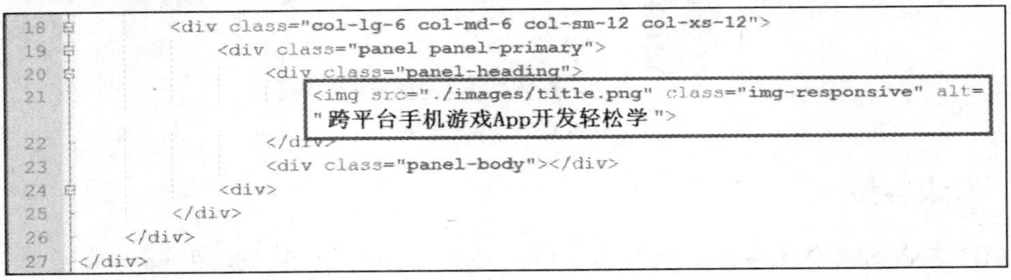

```
18            <div class="col-lg-6 col-md-6 col-sm-12 col-xs-12">
19                <div class="panel panel-primary">
20                    <div class="panel-heading">
21                        <img src="./images/title.png" class="img-responsive" alt=
                          "跨平台手机游戏App开发轻松学">
22                    </div>
23                    <div class="panel-body"></div>
24                <div>
25            </div>
26        </div>
27    </div>
```

图 13-8　添加 <img> 标签链接图片

步骤04 在 <div class="panel-body"></div> 中间打开“文字内容 .docx”文件，使用复制与粘贴方法复制介绍的文字内容（见图 13-9）。

- 范例文件所在的文件夹：范例文件\ch13\文字内容.docx

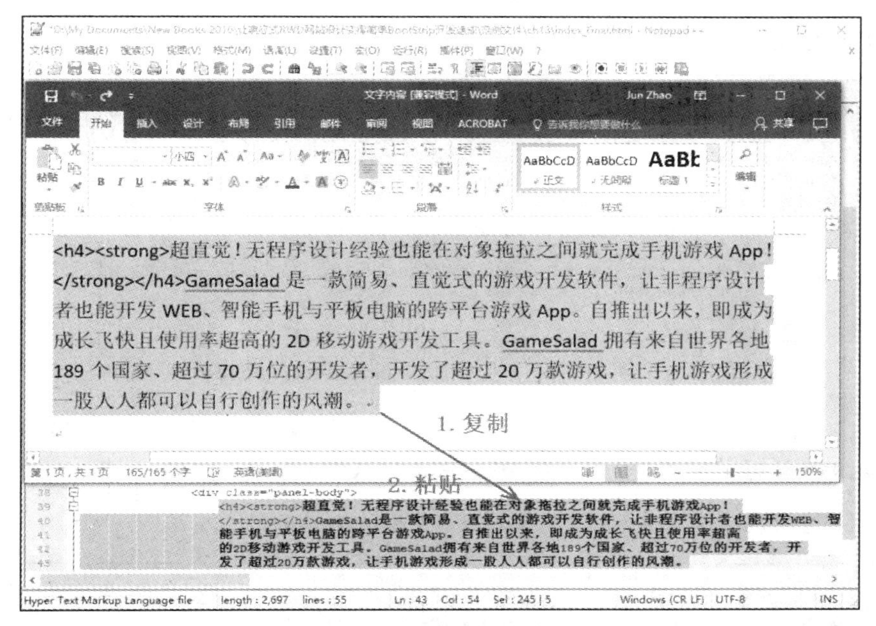

图 13-9　将文字内容 .docx 文件中的内容复制并粘贴到范例程序中

步骤05 在复制和粘贴的文字之后自定义 <div> 标签，并增加 embed-responsive-item 类，其后再增加一个 embed-responsive-16by9 的状态类。

```
<div class="embed-responsive embed-responsive-16by9"></div>
```

步骤06 复制"视频嵌入语句.docx"文件的所有内容，并粘贴到下面的程序代码中间，同时把语句中"宽"与"高"的程序内容删除，如图 13-10 所示。

- 范例文件所在的文件夹：范例文件\ch13\视频嵌入语句.docx

```
<div class="embed-responsive embed-responsive-16by9">
<iframe class="embed-responsive-item"src="https://www.youtube.com/embed/tuqtD21s3T0?list = PLK61Qh4dRe8_qWGnNWY8oZQaZxUU8NkYi"></iframe>
</div>
```

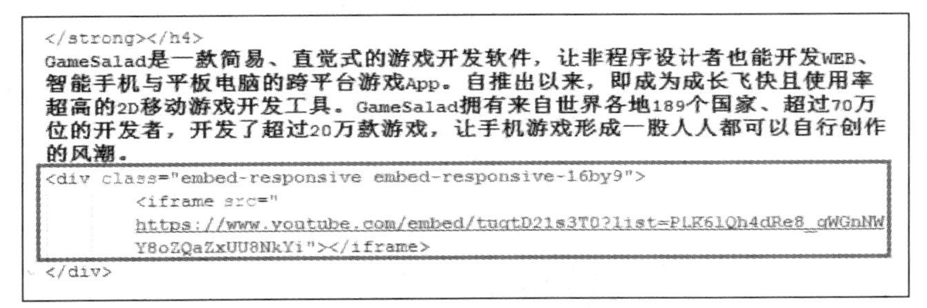

图 13-10　复制"视频嵌入语句.docx"文件的所有内容并删除"宽"与"高"的程序内容

步骤07 在 iframe 标签中加入 embed-responsive-item 类，如图 13-11 所示。

```
</strong></h4>
GameSalad是一款简易、直觉式的游戏开发软件，让非程序设计者也能开发WEB、
智能手机与平板电脑的跨平台游戏App。自推出以来，即成为成长飞快且使用率
超高的2D移动游戏开发工具。GameSalad拥有来自世界各地189个国家、超过70万
位的开发者，开发了超过20万款游戏，让手机游戏形成一股人人都可以自行创作
的风潮。
<div class="embed-responsive embed-responsive-16by9">
        <iframe class="embed-responsive-item" src="
        https://www.youtube.com/embed/tuqtD21s3T0?list=PLK61Qh4dRe8_qWGnNW
        Y8oZQaZxUU8NkYi"></iframe>
</div>
```

图 13-11 在 iframe 标签中加入 embed-responsive-item 类

步骤08 复制“超链接.docx”文件的内容，粘贴到<div class="embed- responsive embed-responsive-16by9"></div> 标签之后，如图 13-12 所示。

- 范例文件所在的文件夹：\范例文件\ch13\超链接.docx

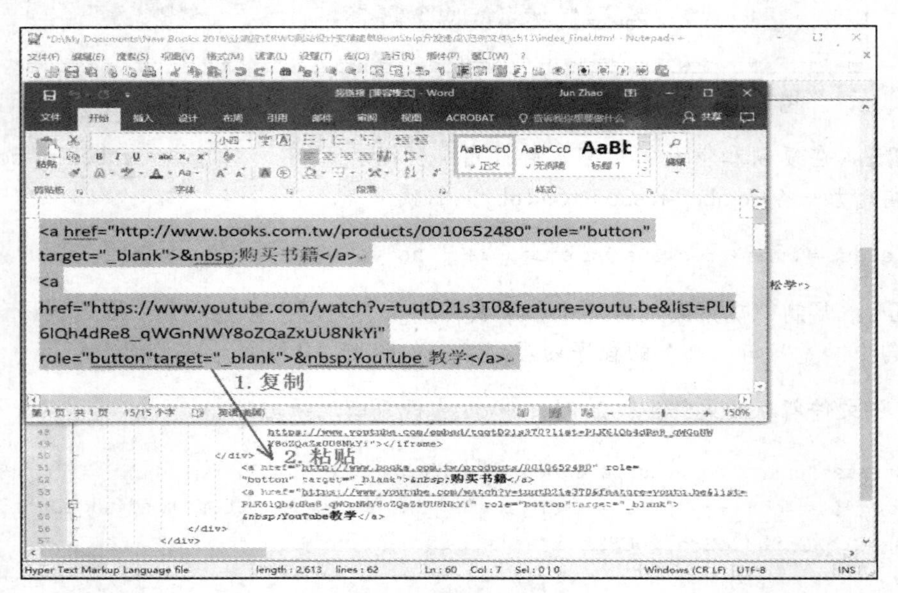

图 13-12 复制超链接到程序中

为了让符号与文字有明显的间隔以便于阅读，在文字之前加入“ ”来增加一个空格符，如图 13-13 所示。

图 13-13 在符号和文字之间加入空格

步骤09 在“购买书籍”的超链接语句中按序加入 btn 类、btn-success 样式类、btn-lg 大

小类、btn-block 扩展类以及 glyphicon-shopping-cart 的符号类。

```
    <a class="btn btn-success btn-lg btn-block glyphicon glyphicon-shopping-cart"
href="http://www.books.com.tw/products/0010652480" role="button" target="_blank">
     购买书籍</a>
```

步骤10 在“YouTube 教学”的超链接语句中按序加入 btn 类、btn-danger 样式类、btn-lg 大小类、btn-block 扩展类以及 glyphicon-film 的符号类。步骤 09 和步骤 10 添加的代码如图 13-14 所示，范例的执行结果如图 13-15 所示。

```
    <a class="btn btn-danger btn-lg btn-block glyphicon glyphicon-film" href="https:
    //www.youtube.com/watch?v=tuqtD21s3T0&feature=youtu.be&list=PLK61Qh4dRe8_
qWGnNWY8oZQaZxUU8NkYi" role="button"target="_blank"> YouTube 教学</a>
```

```
        <div class="embed-responsive embed-responsive-16by9">
                <iframe class="embed-responsive-item" src="
                https://www.youtube.com/embed/tuqtD21s3T0?list=PLK61Qh4dRe8_qWGnNW
                Y8oZQaZxUU8NkYi"></iframe>
        </div>
            <a class="btn btn-success btn-lg btn-block glyphicon
            glyphicon-shopping-cart" href="
            http://www.books.com.tw/products/0010652480" role="button" target
            ="_blank"> 购买书籍</a>
            <a class="btn btn-danger btn-lg btn-block glyphicon
            glyphicon-film" href="
            https://www.youtube.com/watch?v=tuqtD21s3T0&feature=youtu.be&list=
            PLK61Qh4dRe8_qWGnNWY8oZQaZxUU8NkYi" role="button"target="_blank">
             YouTube教学</a>
    </div>
</div>
```

图 13-14 在超链接语句中按序加入 btn 类及其样式类、大小类和扩展类

图 13-15 浏览结果

13.4 CSS 美化与运用

基本布局与内容都制作完毕后，就会使用 CSS 样式来美化整体的内容，使整体在视觉上更便于阅读，而且看上去也更舒适一些。

步骤01 打开“css 语句.docx”文件，并进行“全选”与“复制”两项操作。

- 范例文件所在的文件夹：范例文件\ch13\css 语句.docx

步骤02 将复制的内容粘贴到 <head></head> 标签的范围中，如图 13-16 所示。

```
3   <head>
4   <meta charset="utf-8">
5   <meta name="viewport" content="width=device-width, initial-scale=1">
6   <title>GameSalad游戏教学</title>
7   <link href="bootstrap/css/bootstrap.css" rel="stylesheet">
8   <script src="bootstrap/js/jquery-3.1.0.min.js"></script>
9   <script src="bootstrap/js/bootstrap.js"></script>
10  <style type="text/css">
11          html {
12              height: 100%; //高度
13          }
14          body {
15              background-image: url(images/background.jpg); //背景图像
16              background-repeat: no-repeat; //背景图像不重复。
17              background-position: center top; //设置背景图像的起始位置，居中与靠上
18              background-size: cover;
19              //背景图像的尺寸，把背景图像扩展至整个画面，使背景图像覆盖整个区域
20              background-color:#35a0ca; //背景颜色
21          }
22          .a{
23              margin-top: 2%; //上边界
24          }
25  </style>
26  </head>
```

图 13-16 将“css 语句.docx”文件中的内容复制到<head></head> 标签内

步骤03 加入 CSS 后进行网页的浏览，此时可明显看到网页的背景已应用了一张图片，如图 13-17 所示。

图 13-17 网页浏览结果

步骤04 此时的画面中，所有的内容都呈现靠上对齐（无间距）的状态，而这样的画面并非是最佳的阅读效果，因此必须通过 CSS 来产生一些间距，以便于阅读。

步骤05 在 <div class="row"> 标签中加入刚才粘贴的 CSS 语句中的“a”类，使整体内容离上方有 2% 的距离。程序截图如图 13-18 所示。

```
<div class="row a">
```

```
<body>
<div class="container-fluid">
    <div class="row a">
        <div class="col-lg-6 col-md-6 col-sm-12 col-xs-12">
            <img src="./images/logo.png" class="img-responsive" alt=
            "跨平台手机游戏App开发轻松学">
```

图 13-18　在 <div class="row"> 标签中加入 CSS 语句中的“a”类

步骤06 范例操作完毕。此时可使用第 16.3 节将要介绍到的 RWD 查看方式进行效果的检验。如同之前的设置，版式切换的宽度值为 768px。

完整范例的执行结果如图 13-19 所示。

- 完整的范例：范例文件\ch13\index_Final.html

图 13-19　完整范例的浏览结果

第 14 章　网站实践——产品推广网页

学习重点：

- 网页布局
- CSS：按钮、图片、窗体
- 组件：按钮

14.1　套入链接

步骤01 利用自己擅长的网页开发工具打开 index_Exercise.html 网页范例来进行练习。

- 练习文件所在的文件夹：范例文件\ch14\index_Exercise.html

步骤02 在 <head></head> 标签之间加入 viewport 标签，语句如下：

```
<meta name="viewport" content="width=device-width, initial-scale=1">
```

步骤03 在 <head></head> 标签之间加入 Bootstrap 的相关链接路径，语句如下：

```
<link href=" css/bootstrap.css" rel="stylesheet">
<script src=" js/bootstrap.js"></script>
```

步骤04 在 <head> </head> 标签之间加入 jQuery 的相关链接路径，语句如下：

```
<script src=" js/jquery-1.11.2.min.js"></script>
```

步骤05 在 <title> </title> 标签中，输入“LINE 贴图 - 叶弟弟”，在程序中的位置如图 14-1 所示。

```
<title> LINE贴图-叶弟弟</title>
```

```
1  <!doctype html>
2  <html>
3  <head>
4  <meta charset="utf-8">
5  <title>Line贴图-叶弟弟 </title>
6  <meta name="viewport" content="width=device-width, initial-scale=1">
7  <link href="css/bootstrap.css" rel="stylesheet">
8  <script src="js/jquery-1.11.2.min.js"></script>
9  <script src="js/bootstrap.js"></script>
10 </head>
```

图 14-1 在 <title> </title> 标签中输入“LINE 贴图 - 叶弟弟”

14.2 网格布局

在制作网页之前要先考虑网页内容在各种设备上（台式机、平板电脑、智能手机）的显示位置，然后进行网页布局的规划。本范例以平板电脑 768px 的尺寸作为断点，进行两种网页的布局，结果如图 14-2 所示。

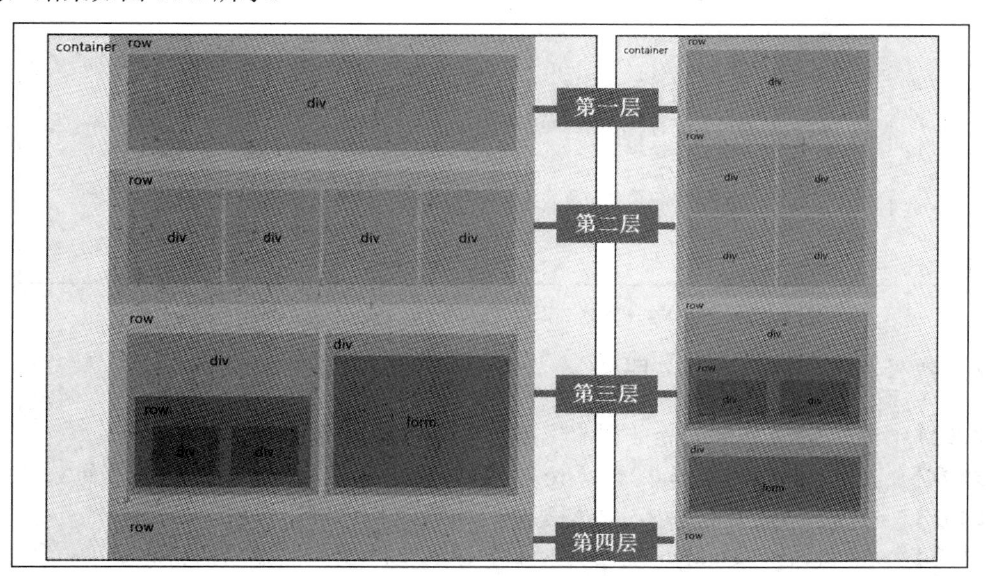

图 14-2 布局结构——横板与竖版的样式

14.2.1 建立分层说明文字

在建立一个比较复杂的网站时，为了能明确了解与编辑各个区块的工作内容，通常会先使用注释标签的方式来建立相关文字以进行区分。在 <body></body> 标签内建立的文字内容如下：

```
<!--最外层开始-->
<!--第一层-广告开始-->
<!--第一层-广告结束-->
<!--第二层-设计流程开始-->
<!--第二层-设计流程结束-->
<!--第三层-信息传递开始-->
<!--第三层-左边容器开始-->
<!--第三层-左边容器结束-->
<!--第三层-右边容器开始-->
<!--第三层-右边容器结束-->
<!--第三层-信息传递结束-->
<!--第四层-链接内容开始-->
<!--第四层-链接内容结束-->
<!--最外层结束-->
```

在程序中的内容如图 14-3 所示。

```
12  <body>
13    <!--最外层开始-->
14    <!--第一层-广告开始-->
15    <!--第一层-广告结束-->
16    <!--第二层-设计流程开始-->
17    <!--第二层-设计流程结束-->
18    <!--第三层-信息传递开始-->
19        <!--第三层-左边容器开始-->
20        <!--第三层-左边容器结束-->
21        <!--第三层-右边容器开始-->
22        <!--第三层-右边容器结束-->
23    <!--第三层-信息传递结束-->
24    <!--第四层-链接内容开始-->
25    <!--第四层-链接内容结束-->
26    <!--最外层结束-->
27  <body>
28  </html>
```

图 14-3　在建立一个复杂网站之前先建立具有层次的说明文字

14.2.2　最外层与第一层的布局

步骤01 最外层以 container（固定宽度）类的容器进行布局。

步骤02 在 container 容器中添加 row（行）类来建立第一层的网格线布局。

步骤03 在 row 类中使用 col-*-* 类进行内容的网格线布局。

步骤04 在 <body></body> 标签之间根据说明文字的间隔建立的语句如下:

```
<div class="container">
<div class="row">
<div class="col-lg-12 col-md-12 col-sm-12 col-xs-12"></div>
</div>
```

```
</div>
```

在程序中的内容如图 14-4 所示。

```
12 <body>
13 <!--最外层开始-->
14 <div class="container">
15 <!--第一层-广告开始-->
16 <div class="row">
17     <div class="col-lg-12 col-md-12 col-sm-12 col-xs-12"></div>
18 </div>
19 <!--第一层-广告结束-->
20 <!--第二层-设计流程开始-->
21 <!--第二层-设计流程结束-->
22 <!--第三层-信息传递开始-->
23     <!--第三层-左边容器开始-->
24     <!--第三层-左边容器结束-->
25     <!--第三层-右边容器开始-->
26     <!--第三层-右边容器结束-->
27 <!--第三层-信息传递结束-->
28 <!--第四层-链接内容开始-->
29 <!--第四层-链接内容结束-->
30 </div>
31 <!--最外层结束-->
32 <body>
33 </html>
```

图 14-4 最外层与第一层的布局

14.2.3 第二层的布局

第二层内容用于显示 Line 贴图的设计步骤。

步骤01 添加 row（行）类来建立第二层的网格线布局，如图 14-5 所示。

```
<div class="row"></div>
```

```
12 <body>
13 <!--最外层开始-->
14 <div class="container">
15 <!--第一层-广告开始-->
16 <div class="row">
17     <div class="col-lg-12 col-md-12 col-sm-12 col-xs-12"></div>
18 </div>
19 <!--第一层-广告结束-->
20 <!--第二层-设计流程开始-->
21 <div class="row"></div>
22 <!--第二层-设计流程结束-->
23 <!--第三层-信息传递开始-->
```

图 14-5 第二层的布局

步骤02 使用 col-*-* 类进行 4 张图片内容的网格线布局，同时需考虑到各种设备的显示结果，因此在这个类中按序为大屏幕（lg）、屏幕（md）、平板电脑（sm）、智能手机（xs）进行数值上的调整。

步骤03 在 <div class="row"></div> 标签中建立的语句如下（参考图 14-6）：

```
<div class="col-lg-3 col-md-3 col-sm-6 col-xs-6"></div>
<div class="col-lg-3 col-md-3 col-sm-6 col-xs-6"></div>
```

```
<div class="col-lg-3 col-md-3 col-sm-6 col-xs-6"></div>
<div class="col-lg-3 col-md-3 col-sm-6 col-xs-6"></div>
```

```
15  <!--第一层-广告开始-->
16  <div class="row">
17      <div class="col-lg-12 col-md-12 col-sm-12 col-xs-12"></div>
18  </div>
19  <!--第一层-广告结束-->
20  <!--第二层-设计流程开始-->
21  <div class="row">
22      <div class="col-lg-3 col-md-3 col-sm-6 col-xs-6"></div>
23      <div class="col-lg-3 col-md-3 col-sm-6 col-xs-6"></div>
24      <div class="col-lg-3 col-md-3 col-sm-6 col-xs-6"></div>
25      <div class="col-lg-3 col-md-3 col-sm-6 col-xs-6"></div>
26  </div>
27  <!--第二层-设计流程结束-->
28  <!--第三层-信息传递开始-->
```

图 14-6　使用 col-*-* 类进行 4 张图片内容的网格线布局

14.2.4　第三层左边的布局

第三层左边是开课信息以及贴图与下载等内容，同时贴图的部分会根据浏览器的大小进行切换。此部分的布局规划如下：

步骤01 添加 row（行）类来建立第三层的网格线布局。

步骤02 在 row 类中建立一个 div 区块标签，用于显示开课信息的相关内容。另外，增加 col-*-* 类，以进行不同设备上的版式切换。加入下面的语句后程序如图 14-7 所示。

```
<div class="row">
<div class="col-lg-6 col-md-6 col-sm-6 col-xs-12"></div>
</div>
```

```
28  <!--第三层-信息传递开始-->
29  <div class="row">
30      <!--第三层-左边容器开始-->
31      <div class="col-lg-6 col-md-6 col-sm-6 col-xs-12"></div>
32      <!--第三层-左边容器结束-->
33      <!--第三层-右边容器开始-->
34      <!--第三层-右边容器结束-->
35  </div>
36  <!--第三层-信息传递结束-->
```

图 14-7　第三层左边的布局

步骤03 在 col-*-* 类之间再添加两个 col-*-* 类，用于摆放贴图图片与贴图名称，在程序中的位置如图 14-8 所示。

```
<div class="col-lg-6 col-sm-6 col-sm-6 col-xs-6"></div>
<div class="col-lg-6 col-sm-6 col-sm-6 col-xs-6"></div>
```

```
28   <!--第三层-信息传递开始-->
29   <div class="row">
30       <!--第三层-左边容器开始-->
31       <div class="col-lg-6 col-md-6 col-sm-6 col-xs-12">
32           <div class="col-lg-6 col-sm-6 col-sm-6 col-xs-6"></div>
33           <div class="col-lg-6 col-sm-6 col-sm-6 col-xs-6"></div>
34       </div>
35       <!--第三层-左边容器结束-->
36       <!--第三层-右边容器开始-->
37       <!--第三层-右边容器结束-->
38   </div>
39   <!--第三层-信息传递结束-->
```

图 14-8　添加两个 col-*-* 类用于摆放贴图图片及其名称

14.2.5　第三层右边的布局

第三层右边用于显示报名注册窗体内容，此部分的布局规划如下：

步骤01 在第三层的 row 类下建立一个 <div> 标签，用于显示报名内容。另外，增加 col-*-* 类，以进行不同设备上的版式切换，如图 14-9 所示。

```
<div class="col-lg-6 col-md-6 col-sm-6 col-xs-12"></div>
```

```
28   <!--第三层-信息传递开始-->
29   <div class="row">
30       <!--第三层-左边容器开始-->
31       <div class="col-lg-6 col-md-6 col-sm-6 col-xs-12">
32           <div class="col-lg-6 col-sm-6 col-sm-6 col-xs-6"></div>
33           <div class="col-lg-6 col-sm-6 col-sm-6 col-xs-6"></div>
34       </div>
35       <!--第三层-左边容器结束-->
36       <!--第三层-右边容器开始-->
37       <div class="col-lg-6 col-md-6 col-sm-6 col-xs-12"></div>
38       <!--第三层-右边容器结束-->
39   </div>
40   <!--第三层-信息传递结束-->
```

图 14-9　第三层右边的布局

步骤02 根据结果显示在窗体部分还有一个灰色的底图作为衬托，因此这边必须增加一个 col-*-* 类，除了进行不同设备上的版式切换外，后续还会搭配 CSS 效果。添加的程序语句在程序中的位置如图 14-10 所示。

```
<div class="col-lg-12 col-md-12 col-sm-12 col-xs-12"></div>
```

```
28   <!--第三层-信息传递开始-->
29   <div class="row">
30       <!--第三层-左边容器开始-->
31       <div class="col-lg-6 col-md-6 col-sm-6 col-xs-12">
32           <div class="col-lg-6 col-sm-6 col-sm-6 col-xs-6"></div>
33           <div class="col-lg-6 col-sm-6 col-sm-6 col-xs-6"></div>
34       </div>
35       <!--第三层-左边容器结束-->
36       <!--第三层-右边容器开始-->
37       <div class="col-lg-6 col-md-6 col-sm-6 col-xs-12">
38           <div class="col-lg-12 col-md-12 col-sm-12 col-xs-12"></div>
39       </div>
40       <!--第三层-右边容器结束-->
41   </div>
42   <!--第三层-信息传递结束-->
```

图 14-10　在窗体部分增加灰色的底色作为衬托

14.2.6 第四层的布局

第四层（见图 14-11）主要是显示页脚，图片的切分在页面设计时会进行介绍。

步骤01 添加 row（行）类来建立第四层的网格线布局。

步骤02 在 row 类中使用 col-*-* 类进行内容的网格线布局。

```
<div class="row">
<div class="col-lg-12 col-md-12 col-sm-12 col-xs-12 "></div>
</div>
```

```
43  <!--第四层-链接内容开始-->
44  <div class="row">
45      <div class="col-lg-12 col-md-12 col-sm-12 col-xs-12 "></div>
46  </div>
47
48  <!--第四层-链接内容结束-->
49  </div>
50  <!--最外层结束-->
51  <body>
52  </html>
```

图 14-11 第四层的布局

14.3 页面设计

14.3.1 第一层设计

在第一层中自定义 <img> 的链接语句，并链接 images 文件夹中的 banner.jpg 图片。在 alt 属性（图片替换文字）中输入“叶弟弟 LINE 贴图”，同时也加入 img-responsive 类，让此图片具有响应式效果。添加的程序语句在程序中的位置如图 14-12 所示。

```
<img src="images/banner.jpg" class="img-responsive" alt="叶弟弟 LINE贴图">
```

```
12  <body>
13  <!--最外层开始-->
14  <div class="container">
15  <!--第一层-广告开始-->
16  <div class="row">
17      <div class="col-lg-12 col-md-12 col-sm-12 col-xs-12">
18          <img src="images/banner.jpg" class="img-responsive" alt="叶弟弟LINE 贴图">
19      </div>
20  </div>
21  <!--第一层-广告结束-->
```

图 14-12 第一层设计

14.3.2 第二层设计

在第二层中共有 4 个 <div> 标签，从上而下按序添加 <img> 的链接语句，并链接 images 文件夹中的步骤图片，而且填写 alt 属性（图片替代文字），同时加入 img-responsive 类，让此图片具有响应式效果。添加程序语句后的程序如图 14-13 所示。

```
<img src="images/img_step1.jpg" alt="叶弟弟 LINE 贴图-步骤 1" class="img-responsive">
```

```
<img src="images/img_step2.jpg" alt="叶弟弟 LINE 贴图-步骤 2" class="img-responsive">
<img src="images/img_step3.jpg" alt="叶弟弟 LINE 贴图-步骤 3" class="img-responsive">
<img src="images/img_step4.jpg" alt="叶弟弟 LINE 贴图-步骤 4" class="img-responsive">
```

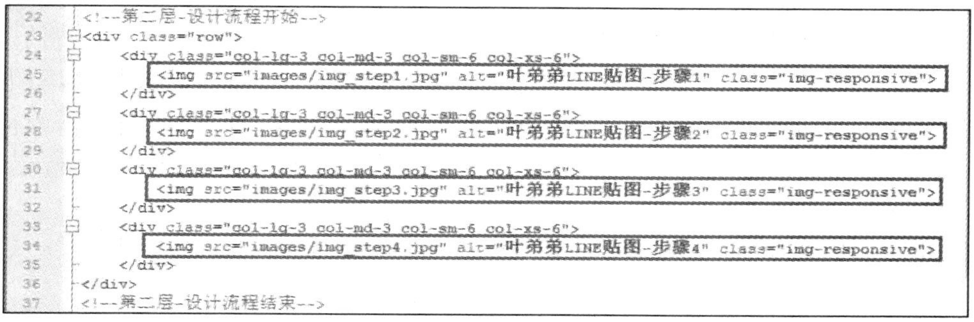

```
22  <!--第二层-设计流程开始-->
23  <div class="row">
24      <div class="col-lg-3 col-md-3 col-sm-6 col-xs-6">
25          <img src="images/img_step1.jpg" alt="叶弟弟LINE贴图-步骤1" class="img-responsive">
26      </div>
27      <div class="col-lg-3 col-md-3 col-sm-6 col-xs-6">
28          <img src="images/img_step2.jpg" alt="叶弟弟LINE贴图-步骤2" class="img-responsive">
29      </div>
30      <div class="col-lg-3 col-md-3 col-sm-6 col-xs-6">
31          <img src="images/img_step3.jpg" alt="叶弟弟LINE贴图-步骤3" class="img-responsive">
32      </div>
33      <div class="col-lg-3 col-md-3 col-sm-6 col-xs-6">
34          <img src="images/img_step4.jpg" alt="叶弟弟LINE贴图-步骤4" class="img-responsive">
35      </div>
36  </div>
37  <!--第二层-设计流程结束-->
```

图 14-13　第二层设计

14.3.3　第三层左边的设计

步骤01 在容器中利用段落 <p> 标签填入开课的相关信息，内容如下（加入到程序中的效果如图 14-14 所示）：

```
<p>开课日期：2016/01/01</p>
<p>上课时间：09：00~17：00</p>
<p>报名截止：2015/12/25</p>
<p>就业方向：美编设计、平面设计</p>
```

```
38  <!--第三层-信息传递开始-->
39  <div class="row">
40      <!--第三层-左边容器开始-->
41      <div class="col-lg-6 col-md-6 col-sm-6 col-xs-12">
42          <p>开课日期：2016/01/01</p>
43          <p>上课时间：09：00~17：00</p>
44          <p>报名截止：2015/12/25</p>
45          <p>就业方向：美编设计、平面设计</p>
46          <div class="col-lg-6 col-sm-6 col-sm-6 col-xs-6"></div>
47          <div class="col-lg-6 col-sm-6 col-sm-6 col-xs-6"></div>
48      </div>
49      <!--第三层-左边容器结束-->
50      <!--第三层-右边容器开始-->
51      <div class="col-lg-6 col-md-6 col-sm-6 col-xs-12">
52          <div class="col-lg-12 col-md-12 col-sm-12 col-xs-12"></div>
53      </div>
54      <!--第三层-右边容器结束-->
55  </div>
56  <!--第三层-信息传递结束-->
```

图 14-14　在容器中利用段落 <p> 标签填入开课的相关信息

步骤02 在第三层容器中的第一个容器里自定义 <img> 的链接语句，并链接 images 文件夹中的 love.png 图片，且在 alt 属性（图片替换文字）中输入“Line 贴图 - 叶弟弟”，同时还加入 img-responsive 类，让此图片具有响应式效果。添加下面的语句后程序如图 14-15 所示。

```
<img src="images/love.png " alt=" Line贴图-叶弟弟" class="img-responsive">
```

```
38  <!--第三层-信息传递开始-->
39  <div class="row">
40      <!--第三层-左边容器开始-->
41      <div class="col-lg-6 col-md-6 col-sm-6 col-xs-12">
42          <p>开课日期：2016/01/01</p>
43          <p>上课时间：09：00~17：00</p>
44          <p>报名截止：2015/12/25</p>
45          <p>就业方向：美编设计、平面设计</p>
46          <div class="col-lg-6 col-sm-6 col-sm-6 col-xs-6">
47            <img src="images/love.png" alt=" Line 贴图-叶弟弟" class="img-responsive">
48          </div>
49          <div class="col-lg-6 col-sm-6 col-sm-6 col-xs-6"></div>
50      </div>
51      <!--第三层-左边容器结束-->
```

图 14-15　在第三层容器中的第一个容器添加链接语句图片

步骤03 在第三层容器的第二个容器中利用 <h3> 段落标题标签与 <strong> 文字样式添加“贴图名称：叶弟弟”。内容如下：

```
<h3><strong> 贴图名称：叶弟弟</strong></h3>
```

步骤04 添加一个 Button 按钮，并增加 btn-success 与 btn-lg 类，按钮文字为“贴图下载”。

```
<button type="button" class="btn btn-success btn-lg">贴图下载</button>
```

步骤05 为此按钮添加一个超链接 <a> 标签，单击鼠标之后可前往指定的网站。

- 链接网址：http://line.me/R/shop/detail/1216480
- 打开样式：_blank

```
<h3><strong>贴图名称：叶弟弟</strong></h3>
<a href="http://line.me/R/shop/detail/1216480" target="_blank">
<button type="button" class="btn btn-success btn-lg">贴图下载</button>
</a>
```

加入上述程序语句后，程序如图 14-16 所示。

```
40      <!--第三层-左边容器开始-->
41      <div class="col-lg-6 col-md-6 col-sm-6 col-xs-12">
42          <p>开课日期：2016/01/01</p>
43          <p>上课时间：09：00~17：00</p>
44          <p>报名截止：2015/12/25</p>
45          <p>就业方向：美编设计、平面设计</p>
46          <div class="col-lg-6 col-sm-6 col-sm-6 col-xs-6">
47              <img src="images/love.png" alt=" Line 贴图-叶弟弟" class="img-responsive">
48          </div>
49          <div class="col-lg-6 col-sm-6 col-sm-6 col-xs-6">
50            <h3><strong>贴图名称：叶弟弟</strong></h3>
51            <a href="http://line.me/R/shop/detail/1216480" target="_blank">
52                <button type="button" class="btn btn-success btn-lg">贴图下载</button>
53            </a>
54          </div>
55      </div>
56      <!--第三层-左边容器结束-->
```

图 14-16　为按钮添加一个超链接 <a> 标签

14.3.4 第三层右边的设计

步骤01 事先将 Bootstrap 窗体的语句根据本范例的需求编写程序。

步骤02 复制“窗体.docx”文件中的所有内容，粘贴到第三层的右边容器中。

- 范例文件所在的文件夹：范例文件\ch14\窗体.docx

步骤03 在“提交”的按钮部分添加 btn-danger、btn-lg、btn-block 三种类，如图 14-17 所示。

```
<form role="form">
<div class="form-group">
<label for="exampleInputName">姓名</label>
<input type="姓名" class="form-control" id="exampleInputName" placeholder= "输入姓名">
</div>
<div class="form-group">
<label for="exampleInputPassword1">联络电话</label>
<input type="电话" class="form-control" id="exampleInputPhone" placeholder= "输入电话">
</div>
<div class="form-group">
<label for="exampleInputEmail">联络信箱</label>
<input type="email" class="form-control" id="exampleInputEmail1" placeholder= "输入电子
邮件">
</div>
<button type="submit" class="btn btn-danger btn-lg btn-block">提交</button>

</form>
```

```
57  <!--第三层-右边容器开始-->
58  <div class="col-lg-6 col-md-6 col-sm-6 col-xs-12">
59      <div class="col-lg-12 col-md-12 col-sm-12 col-xs-12">
60      <form role="form">
61          <div class="form-group">
62              <label for="exampleInputName">姓名</label>
63              <input type="姓名" class="form-control" id="exampleInputName" placeholder= "输入姓名">
64          </div>
65          <div class="form-group">
66              <label for="exampleInputPassword1">联络电话</label>
67              <input type="电话" class="form-control" id="exampleInputPhone" placeholder= "输入电话">
68          </div>
69          <div class="form-group">
70              <label for="exampleInputEmail">联络信箱</label>
71              <input type="email" class="form-control" id="exampleInputEmail1" placeholder= "输入电子邮件">
72          </div>
73          <button type="submit" class="btn btn-danger btn-lg btn-block">提交</button>
74      </form>
75      </div>
76  </div>
77  <!--第三层-右边容器结束-->
```

图 14-17 第三层右边的设计

14.3.5 第四层设计

在第四层中自定义 <img> 的链接语句，并链接 images 文件夹中的 banner.jpg 图片，且在 alt 属性（图片替换文字）中输入“123LearnGo”，同时也加入 img-responsive 类，如图

14-18 所示，让此图片具有响应式效果。程序的浏览结果如图 14-19 所示。

```
<img src="images/footer.png" alt="123LearnGo" class="img-responsive">
```

```
80    <!--第四层-链接内容开始-->
81    <div class="row">
82        <div class="col-lg-12 col-md-12 col-sm-12 col-xs-12 ">
83            <img src="images/footer.png" alt="123LearnGo" class="img-responsive">
84        </div>
85    </div>
86    <!--第四层-链接内容结束-->
```

图 14-18　第四层设计

图 14-19　浏览结果

14.4　运用 CSS

一般而言，网页的 CSS 样式都独立出一份文件，并不会直接在主体的网页中写入 CSS 的内容，除了借此让主体的网页更简洁利落之外，当有多个网页应用同一份 CSS 时，在多个网页修改与维护时就相对便利了。

因此，此范例部分已事先建立好一份 CSS 文件，下面就让我们在建立 CSS 文件的链接后开始为每个 <div> 标签指定样式。

14.4.1　第一层

步骤01 在 <head></head> 之间添加一段程序语句，以链接 CSS 文件夹中的“style.css”文件。添加下面的程序语句之后，程序如图 14-20 所示。

```
<link href="css/style.css" rel="stylesheet">
```

```
3   <head>
4   <meta charset="utf-8">
5   <title>LINE贴图-叶弟弟</title>
6   <meta name="viewport" content="width=device-width, initial-scale=1">
7   <link href="bootstrap/css/bootstrap.css" rel="stylesheet">
8   <script src="bootstrap/js/jquery-3.1.0.min.js"></script>
9   <script src="bootstrap/js/bootstrap.js"></script>
10  <link href="css/style.css" rel="stylesheet">
11  </head>
```

图 14-20　添加链接 CSS 文件的程序语句

步骤02 在第一层的 <div class="col-lg-12 col-md-12 col-sm-12 col-xs-12"> 标签中加入名称为“imgBanner”的类，如图 14-21 所示。

```
16  <!--第一层-广告开始-->
17  <div class="row">
18      <div class="col-lg-12 col-md-12 col-sm-12 col-xs-12 imgBanner">
19          <img src="images/banner.jpg" class="img-responsive" alt="叶弟弟LINE贴图">
20      </div>
21  </div>
22  <!--第一层-广告结束-->
```

图 14-21　加入名称为“imgBanner”的类

14.4.2 第二层

第二层中共有 4 个类容器，从上而下按序在 class 类中加入 imgStep1~imgStep4，使 4 张图片可以各自运用自己的 CSS 类。修改后的程序如图 14-22 所示，执行结果如图 14-23 所示。

```
<div class="col-lg-3 col-md-3 col-sm-6 col-xs-6 imgStep1">
<img src="images/img_step1.jpg" alt="叶弟弟 LINE 贴图-步骤 1" class="img-responsive" >
</div>
<div class="col-lg-3 col-md-3 col-sm-6 col-xs-6 imgStep2">
<img src="images/img_step2.jpg" alt="叶弟弟 LINE 贴图-步骤 2" class="img-responsive" >
</div>
<div class="col-lg-3 col-md-3 col-sm-6 col-xs-6 imgStep3">
<img src="images/img_step3.jpg" alt="叶弟弟 LINE 贴图-步骤 3" class="img-responsive" >
</div>
<div class="col-lg-3 col-md-3 col-sm-6 col-xs-6 imgStep4">
<img src="images/img_step4.jpg" alt="叶弟弟 LINE 贴图-步骤 4" class="img-responsive" >
</div>
```

```
23  <!--第二层-设计流程开始-->
24  <div class="row">
25      <div class="col-lg-3 col-md-3 col-sm-6 col-xs-6 imgStep1">
26          <img src="images/img_step1.jpg" alt="叶弟弟LINE贴图-步骤1" class="img-responsive">
27      </div>
28      <div class="col-lg-3 col-md-3 col-sm-6 col-xs-6 imgStep2">
29          <img src="images/img_step2.jpg" alt="叶弟弟LINE贴图-步骤2" class="img-responsive">
30      </div>
31      <div class="col-lg-3 col-md-3 col-sm-6 col-xs-6 imgStep3">
32          <img src="images/img_step3.jpg" alt="叶弟弟LINE贴图-步骤3" class="img-responsive">
33      </div>
34      <div class="col-lg-3 col-md-3 col-sm-6 col-xs-6 imgStep4">
35          <img src="images/img_step4.jpg" alt="叶弟弟LINE贴图-步骤4" class="img-responsive">
36      </div>
37  </div>
38  <!--第二层-设计流程结束-->
```

图 14-22　从上而下按序在 class 类中加入 imgStep1~imgStep4

图 14-23　浏览结果

14.4.3　第三层左边

步骤01 在 <div　class="row"> 中加入名称为“conDiv”的类。

```
<div class="row conDiv">
```

步骤02 在第一个容器的 class 类中加入名称为“text”的类。

```
<div class="col-lg-6 col-md-6 col-sm-6 col-xs-12 text">
<p>开课日期：2016/01/01</p>
<p>上课时间：09：00~17：00</p>
<p>报名截止：2015/12/25</p>
<p>就业方向：美编设计、平面设计</p>
```

步骤03 在包含 LINE 贴图图片的容器中加入名称为“imgLine”的类。

```
<div class="col-lg-6 col-sm-6 col-sm-6 col-xs-6 imgLine">
<img src="images/love.png" alt="Line贴图-叶弟弟"/>
</div>
```

步骤04 同样的，在包含 LINE 贴图下载按钮的容器中加入名称为“imgLineText”的类。修改后的程序如图 14-24 所示，浏览结果如图 14-25 所示。

```
<div class="col-lg-6 col-sm-6 col-sm-6 col-xs-6 imgLineText">
<h3><strong>贴图名称：叶弟弟</strong></h3>
<a href="http://line.me/R/shop/detail/1216480" target="_blank">
<button type="button" class="btn btn-success btn-lg">贴图下载</button>
</a>
</div>
```

```
39  <!--第三层-信息传递开始-->
40  <div class="row conDiv">
41      <!--第三层-左边容器开始-->
42      <div class="col-lg-6 col-md-6 col-sm-6 col-xs-12 text">
43          <p>开课日期：2016/01/01</p>
44          <p>上课时间：09：00~17：00</p>
45          <p>报名截止：2015/12/25</p>
46          <p>就业方向：美编设计、平面设计</p>
47          <div class="col-lg-6 col-sm-6 col-sm-6 col-xs-6 imgLine">
48              <img src="images/love.png" alt=" Line 贴图-叶弟弟" class="img-responsive">
49          </div>
50          <div class="col-lg-6 col-sm-6 col-sm-6 col-xs-6 imgLineText">
51              <h3><strong>贴图名称：叶弟弟</strong></h3>
52              <a href="http://line.me/R/shop/detail/1216480" target="_blank">
53                  <button type="button" class="btn btn-success btn-lg">贴图下载</button>
54              </a>
55          </div>
56      </div>
57      <!--第三层-左边容器结束-->
```

图 14-24　为第三层左边的容器增加各个类

图 14-25　浏览结果

14.4.4　第三层右边

步骤01 在第一个容器的 class 类中加入名称为“text”的类。

步骤02 在包含窗体的容器中加入名称为“formBorder”的类。修改后的程序如图 14-26

所示，浏览结果如图 14-27 所示。

```
<div class="col-lg-6 col-md-6 col-sm-6 col-xs-12 text">
<div class="col-lg-12 col-md-12 col-sm-12 col-xs-12 formBorder">
<form role="form ">
<div class="form-group">
<label for="exampleInputName">姓名</label>
<input type="姓名" class="form-control" id="exampleInputName"

placeholder="输入姓名">
</div>
.....
<div>
```

```
58  <!---第三层-右边容器开始--->
59  <div class="col-lg-6 col-md-6 col-sm-6 col-xs-12 text">
60      <div class="col-lg-12 col-md-12 col-sm-12 col-xs-12 formBorder">
61      <form role="form">
62          <div class="form-group">
63              <label for="exampleInputName">姓名</label>
64              <input type="姓名" class="form-control" id="exampleInputName" placeholder= "输入姓名">
65          </div>
66          <div class="form-group">
67              <label for="exampleInputPassword1">联络电话</label>
68              <input type="电话" class="form-control" id="exampleInputPhone" placeholder= "输入电话">
69          </div>
70          <div class="form-group">
71              <label for="exampleInputEmail">联络信箱</label>
72              <input type="email" class="form-control" id="exampleInputEmail1" placeholder= "输入电子邮件">
73          </div>
74          <button type="submit" class="btn btn-danger btn-lg btn-block">提交</button>
75      </form>
76      </div>
77  </div>
78  <!—第三层-右边容器结束--->
```

图 14-26　为第三层右边的容器增加各个类

图 14-27　浏览结果

14.4.5　第四层

步骤01 在 <div class="col-lg-12 col-md-12 col-sm-12 col-xs-12">中加入名称为“imgFooter”的类。加入这个类后的程序如图 14-28 所示。

```
<div class="col-lg-12 col-md-12 col-sm-12 col-xs-12 imgFooter">
```

```
81  <!--第四层-链接内容开始-->
82  <div class="row">
83      <div class="col-lg-12 col-md-12 col-sm-12 col-xs-12 imgFooter">
84          <img src="images/footer.png" alt="123LearnGo" class="img-responsive">
85      </div>
86  </div>
87  <!--第四层-链接内容结束-->
88  </div>
89  <!--最外层结束-->
```

图 14-28　在 <div class="col-lg-12 col-md-12 col-sm-12 col-xs-12">中加入名称为“imgFooter”的类

步骤02 范例操作完毕。此时可使用第 16.3 节将要介绍的 RWD 查看方式进行效果检验。如同之前所设置的一样，版式切换的宽度值为 768px。范例的浏览结果如图 14-29 所示。

- 完整范例：范例文件\ch14\index_Final.html

图 14-29　浏览结果

第 15 章　网站实践——网站首页制作

学习重点：

- 网页布局
- CSS：图片
- 组件：导航栏
- JavaScript：轮播效果、折叠效果
- 新增 Media Queries

15.1　套入链接

步骤01 使用自己擅长的网页开发工具，打开 index_Exercise.html 网页范例来进行练习。

- 练习文件所在的文件夹：范例文件\ch15\index_Exercise.html

步骤02 在 <head></head> 标签之间加入 viewport 标签，语句如下：

```
<meta name="viewport" content="width=device-width, initial-scale=1">
```

步骤03 在 <head> </head> 标签之间加入 Bootstrap 的相关链接路径，语句如下：

```
<link href="css/bootstrap.css" rel="stylesheet">
<script src=" js/bootstrap.js"></script>
```

步骤04 在 <head> </head> 标签之间加入 jQuery 的相关链接路径，语句如下：

```
<script src=" js/jquery-1.11.2.min.js"></script>
```

步骤05 在 <head> </head> 标签之间加入 style.css 样式的相关链接路径，语句如下：

```
<link href="css/style.css" rel="stylesheet">
```

当使用 Bootstrap 的各种内容后，再应用 style CSS 样式表的内容，以修改网页显示的效果。

在 <title> </title> 标签中输入“123LearnGo”，之后的程序如图 15-1 所示。

```
<title> 123LearnGo </title>
```

```
1  <!doctype html>
2  <html>
3  <head>
4  <meta charset="utf-8">
5  <title>123LearnGo</title>
6  <meta name="viewport" content="width=device-width, initial-scale=1">
7  <link href="css/bootstrap.css" rel="stylesheet">
8  <link href="css/style_Final.css" rel="stylesheet">
9  <script src="js/jquery-3.1.0.min.js"></script>
10 <script src="js/bootstrap.js"></script>
11 </head>
```

图 15-1　程序开始的一段代码

15.2　网格布局

在制作网页时，先要考虑网页内容在各种设备（台式机、平板电脑、智能手机）上的显示位置，然后开始进行网页布局的规划。本范例根据 nav（导航栏）切换的断点 640px 尺寸进行两种网页的布局，结果如图 15-2 所示。

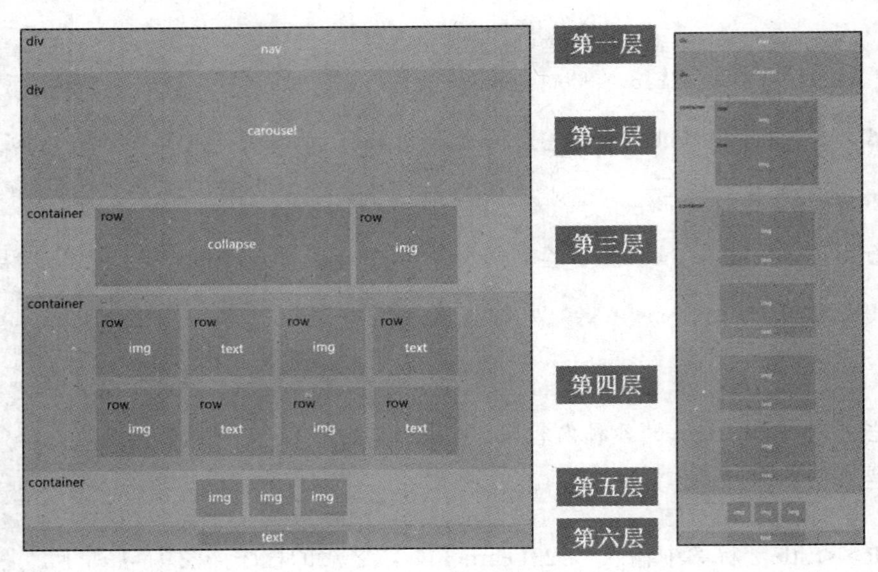

图 15-2　布局结构——横版与竖版的显示样式

15.2.1　建立层次说明文字

在建立一个比较复杂的网站时，为了能明确了解与编辑各个区块的工作内容，通常会先利用注释标签的方式来建立相关文字，以进行区分。在 <body></body> 标签内建立的文字内容如下（程序结构参考图 15-3）：

```
<!--第一层—菜单开始-->
<!--第一层—菜单结束-->
<!--第二层—广告轮播开始-->
<!--第二层—广告轮播结束-->
<!--第三层—最新消息与广告开始-->
<!--第三层—最新消息与广告结束-->
<!--第四层—课程分享开始-->
<!--第四层—课程分享结束-->
<!--第五层—链接内容开始-->
<!--第五层—链接内容结束-->
<!--第六层—页脚分享开始-->
<!--第六层—页脚分享结束-->
<!--回顶部动画开始-->
<!--回顶部动画结束-->
```

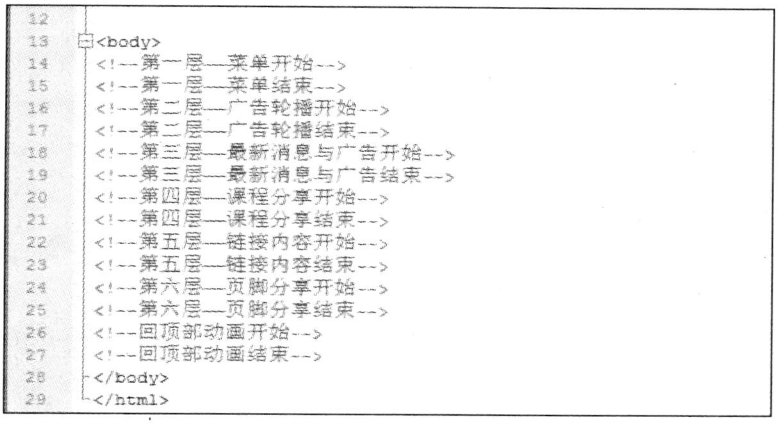

```
12
13  <body>
14  <!--第一层—菜单开始-->
15  <!--第一层—菜单结束-->
16  <!--第二层—广告轮播开始-->
17  <!--第二层—广告轮播结束-->
18  <!--第三层—最新消息与广告开始-->
19  <!--第三层—最新消息与广告结束-->
20  <!--第四层—课程分享开始-->
21  <!--第四层—课程分享结束-->
22  <!--第五层—链接内容开始-->
23  <!--第五层—链接内容结束-->
24  <!--第六层—页脚分享开始-->
25  <!--第六层—页脚分享结束-->
26  <!--回顶部动画开始-->
27  <!--回顶部动画结束-->
28  </body>
29  </html>
```

图 15-3　用注释语句先写出网页的结构

15.2.2　第一层与第二层布局

本范例的“菜单”与“广告轮播”两个部分的尺寸会自动延伸到整个网页宽度，因此在第一层与第二层的注释中只需建立 <div></div> 即可，无须使用 container 类，如图 15-4 所示。

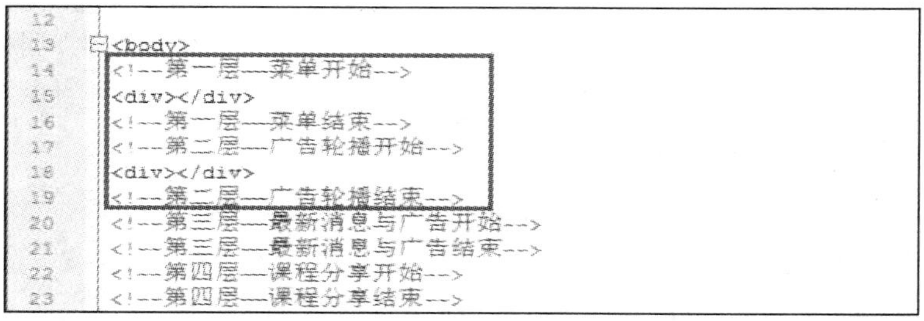

```
12
13  <body>
14  <!--第一层—菜单开始-->
15  <div></div>
16  <!--第一层—菜单结束-->
17  <!--第二层—广告轮播开始-->
18  <div></div>
19  <!--第二层—广告轮播结束-->
20  <!--第三层—最新消息与广告开始-->
21  <!--第三层—最新消息与广告结束-->
22  <!--第四层—课程分享开始-->
23  <!--第四层—课程分享结束-->
```

图 15-4　第一层与第二层的布局

15.2.3　第三层布局

步骤01 以 container（固定宽度）类的容器进行布局。

步骤02 在 container 容器中添加 row（行）类来建立第三层的网格线布局。

步骤03 利用 col-*-* 类建立“最新公告”与“广告字段”两个内容的网格线布局，同时需要考虑到各种设备的显示结果，因此在类中按序为屏幕（md）与 平板电脑（sm）进行数值上的调整。调整的语句如下，程序则如图 15-5 所示。

```
<div class="container">
<div class="row">
<div class="col-md-8 col-sm-8"></div>
<div class="col-md-4 col-sm-4"></div>
</div>
</div>
```

```
12
13 <body>
14 <!--第一层—菜单开始-->
15 <div></div>
16 <!--第一层—菜单结束-->
17 <!--第二层—广告轮播开始-->
18 <div></div>
19 <!--第二层—广告轮播结束-->
20 <!--第三层—最新消息与广告开始-->
21 <div class="container">
22     <div class="row">
23         <div class="col-md-8 col-sm-8"></div>
24         <div class="col-md-4 col-sm-4"></div>
25     </div>
26 </div>
27 <!--第三层—最新消息与广告结束-->
28 <!--第四层—课程分享开始-->
```

图 15-5　第三层布局

15.2.4　第四层布局

步骤01 以 container（固定宽度）类的容器进行布局。

步骤02 在 container 容器中添加 row（行）类来建立第四层的网格线布局。

步骤03 利用 col-*-* 类来建立 4 种课程图片与内容的网格线布局，同时需要考虑到各种设备的显示结果，因此在类中按序为屏幕（md）与智能手机（xs） 进行数值上的调整。调整的程序语句如下，程序则如图 15-6 所示。

```
<div class="container">
<div class="row">
<div class="col-md-3 col-xs-12"></div>
<div class="col-md-3 col-xs-12"></div>
<div class="col-md-3 col-xs-12"></div>
<div class="col-md-3 col-xs-12"></div>
<div>
<div class="row">
<div class="col-md-3 col-xs-12"></div>
<div class="col-md-3 col-xs-12"></div>
<div class="col-md-3 col-xs-12"></div>
<div class="col-md-3 col-xs-12"></div>
<div>
<div>
```

```
20  <!--第三层—最新消息与广告开始-->
21  <div class="container">
22      <div class="row">
23          <div class="col-md-8 col-sm-8"></div>
24          <div class="col-md-4 col-sm-4"></div>
25      </div>
26  </div>
27  <!--第三层—最新消息与广告结束-->
28  <!--第四层—课程分享开始-->
29  <div class="container">
30      <div class="row">
31          <div class="col-md-3 col-xs-12"></div>
32          <div class="col-md-3 col-xs-12"></div>
33          <div class="col-md-3 col-xs-12"></div>
34          <div class="col-md-3 col-xs-12"></div>
35      <div>
36      <div class="row">
37          <div class="col-md-3 col-xs-12"></div>
38          <div class="col-md-3 col-xs-12"></div>
39          <div class="col-md-3 col-xs-12"></div>
40          <div class="col-md-3 col-xs-12"></div>
41      <div>
42  <div>
43  <!--第四层—课程分享结束-->
```

图 15-6 第四层布局

15.2.5 第五层与第六层布局

本范例的“链接内容”与“页脚”两个部分的尺寸会自动延伸到整个网页宽度，因此在第五层与第六层的注释当中只需建立 <div></div> 标签即可，无须使用 container 类，如图 15-7 所示。

```
43  <!--第四层—课程分享结束-->
44  <!--第五层—链接内容开始-->
45  <div></div>
46  <!--第五层—链接内容结束-->
47  <!--第六层—页脚分享开始-->
48  <div></div>
49  <!--第六层—页脚分享结束-->
50  <!--回顶部动画开始-->
51  <!--回顶部动画结束-->
52  </body>
53  </html>
```

图 15-7 第五层与第六层布局

15.3 第一层设计——菜单

15.3.1 运用导航栏 JavaScript

步骤01 事先将 Bootstrap 导航栏中的语句根据本范例的需求将位于靠左对齐的按钮删除，同时添加按钮内容，并设置为靠右对齐。

步骤02 复制“导航栏 nav.doc”文件中的所有内容，粘贴到第一层的 <div> 标签中。

● 范例文件所在的文件夹：范例文件\ch15\导航栏 nav.doc

在上述操作之后，程序如图 15-8 所示。

```
12
13 <body>
14 <!--第一层—菜单开始-->
15 <div>
16  <nav class="navbar navbar-default " role="navigation">
17    <div class="container-fluid">
18      <!-- 移动显示 -->
19       <div class="navbar-header">
20         <button type="button" class="navbar-toggle collapsed" data-toggle="collapse"
           data-target="#bs-example-navbar-collapse-1">
21           <span class="sr-only">Toggle navigation</span>
22           <span class="icon-bar"></span>
23           <span class="icon-bar"></span>
24           <span class="icon-bar"></span>
25         </button>
26         <a class="navbar-brand" href="#"> Brand</a>
27       </div>
28      <!--按钮内容 -->
29      <div class="collapse navbar-collapse" id="bs-example-navbar-collapse-1">
30          <ul class="nav navbar-nav navbar-right">
31            <li><a href="#">关于我们</a></li>
32            <li class="dropdown">
33              <a href="#" class="dropdown-toggle" data-toggle="dropdown" role="button"
              aria-expanded="false">视频教学 <span class="caret"></span></a>
34              <ul class="dropdown-menu" role="menu">
35                <li><a href="#">Android 应用开发</a></li>
36                <li><a href="#">GWD & 网页设计丙级 解题</a></li>
37                <li><a href="#">GameSalad 2D 游戏制作</a></li>
38                <li><a href="#">Unity 5</a></li>
39              </ul>
40                <li><a href="#">技术分享</a></li>
41                <li><a href="#">专业讲师</a></li>
42            </li>
43          </ul>
44      </div>
45    </div>
46  </nav>
47
48 </div>
49 <!--第一层—菜单结束-->
```

图 15-8　第一层设计——菜单

15.3.2　修改类

步骤01 因本范例的需求，无论网页如何进行上下滚动，导航栏部分都会出现在网页顶端，所以在一开始的 <nav> 标签的 class 类中增加“navbar-fixed-top”，修改后的程序如图 15-9 所示。

```
13 <body>
14 <!--第一层——菜单开始-->
15 <div>
16 <nav class="navbar navbar-default " role="navigation">
17     <div class="container-fluid">
18       <!-- 移动显示 -->

13 <body>
14 <!--第一层——菜单开始-->
15 <div>
16 <nav class="navbar navbar-default navbar-fixed-top" role="navigation">
17     <div class="container-fluid">
18       <!-- 移动显示 -->
```

图 15-9　修改导航栏标签的类

步骤02 默认的导航栏是采用 container-fluid 类进行排版（100% 宽度），但此范例希望是 container（固定宽度）的排版效果。因此需将第 17 行的“container-fluid”类修改为“container”。修改前后的浏览结果对比如图 15-10 所示。

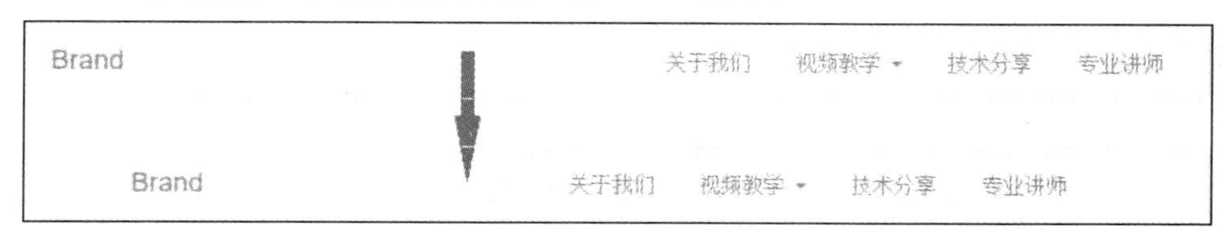

图 15-10 导航栏类修改前后的浏览结果对比

步骤03 将第 26 行默认的“Brand”名称删除，并加入此范例的 LOGO 图标，添加的语句（在程序中的位置如图 15-11 所示）如下：

```
<img src="images/logo.jpg">
```

```
25            </button>
26            <a class="navbar-brand" href="#">Brand</a>
27        </div>
28    <!-- 按钮内容 -->

25            </button>
26            <a class="navbar-brand" href="#"><img src="images/logo.jpg"></a>
27        </div>
28    <!-- 按钮内容 -->
```

图 15-11 加入此范例的 LOGO 图标的语句

15.3.3 运用 CSS 样式

这里事先已将美化的 CSS 编写完毕，并已在第 15.1 节中载入 style.css。

步骤01 在第 16 行中加入名称为“menu”的类，如图 15-12 所示。

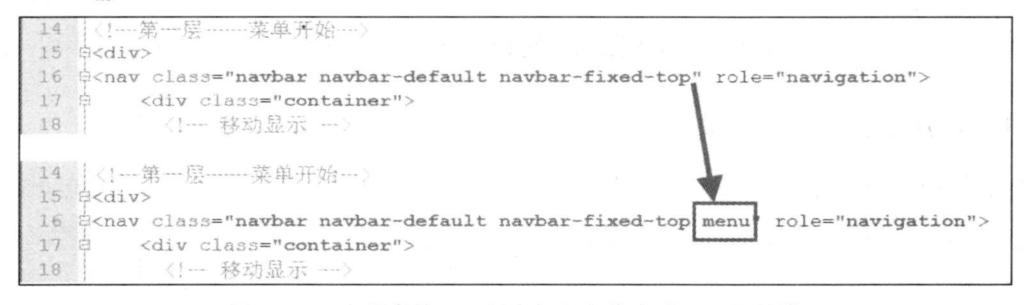

```
14  <!--第一层------菜单开始-->
15  <div>
16  <nav class="navbar navbar-default navbar-fixed-top" role="navigation">
17      <div class="container">
18        <!-- 移动显示 -->

14  <!--第一层------菜单开始-->
15  <div>
16  <nav class="navbar navbar-default navbar-fixed-top menu" role="navigation">
17      <div class="container">
18        <!-- 移动显示 -->
```

图 15-12 在程序第 16 行中加入名称为“menu”的类

步骤02 在第 20 行中加入名称为“navbarMin”的类，如图 15-13 所示。

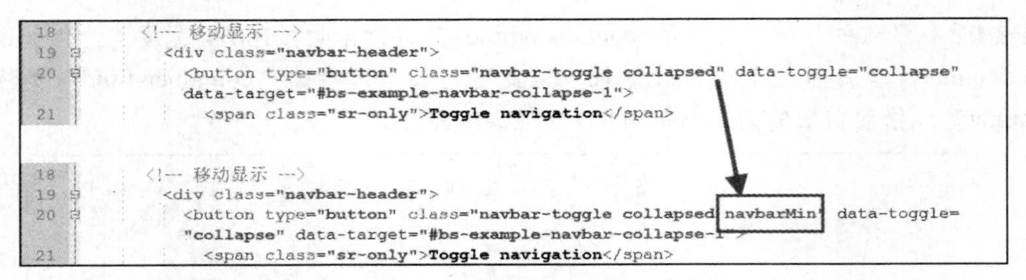

```
18        <!-- 移动显示 -->
19          <div class="navbar-header">
20            <button type="button" class="navbar-toggle collapsed" data-toggle="collapse"
              data-target="#bs-example-navbar-collapse-1">
21              <span class="sr-only">Toggle navigation</span>

18        <!-- 移动显示 -->
19          <div class="navbar-header">
20            <button type="button" class="navbar-toggle collapsed navbarMin" data-toggle=
              "collapse" data-target="#bs-example-navbar-collapse-1">
21              <span class="sr-only">Toggle navigation</span>
```

图 15-13 在程序第 20 行中加入名称为“navbarMin”的类

步骤03 在第 30 行中加入名称为“menubtn”的类，如图 15-14 所示。

```
28        <!--按钮内容 -->
29        <div class="collapse navbar-collapse" id="bs-example-navbar-collapse-1">
30          <ul class="nav navbar-nav navbar-right">
31            <li><a href="#">关于我们</a></li>

28        <!--按钮内容 -->
29        <div class="collapse navbar-collapse" id="bs-example-navbar-collapse-1">
30          <ul class="nav navbar-nav navbar-right menubtn">
31            <li><a href="#">关于我们</a></li>
```

图 15-14 在程序第 30 行中加入名称为“menubtn”的类

在不同大小的屏幕中，导航栏的浏览结果如图 15-15 所示。

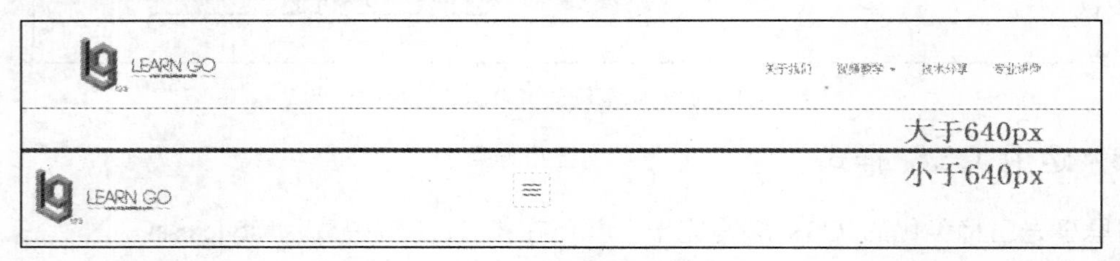

图 15-15 导航栏浏览结果

15.4 第二层设计——广告横幅

15.4.1 使用轮播 JavaScript

复制“轮播 carousel.doc”文件中的所有内容，粘贴到第二层的 <div>标签中（见图 15-16）。

- 范例文件所在的文件夹：范例文件\ch15\轮播 carousel.doc

```
49  <!--第一层--菜单结束-->
50  <!--第二层--广告轮播开始-->
51  <div>
52      <div id="carousel-example-generic" class="carousel slide" data-ride="carousel">
53          <!--指针 -->
54          <ol class="carousel-indicators">
55              <li data-target="#carousel-example-generic" data-slide-to="0" class="active"></li>
56              <li data-target="#carousel-example-generic" data-slide-to="1"></li>
57          </ol>
58          <!-- 幻灯片 -->
59          <div class="carousel-inner" role="listbox">
60              <div class="item active">
61                  <img src="#" class="img-responsive">
62                  <div class="carousel-caption">
63                  </div>
64              </div>
65              <div class="item">
66                  <img src="#" class="img-responsive">
67                  <div class="carousel-caption">
68                  </div>
69              </div>
70          </div>
71          <!-- 左右开关 -->
72          <a class="left carousel-control" href="#carousel-example-generic" role="button"
        data-slide="prev">
73              <span class="glyphicon glyphicon-chevron-left" aria-hidden="true"></span>
74              <span class="sr-only">Previous</span>
75          </a>
76          <a class="right carousel-control" href="#carousel-example-generic" role="button"
        data-slide="next">
77              <span class="glyphicon glyphicon-chevron-right" aria-hidden="true"></span>
78              <span class="sr-only">Next</span>
79          </a>
80      </div>
81  </div>
82  <!--第二层--广告轮播结束-->
```

图 15-16 添加轮播功能的程序段

15.4.2 修改内容

将第 61 行与 66 行中图片的链接“#”符号部分替换成实际图片的链接路径，语句如下：

```
61行：images/slide1.jpg
66行：images/slide2.jpg
```

修改完后的程序代码如图 15-17 所示，程序的执行结果如图 15-18 所示。

```
58          <!-- 幻灯片 -->
59          <div class="carousel-inner" role="listbox">
60              <div class="item active">
61                  <img src="#" class="img-responsive">
62                  <div class="carousel-caption">
63                  </div>
64              </div>
65              <div class="item">
66                  <img src="#" class="img-responsive">
67                  <div class="carousel-caption">
68                  </div>
69              </div>
70          </div>
71          <!-- 左右开关 -->
```

```
58          <!-- 幻灯片 -->
59          <div class="carousel-inner" role="listbox">
60              <div class="item active">
61                  <img src="images/slide1.jpg" class="img-responsive">
62                  <div class="carousel-caption">
63                  </div>
64              </div>
65              <div class="item">
66                  <img src="images/slide2.jpg" class="img-responsive">
67                  <div class="carousel-caption">
68                  </div>
69              </div>
70          </div>
71          <!-- 左右开关 -->
```

图 15-17 将第 61 行与 66 行中图片的链接“#”符号部分替换成实际图片的链接路径

图 15-18　轮播广告的浏览结果

15.4.3　运用 CSS 样式

根据目前的结果显示，由于第一层与第二层都未应用 container 类，广告区块的初始显示位置都为 top:0;，因此必须加入新的 CSS 样式来指定第二层位置的初始值。

在第 51 行的 <div> 标签中加入名称为“banner”的类。程序如图 15-19 所示，修改后的轮播广告效果如图 15-20 所示。

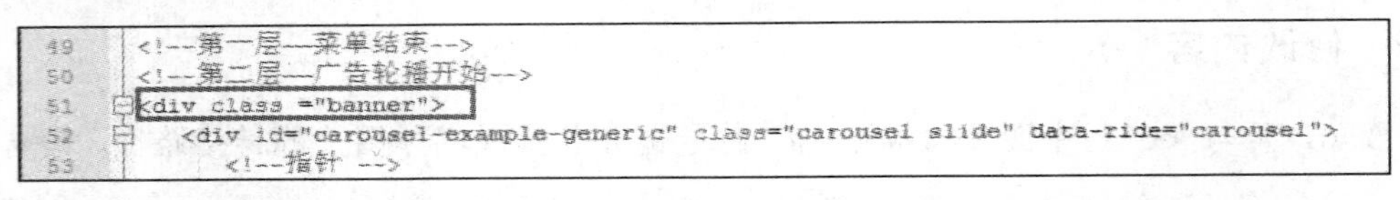

图 15-19　在第 51 行的 <div> 标签中加入名称为“banner”的类

图 15-20　轮播广告对齐位置的修正

15.5　第三层设计——最新公告与广告区

15.5.1　加入最新公告图片

步骤01 在第 86 行中的 <div class="col-md-8 col-sm-8"></div> 标签之间加入标题图片链接，语句如下：

```
<img src="images/newTile.jpg">
```

步骤02 将程序代码进行换行整理，并多空出一行，便于后续的程序代码编写工作，结果如图 15-21 所示。

```
83  <!--第三层—最新消息与广告开始-->
84  <div class="container">
85      <div class="row">
86          <div class="col-md-8 col-sm-8"></div>
87              <img src="images/newTile.jpg">
88  
89          </div>
90          <div class="col-md-4 col-sm-4"></div>
91      </div>
92  </div>
93  <!--第三层—最新消息与广告结束-->
```

图 15-21 加入最新公告图片

15.5.2 应用折叠效果 JavaScript

复制“折叠 collapse.doc”文件中所有的内容，粘贴到第 88 行中。范例的浏览结果如图 15-22 所示。

- 范例文件所在的文件夹：范例文件\ch15\折叠 collapse.doc

图 15-22 应用折叠语句后的浏览结果

15.5.3 修改类

本范例希望折叠功能的第一个 panel 具有不同的颜色，以突显最新的一笔信息效果，此时只需将已设的 default 修改为 info、success、warning、danger 四种样式之一即可。

在第 89 行中将默认的“panel-default”类修改为“panel-info”，如图 15-23 所示。修改后的浏览结果如图 15-24 所示。

```
83  <!---第三层------最新消息与广告开始--->
84  <div class="container">
85      <div class="row">
86          <div class="col-md-8 col-sm-8">
87              <img src="images/newTile.jpg">
88              <div class="panel-group" id="accordion1">
89          <div class="panel panel-default">
90            <div class="panel-heading">
91              <h4 class="panel-title"><a data-toggle="collapse" data-parent="#accordion1"
                href="#collapseOne1"> 网页设计丙级 解题 开课了</a></h4>

83  <!---第三层------最新消息与广告开始--->
84  <div class="container">
85      <div class="row">
86          <div class="col-md-8 col-sm-8">
87              <img src="images/newTile.jpg">
88              <div class="panel-group" id="accordion1">
89          <div class="panel panel-info">
90            <div class="panel-heading">
91              <h4 class="panel-title"><a data-toggle="collapse" data-parent="#accordion1"
                href="#collapseOne1"> 网页设计丙级 解题 开课了</a></h4>
```

图 15-23　在第 89 行中将默认的“panel-default”类修改为“panel-info”

图 15-24　样式修正后的浏览结果

15.5.4　加入广告图片

在第 115 行中的 <div class="col-md-4 col-sm-4"></div> 标签之间加入广告图片链接，语句（在程序中的位置如图 15-25 所示，浏览的结果如图 15-26 所示）如下:

```
<img src="images/ad.jpg" class="img-responsive">
```

```
                    以分享知识为主轴，提供相关的专业技能供有兴趣的人一起学习与讨论</div>
111                 </div>
112               </div>
113           </div>
114             </div>
115             <div class="col-md-4 col-sm-4">
116                 <img src="images/ad.jpg" class="img-responsive">
117             </div>
118         </div>
119 </div>
120 <!--第三层---最新消息与广告结束-->
```

图 15-25　在第 115 行加入广告图片链接

图 15-26 加入广告图片后的浏览结果

15.5.5 运用 CSS 样式

在目前网页的显示结果中，第三层公告区域与第二层轮播区域的对齐关系是上下紧密相连的，需运用 style 的类使内容产生距离，如图 15-27 所示。

步骤01 在第 84 行的 <div> 标签中加入名称为“news”的类。

步骤02 在第 87 行的 <img> 标签中加入名称为“coursesTitle”的类。

```
83  <!--第三层——最新消息与广告开始-->
84  <div class="container news">
85      <div class="row">
86          <div class="col-md-8 col-sm-8">
87              <img src="images/newTile.jpg" class="coursesTitle">
88              <div class="panel-group" id="accordion1">
```

图 15-27 运用 style 的类使内容产生距离

浏览结果如图 15-28 所示。

图 15-28　运用 CSS 样式后的浏览结果

15.6　第四层设计——课程分享

15.6.1　加入课程标题图片

在第 123 行中的 <div class="row"> 标签之前，使用换行进行程序代码的整理，加入标题图片链接，语句（加入该语句后程序如图 15-29 所示）如下：

```
<img src="images/CourseShareTitle.jpg">
```

```
121    <!--第四层—课程分享开始-->
122  <div class="container">
123      <img src="images/CourseShareTitle.jpg">
124      <div class="row">
125          <div class="col-md-3 col-xs-12"></div>
126          <div class="col-md-3 col-xs-12"></div>
127          <div class="col-md-3 col-xs-12"></div>
128          <div class="col-md-3 col-xs-12"></div>
129      <div>
```

图 15-29　加入标题图片链接

15.6.2　加入课程 1 图片与内容

步骤01 在第 125 行中的 <div class="col-md-3 col-xs-12"></div> 标签之间加入课程 1 图片链接，并使用换行进行程序代码的整理，语句如下：

```
<img src="images/CourseImg1.jpg" class="img-responsive">
```

步骤02 在第 128 行中的 <div class="col-md-3 col-xs-12"></div> 标签之间加入课程 1 所对应的课程名称与介绍文字，并使用换行进行程序代码的整理，语句如下：

```
<div>GWD &网页设计丙级解题</div>
<p>学习如何使用 Google Web Design 软件进行【网页设计丙级】的技术解题</p>
```

加入课程 1 图片及其内容后的程序如图 15-30 所示。浏览结果如图 15-31 所示。

```
121   <!--第四层—课程分享开始-->
122   <div class="container">
123       <img src="images/CourseShareTitle.jpg">
124       <div class="row">
125           <div class="col-md-3 col-xs-12">
126               <img src="images/CourseImg1.jpg" class="img-responsive">
127           </div>
128           <div class="col-md-3 col-xs-12">
129               <div>GWD & 网页设计丙级 解题</div>
130               <p>学习如何使用Google Web Design 软件进行【网页设计丙级】的技术解题</p>
131           </div>
132           <div class="col-md-3 col-xs-12"></div>
133           <div class="col-md-3 col-xs-12"></div>
134       <div>
```

图 15-30 加入课程 1 图片及其内容

图 15-31 加入课程图文内容后的浏览结果

15.6.3 加入课程 2 图片与内容

步骤01 在第 133 行中的 <div class="col-md-3 col-xs-12"></div> 标签之间加入课程 2 图片链接，并使用换行进行程序代码的整理，语句如下：

```
<img src="images/CourseImg2.jpg" class="img-responsive">
```

步骤02 在第 135 行中的 <div class="col-md-3 col-xs-12"></div> 标签之间加入课程 2 所对应的课程名称与介绍文字，并使用换行进行程序代码的整理，语句如下：

```
<div>GameSalad 2D 游戏制作</div>
<p>一款简易、直觉式的游戏开发软件，让非程序设计者也能开发 Web、智能手机与平板电脑的跨平台游戏 App</p>
```

加入课程 2 图片及其内容后的程序如图 15-32 所示。

```
132      <div class="col-md-3 col-xs-12">
133        <img src="images/CourseImg2.jpg" class="img-responsive">
134      </div>
135      <div class="col-md-3 col-xs-12">
136        <div>GameSalad 2D 游戏制作</div>
137        <p>
           一款简易、直觉式的游戏开发软件，让非程序设计者也能开发Web、智能手机与平板电
           脑的跨平台游戏 App</p>
138      </div>
139    <div>
```

图 15-32　加入课程 2 图片及其内容

15.6.4　加入课程 3 图片与内容

步骤01 在第 141 行中的 <div class="col-md-3 col-xs-12"></div> 标签之间加入课程 3 图片链接，并使用换行进行程序代码的整理，语句如下：

```
<img src="images/CourseImg3.jpg" class="img-responsive">
```

步骤02 在第 144 行中的 <div class="col-md-3 col-xs-12"></div> 标签之间加入课程 3 所对应的课程名称与介绍文字，并使用换行进行程序代码的整理，语句如下：

```
<div>Android 应用开发</div>
<p>最新的技术结合，无论使用 HTML5 或 Unity 都能打造出一款结合虚拟现实的 App 应用。</p>
```

加入课程 3 图片及其内容后的程序，如图 15-33 所示。

```
140    <div class="row">
141      <div class="col-md-3 col-xs-12">
142        <img src="images/CourseImg3.jpg" class="img-responsive">
143      </div>
144      <div class="col-md-3 col-xs-12">
145        <div>Android 应用开发</div>
146        <p>
           最新的技术结合，无论使用HTML5或Unity都能打造出一款结合虚拟现实的App应用。
           </p>
147      </div>
148      <div class="col-md-3 col-xs-12"></div>
149      <div class="col-md-3 col-xs-12"></div>
150    <div>
151  <div>
152  <!--第四层---课程分享结束-->
```

图 15-33　加入课程 3 图片及其内容

15.6.5　加入课程 4 图片与内容

步骤01 在第 148 行中的 <div class="col-md-3 col-xs-12"></div> 标签之间加入课程 4 图片链接，并使用换行进行程序代码的整理，语句如下：

```
<img src="images/CourseImg4.jpg" class="img-responsive">
```

步骤02 在第 151 行中的 <div class="col-md-3 col-xs-12"></div> 标签之间，加入课程 4 所对应的课程名称与介绍文字，并使用换行进行程序代码的整理，语句如下：

```
<div>Unity 5</div>
<p>最新的 Unity 公开课程，让你一步一步做出自己心中理想的游戏。</p>
```

加入课程 3 图片及其内容后的程序如图 15-34 所示。

```
148         <div class="col-md-3 col-xs-12">
149             <img src="images/CourseImg4.jpg" class="img-responsive">
150         </div>
151         <div class="col-md-3 col-xs-12">
152             <div>Unity 5</div>
153             <p>最新的Unity公开课程，让你一步一步做出自己心中理想的游戏。</p>
154         </div>
155     <div>
156 <div>
157 <!--第四层—课程分享结束-->
```

图 15-34　加入课程 4 图片及其内容

4 个课程图片及其内容加入后，程序的执行结果如图 15-35 所示。

LEARN GO
网页设计丙级 解题 开课了
学习如何使用Google Web Design 软件进行【网页设计丙级】的技术解题
Google Web Design 开课了
123LearnGo 官方网站正式启动
課程分享+
网页设计丙级 解题
GWD & 网页设计丙级 解题
学习如何使用Google Web Design 软件进行【网页设计丙级】的技术解题
GameSalad 2D 游戏制作
一款简易、直觉式的游戏开发软件，让非程序设计者也能开发Web、智能手机与平板电脑的跨平台游戏 App
Android Studio
Android 应用开发
最新的技术结合，无论使用HTML5或Unity都能打造出一款结合虚拟现实的App应用。
Unity 5
最新的Unity公开课程，让你一步一步做出自己心中理想的游戏。

图 15-35　四个课程的浏览结果

15.6.6　运用 CSS 样式

目前课程分享的课程图片与内容都已制作完毕，接下来运用 style 的类使相关图文内容产生效果。

步骤01 在第 123 行的 <img> 标签中加入名称为“coursesTitle”的类。

步骤02 在第 124 行与第 140 行的 <div> 标签中加入名称为 “courseRow” 的类。加入上述类之后，程序代码如图 15-36 所示。

```
121  <!--第四层---课程分享开始-->
122  <div class="container">
123      <img src="images/CourseShareTitle.jpg" class="coursesTitle">
124      <div class="row courseRow">
125          <div class="col-md-3 col-xs-12">
128          <div class="col-md-3 col-xs-12">
132          <div class="col-md-3 col-xs-12">
135          <div class="col-md-3 col-xs-12">
139      </div>
140      <div class="row courseRow">
141          <div class="col-md-3 col-xs-12">
144          <div class="col-md-3 col-xs-12">
148          <div class="col-md-3 col-xs-12">
151          <div class="col-md-3 col-xs-12">
155      <div>
156  <div>
157  <!--第四层---课程分享结束-->
```

图 15-36　加入“coursesTitle”和“courseRow”类

步骤03 在第 126 行、133 行、142 行、149 行的 <img> 标签中加入名称为“courseImg”的类，如图 15-37 所示。

```
121  <!--第四层---课程分享开始-->
122  <div class="container">
123      <img src="images/CourseShareTitle.jpg" class="coursesTitle">
124      <div class="row courseRow">
125          <div class="col-md-3 col-xs-12">
126              <img src="images/CourseImg1.jpg" class="img-responsive courseImg">
127          </div>
128          <div class="col-md-3 col-xs-12">
132          <div class="col-md-3 col-xs-12">
133              <img src="images/CourseImg2.jpg" class="img-responsive courseImg">
134          </div>
135          <div class="col-md-3 col-xs-12">
139      </div>
140      <div class="row courseRow">
141          <div class="col-md-3 col-xs-12">
142              <img src="images/CourseImg3.jpg" class="img-responsive courseImg">
143          </div>
144          <div class="col-md-3 col-xs-12">
148          <div class="col-md-3 col-xs-12">
149              <img src="images/CourseImg4.jpg" class="img-responsive courseImg">
150          </div>
151          <div class="col-md-3 col-xs-12">
155      <div>
156  <div>
157  <!--第四层---课程分享结束-->
```

图 15-37　加入“courseImg”类

步骤04 在第 128 行、135 行、144 行、151 行中的<div class="col-md-3 col- xs-12"></div>标签之间加入名称为 “CoursesShare” 的类，如图 15-38 所示。

```
121  <!--第四层---课程分享开始--->
122  <div class="container">
123      <img src="images/CourseShareTitle.jpg" class="coursesTitle">
124      <div class="row courseRow">
125          <div class="col-md-3 col-xs-12">
128          <div class="col-md-3 col-xs-12 CoursesShare">
129              <div>GWD & 网页设计丙级 解题</div>
130              <p>学习如何使用Google Web Design 软件进行【网页设计丙级】的技术解题</p>
131          </div>
132          <div class="col-md-3 col-xs-12">
135          <div class="col-md-3 col-xs-12 CoursesShare">
136              <div>GameSalad 2D 游戏制作</div>
137              <p>
             一款简易、直觉式的游戏开发软件，让非程序设计者也能开发Web、智能手机与平板电脑
             的跨平台游戏 App</p>
138          </div>
139      </div>
140      <div class="row courseRow">
141          <div class="col-md-3 col-xs-12">
144          <div class="col-md-3 col-xs-12 CoursesShare">
145              <div>Android 应用开发</div>
146              <p>最新的技术结合，无论使用HTML5或Unity都能打造出一款结合虚拟现实的App应用。
             </p>
147          </div>
148          <div class="col-md-3 col-xs-12">
151          <div class="col-md-3 col-xs-12 CoursesShare">
152              <div>Unity 5</div>
153              <p>最新的Unity公开课程，让你一步一步做出自己心中理想的游戏。</p>
154          </div>
155      <div>
156  <div>
157  <!--第四层---课程分享结束--->
```

图 15-38 加入“CoursesShare”类

步骤05 在第 129 行、136 行、145 行、152 行中的 <div> 标签之间加入名称为“span”的类，如图 15-39 所示。

```
121  <!--第四层---课程分享开始--->
122  <div class="container">
123      <img src="images/CourseShareTitle.jpg" class="coursesTitle">
124      <div class="row courseRow">
125          <div class="col-md-3 col-xs-12">
128          <div class="col-md-3 col-xs-12 CoursesShare">
129              <div class="span">GWD & 网页设计丙级 解题</div>
130              <p>学习如何使用Google Web Design 软件进行【网页设计丙级】的技术解题</p>
131          </div>
132          <div class="col-md-3 col-xs-12">
135          <div class="col-md-3 col-xs-12 CoursesShare">
136              <div class="span">GameSalad 2D 游戏制作</div>
137              <p>
             一款简易、直觉式的游戏开发软件，让非程序设计者也能开发Web、智能手机与平板电脑
             的跨平台游戏 App</p>
138          </div>
139      </div>
140      <div class="row courseRow">
141          <div class="col-md-3 col-xs-12">
144          <div class="col-md-3 col-xs-12 CoursesShare">
145              <div class="span">Android 应用开发</div>
146              <p>最新的技术结合，无论使用HTML5或Unity都能打造出一款结合虚拟现实的App应用。
             </p>
147          </div>
148          <div class="col-md-3 col-xs-12">
151          <div class="col-md-3 col-xs-12 CoursesShare">
152              <div class="span">Unity 5</div>
153              <p>最新的Unity公开课程，让你一步一步做出自己心中理想的游戏。</p>
154          </div>
155      <div>
156  <div>
157  <!--第四层---课程分享结束--->
```

图 15-39 加入“span”类

运用上述 CSS 样式后，程序的执行结果如图 15-40 所示。

图 15-40　运用 CSS 样式后的浏览结果

15.7　第五层设计——按钮链接

15.7.1　加入图片

步骤01 在第 159 行的 <div></div> 标签之间按序加入 <img> 标签，分别为“FB 粉丝团”“Youtube 频道”“电子信箱”3 张图片，语句如下：

```
<img src="images/fb.jpg">
<img src="images/youtube.jpg">
<img src="images/mail.jpg">
```

步骤02 利用换行的方式重新整理程序代码。

步骤 01 和 02 完成之后，程序代码如图 15-41 所示。

```
158  <!--第五层—链接内容开始-->
159  <div>
160      <img src="images/fb.jpg">
161      <img src="images/youtube.jpg">
162      <img src="images/mail.jpg">
163  </div>
164  <!--第五层—链接内容结束-->
```

图 15-41　加入 3 张图片

步骤03 将 3 张图片加入超链接 <a> 标签，并设置链接位置，语句（从图 15-42 中可知程序语句加入到程序中的具体位置）如下：

```
<a href="https://www.facebook.com/123LearnGo-Community-514983261988834/">
<img src="images/fb.jpg">
</a>
<a href="https://www.youtube.com/channel/UCJijGu9wwsN9TFckdonRAHw">
<img src="images/youtube.jpg">
</a>
<a href="mailto:123learngo@gmail.com">
<img src="images/mail.jpg">
</a>
```

```
158  <!--第五层---链接内容开始-->
159  <div>
160      <a href="https://www.facebook.com/123LearnGo-Community-514983261988834/">
161          <img src="images/fb.jpg">
162      </a>
163      <a href="https://www.youtube.com/channel/UCJijGu9wwsN9TFckdonRAHw">
164          <img src="images/youtube.jpg">
165      </a>
166      <a href="mailto:123learngo@gmail.com">
167          <img src="images/mail.jpg">
168      </a>
169  </div>
170  <!--第五层---链接内容结束-->
```

图 15-42　为 3 张图片设置超链接

15.7.2　运用 CSS 样式

步骤01 在第 159 行的 <div> 标签中加入名称为“contLink”的类。

步骤02 在第 161 行、164 行、167 行的 <img> 标签中加入名称为“contLinkimg”的类，如图 15-43 所示。运用这个 CSS 样式后的浏览结果如图 15-44 所示。

```
158  <!--第五层---链接内容开始-->
159  <div class="contLink">
160      <a href="https://www.facebook.com/123LearnGo-Community-514983261988834/">
161          <img src="images/fb.jpg" class="contLinkimg">
162      </a>
163      <a href="https://www.youtube.com/channel/UCJijGu9wwsN9TFckdonRAHw">
164          <img src="images/youtube.jpg" class="contLinkimg">
165      </a>
166      <a href="mailto:123learngo@gmail.com" >
167          <img src="images/mail.jpg" class="contLinkimg">
168      </a>
169  </div>
170  <!--第五层---链接内容结束-->
```

图 15-43　加入“contLink”类和“contLinkimg”类

图 15-44　运用 CSS 样式后的浏览结果

15.8　第六层页面设计——页脚

15.8.1　加入文字

在第 172 行中的 <div></div> 标签之间加入“© 2016 123learngo”这段文字，如图 15-45 所示。

```
171  <!--第六层—页脚分享开始-->
172  <div>© 2016 123learngo</div>
173  <!--第六层—页脚分享结束-->
```

图 15-45　加入文字

15.8.2　运用 CSS 样式

在第 172 行的 <div> 标签中加入名称为“footer”的类，如图 15-46 所示。

```
171  <!--第六层—页脚分享开始-->
172  <div class="footer">© 2016 123learngo</div>
173  <!--第六层—页脚分享结束-->
```

图 15-46　加入“footer”类

15.9　回到顶部按钮的制作

有时在移动设备中浏览网页会遇到网页内容过多的情况，此时滑动阅读的距离较长，若要回到网页顶端来切换其他页面按钮，则必须滑动相当的距离才能回到网页顶端。考虑到用户的浏览经验，在此运用其他的 JavaScript 来呈现只要网页一滑动右下角就出现辅助按钮的效果，点击此按钮，网页即可自动移动到网页顶端。

复制“辅助按钮.doc”文件中的所有内容，粘贴到“回顶部动画开始 ~ 回顶部动画结束”的范围内，如图 15-47 所示。最终的浏览效果如图 15-48 所示。

● 范例文件所在的文件夹：范例文件\ch15\辅助按钮.doc

```
174  <!--回顶部动画开始-->
175  <script type="text/javascript" src="js/move-top.js"></script>
176  <script type="text/javascript" src="js/easing.js"></script>
177  <script type="text/javascript">
178              jQuery(document).ready(function($) {
179                  $(".scroll").click(function(event){
180                      event.preventDefault();
181                      $('html,body').animate({scrollTop:$(this.hash).offset().top},900);
182                  });
183              });
184  </script>
185  <script type="text/javascript">
186          $(document).ready(function() {
187          $().UItoTop({ easingType: 'easeOutQuart' });
188  });
189  </script>
190  <a href="#to-top" id="toTop" style="display: block;">
191      <span id="toTopHover" style="opacity: 1;"></span>
192  </a>
193  <!--回顶部动画结束-->
```

图 15-47　复制“辅助按钮.doc”文件中的所有内容

图 15-48　采用辅助按钮后浏览的结果

15.10 检查各尺寸浏览状态

当在小于 640px 尺寸的屏幕浏览网页时，会发现下列两个问题（见图 15-49）：

- 课程分享图片贴近广告图片。
- 课程标题呈现为靠左对齐，不利于课程图片与课程名称的对应。

图 15-49 在小于 640px 尺寸的屏幕浏览网页时会出现的两个问题

15.10.1 问题一的解决方式

考虑计算机与移动设备中显示的视觉效果，可直接在第 118 行加入 <hr> 水平线标签。利用水平线标签的特性为上下内容设置固定距离的间隔，并使用换行的方式调整程序代码。调整后的程序如图 15-50 所示。新的浏览结果如图 15-51 所示。

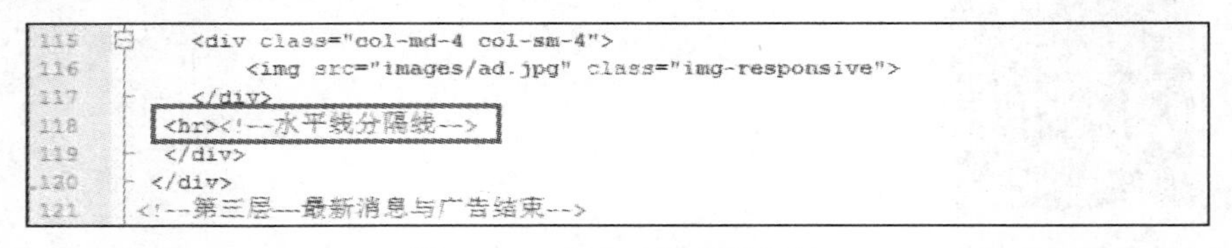

图 15-50 加入水平线分隔线

图 15-51 修正后的浏览结果

15.10.2 问题二的解决方式

问题二的文字对齐部分必须使用 CSS3 的 Media Queries 特性，为 640px 添加一段 CSS 内容，以进行文字居中的对齐效果。

打开 style.css 文件（在范例文件\ch15\css 文件夹中），在最下方加入下面的一段语句，加入后的程序如图 15-52 所示。

```
@media screen and (max-width: 640px) {
.CoursesShare .span{  text-align: center;
}
}
```

```
97
98  @media screen and (max-width: 640px) {
99  .CoursesShare .span{
100         text-align: center;
101         }
102 }
```

图 15-52　加入 Media Queries 特性的程序语句

前面在此部分的内容制作方面，标题文字部分已应用了“span”标签，此时必须使用当时的 CSS 选择器添加一段文字居中的语句。其余样式并不需要修改，所以不需额外添加。

范例操作完毕。此时可使用第 16.3 节将要介绍到的 RWD 查看方式进行效果检验。如同之前的设置一样，版式切换的宽度值为 640px。在不同屏幕尺寸下的浏览结果如图 15-53 所示。

- 完整的范例所在的文件夹：范例文件\ch15\index_Final.html

图 15-53　修正后的浏览结果

第 16 章　辅助工具

16.1　Bootstrap 套件下载

学习初期若还在网页版式设计上摸索，则可先从网络上搜索相关的套件来使用，从中学习他人在版式构建上的要领。一般免费的样板网站大多都提供基础的配色与样式，让用户可在此基础上继续修改与添加其他样式或功能。

推荐 Start Bootstrap 网站，这个网站中不但有基本分类，而且提供了 Unstyle 的版式，此外基本布局都已安排完毕，比如 Blogs、Portfolios、Ecommerce 等，它们没有太多花哨的样式，不会增加修改的难度；另外，此网站还搜集整理了其他网络上 Bootstrap 的资源，有官方资源、免费版式样式、付费版式样式、范例网站、 jQuery 插件等，非常详尽且方便。

主菜单的分类（见图 16-1）如下：

- Admin and Dashboard：适用于管理界面和统计数据类型。
- Full Websites：适合全网站。
- Landing Pages：适合小型活动或额外的说明公告页。
- One Page Websites：一页式类型。
- Portfolios：适合展示作品集类型。
- Blogs：博客文章。
- Ecommerce：小型电子商务、购物网站类型。
- Unstyled Starter Templates：各种布局。
- Navigation and Navbars：基本菜单版式。

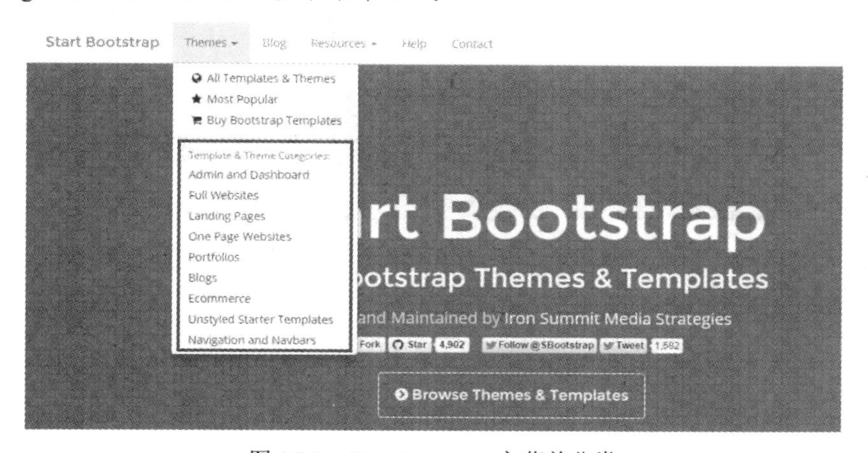

图 16-1　Start Bootstrap 主菜单分类

免费的版式可直接通过单击“Download”按钮下载使用，如图 16-2 所示。

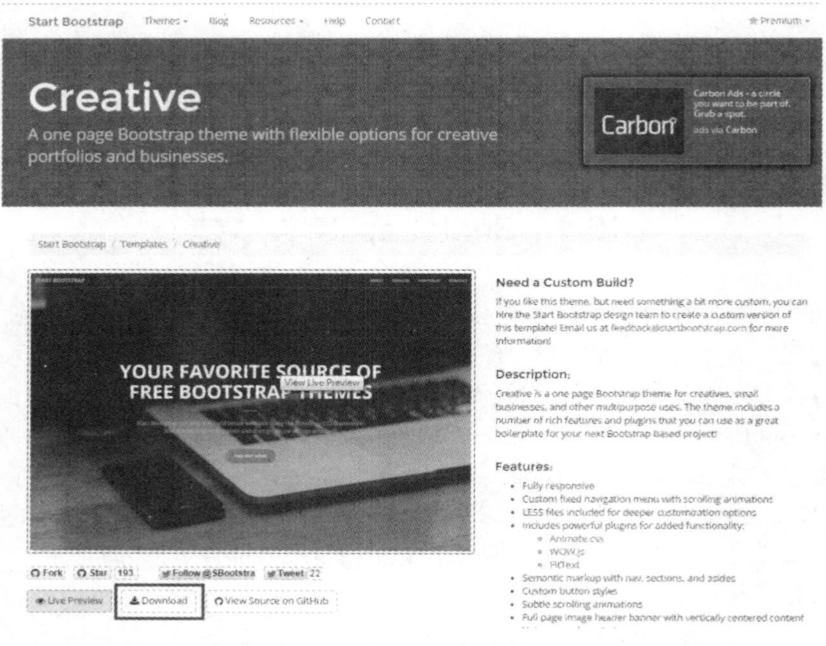

图 16-2　可以从 Start Bootstrap 网站直接下载免费版式

若免费的版式不符合需求，在 Buy Bootstrap Templates 页面还有各种付费版式的列表，这些作品都会直接链接到几个常见的付费版式网页，根据指定的付费模式进行购买即可，如图 16-3 和图 16-4 所示。

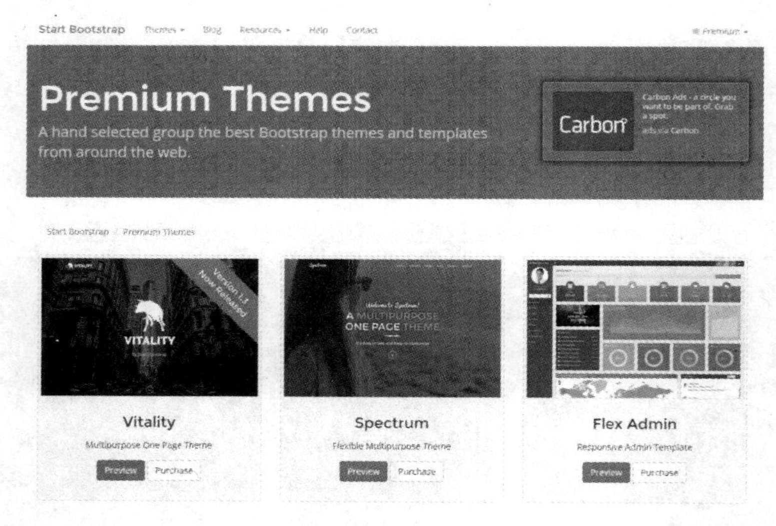

图 16-3　付费版式列表

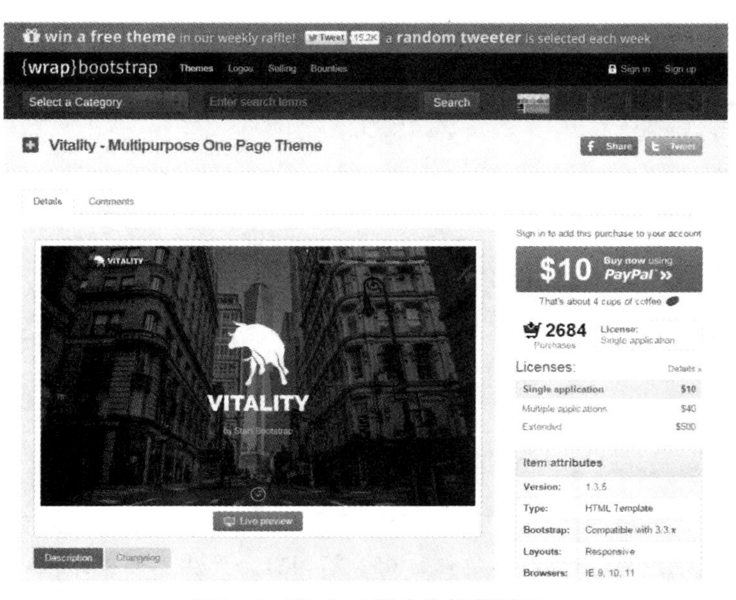

图 16-4 Vitality 版式的付费页面

16.2 可视化 Bootstrap 在线编辑器

Bootstrap 本身并没有提供布局的开发工具，因而要先有网站架构，然后通过编写程序代码将网站的区块划分出来。这样的方式对于初学者而言会有些困难。但是，现在可通过 LayoutIt 网站的协助，利用鼠标拖曳操作的方式快速产生 Bootstrap 版面，操作过程完全可视化，即所见即所得。

LayoutIt 网站中每个页签的内容都与 Bootstrap 官方网站所提供的模块化内容相同，因此 LayoutIt 可协助设计师快速组装出网站框架与基本内容，等下载完成之后再进行调整与美化。但是，网站中所提供的各种图像素材都为默认值，无法直接上传素材进行取代甚至修改尺寸，只能将规划好的版面下载后按照需求重新编辑素材的路径与尺寸。

- 网站名称：LayoutIt
- 链接网址：http://www.layoutit.com/build

16.2.1 GRID SYSTEM

步骤01 进入 LayoutIt 网站后单击上方的 Clear 按钮，将默认的版式删除，如图 16-5 所示。

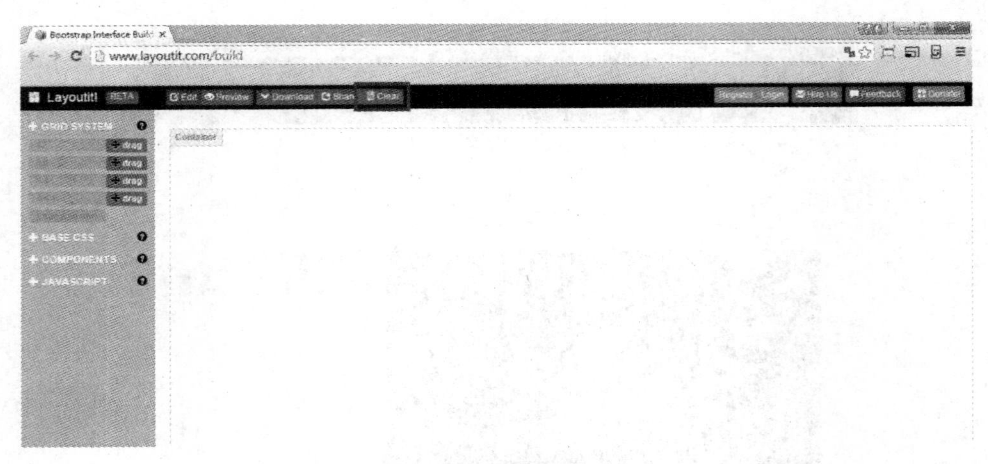

图 16-5　删除默认版式

步骤02 在左边面板的“+GRID SYSTEM”页签中默认有 4 个网格样式。这时用鼠标拖曳“6.6”选项的 drag 按钮到右边的画面中，随即就会产生出网格结果，如图 16-6 所示。

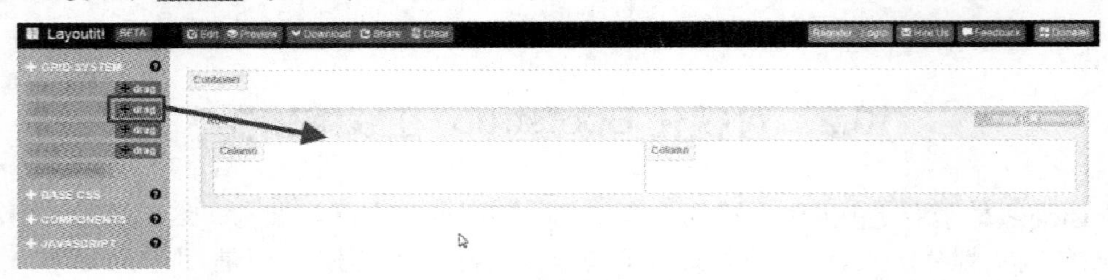

图 16-6　用鼠标拖曳操作来产生网格

步骤03 也可根据自己的需求自行输入网格数值。需要注意的是，每个数字后方都要空一格，而且总和要等于 12。当创建好后要用鼠标按住 drag 按钮，拖曳到右边的画面中，如图 16-7 所示。

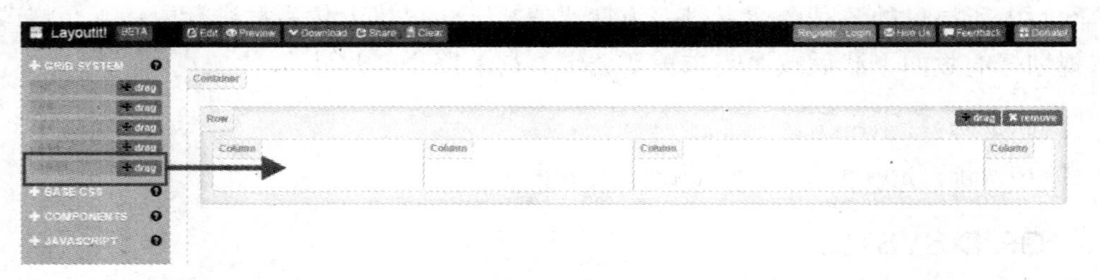

图 16-7　可以根据自己的需求来设置和产生网格

16.2.2　BASIC CSS

在“+BASIC CSS”页签中可生成各种版式内容，比如标题、内文、按钮、窗体等，如图 16-8 所示。

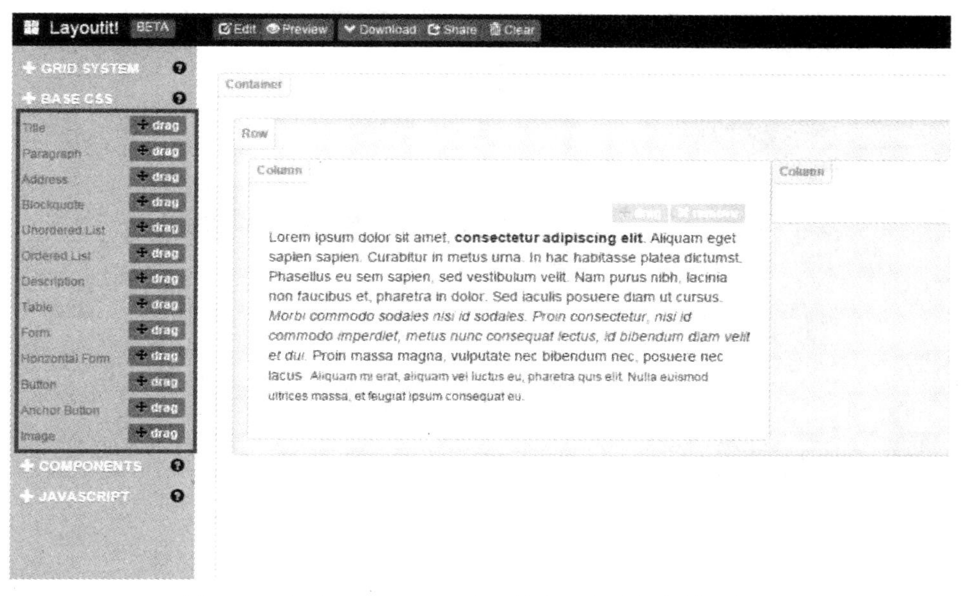

图 16-8 在“+BASIC CSS”页签中可生成各种版式内容

当把组件拖拉到右边画面中后，若该组件有可设置的属性，则可从上方的面板中进行样式调整，如图 16-9 所示。

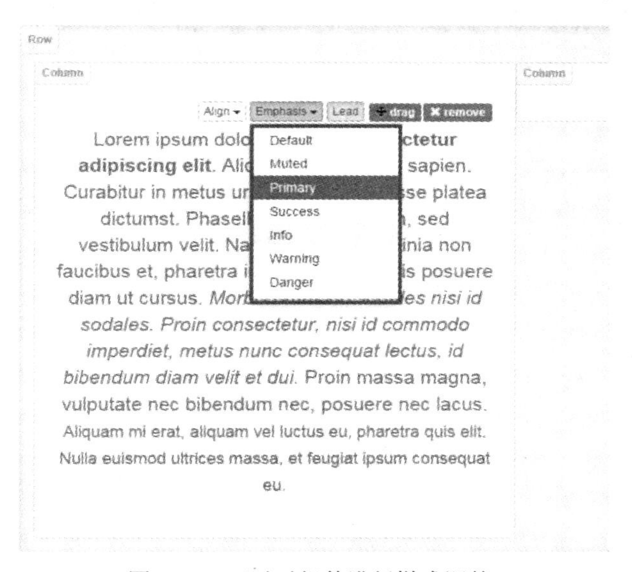

图 16-9 可以对组件进行样式调整

16.2.3 COMPONENTS

在“+COMPONENTS”页签中可生成常用的页签、下拉菜单、导航栏等组件，如图 16-10 所示。

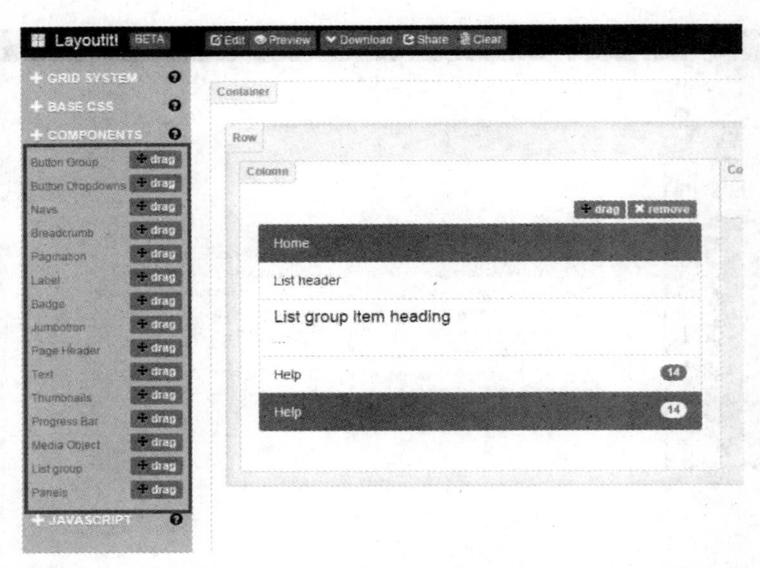

图 16-10 在“+COMPONENTS”页签中可生成各种常见的组件

16.2.4 JAVASCRIPT

在“+JAVASCRIPT”页签中有几种互动效果，如常用的广告轮播，如图 16-11 所示。

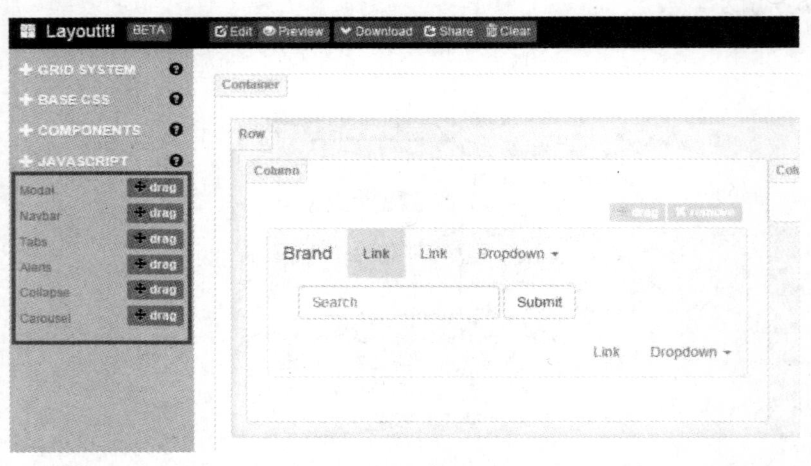

图 16-11 在“+JAVASCRIPT”页签中有几种互动效果可供选择

16.2.5 预览版式

编辑完毕后，可单击上方的 Preview 按钮进行预览。单击 Edit 按钮则可返回编辑模式。

虽然目前是通过网站来协助版式的构建，但是此网站也支持响应式效果，当改变浏览器大小时，版式也会立即跟着变化，如图 16-12 所示。

图 16-12　LayoutIt 网站支持响应式效果

16.2.6　下载结果

版面规划完毕后，单击上方的 Download 按钮，可将所规划的内容整体打包并下载。若不想登录这个网站，则可用鼠标单击最下方的 continue non logged 按钮，如图 16-13 所示。

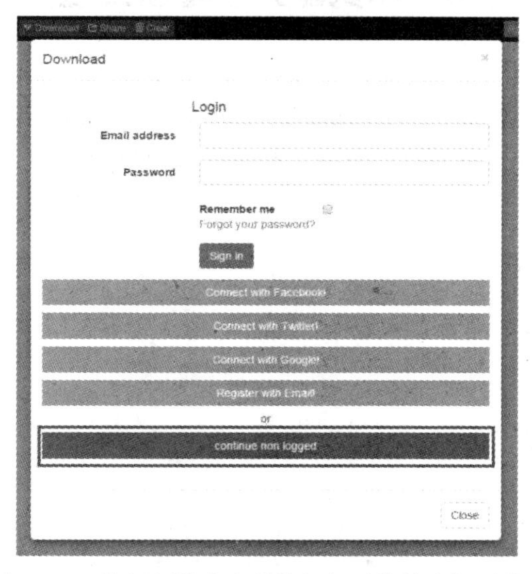

图 16-13　将规划的内容整体打包下载并选择不登录

此时会看到所规划好的源代码（见图 16-14），除了可直接复制并粘贴到网页上之外，也可单击下方的 Download zip 按钮将整个内容下载下来，在下载的压缩文件中还有 Bootstrap 框架。

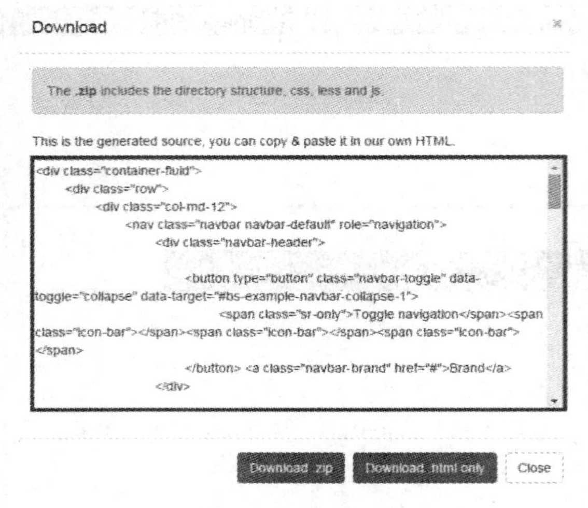

图 16-14　规划完毕的程序代码

16.3　浏览器开发者模式检测

设计出来的响应式网页所面临的第一个困扰是：没有多种、多款不同的设备来检测网页在这些不同设备上显示的实际效果。以往都是直接调整浏览器的宽度来模拟各种尺寸时的页面效果，但这种方式却无法达到准确模拟的目的。此时必须借助浏览器、相关平台或插件来进行不同尺寸网页的检测。

16.3.1　Firefox 浏览器

步骤01 展开开发者工具面板，单击“扳手（开发者）”图标来打开面板选项，如图 16-15 所示。

图 16-15　打开“开发者”面板

步骤02 单击“响应式设计模式”，如图16-16所示，切换至仿真器。

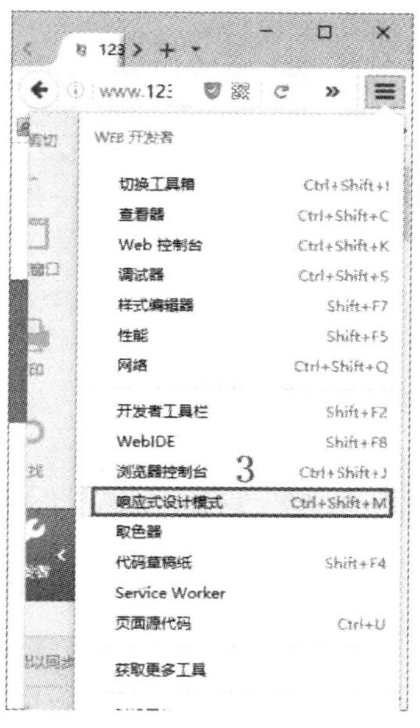

图16-16 打开“开发者”面板

步骤03 最上方的数字菜单中列举了几种常见的设备尺寸，将其展开即可选择所要查看的屏幕尺寸，如图16-17所示。

图16-17 选择屏幕尺寸

16.3.2 IE 浏览器

步骤01 在设置选项中单击“F12 开发人员工具”，如图 16-18 所示。

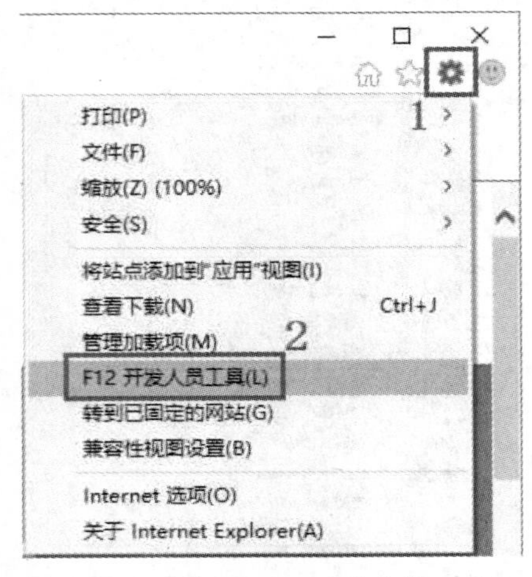

图 16-18 选择“F12 开发人员工具”

步骤02 单击“仿真”标签，可用相关字段内容来进行网页的检测，如图 16-19 所示。

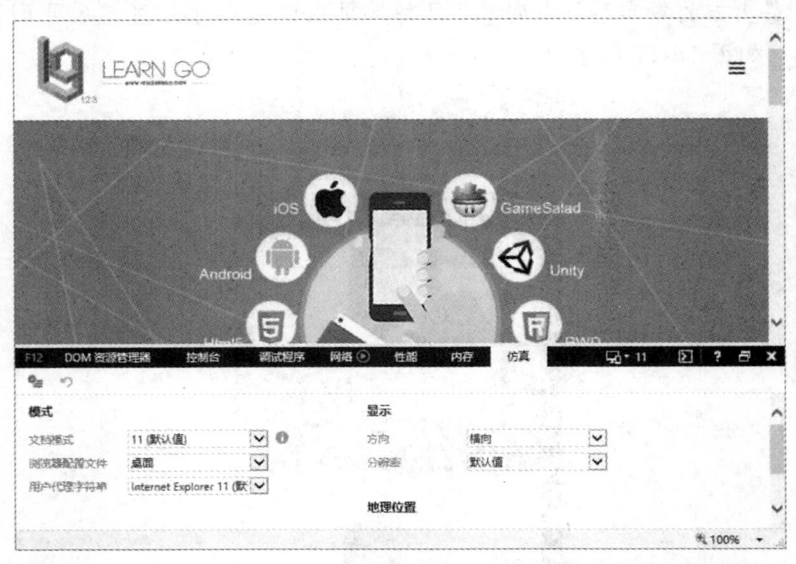

图 16-19 用“仿真”选项卡中的相关字段内容来进行网页的检测

16.3.3 Google Chrome 浏览器

步骤01 在网页中右击，选择“检查”，打开开发人员检测面板，如图 16-20 所示。

图 16-20　打开开发人员检测面板

步骤02 按【Esc】键，在出现的面板中单击“Emulation”标签来打开仿真器界面，如图 16-21 所示。

图 16-21　打开仿真器界面

步骤03 在仿真器界面中，Device 菜单中列举了各种常见的设备，单击所要测试的设备，界面上就会显示指定设备所呈现的网页外观，如图 16-22 所示。

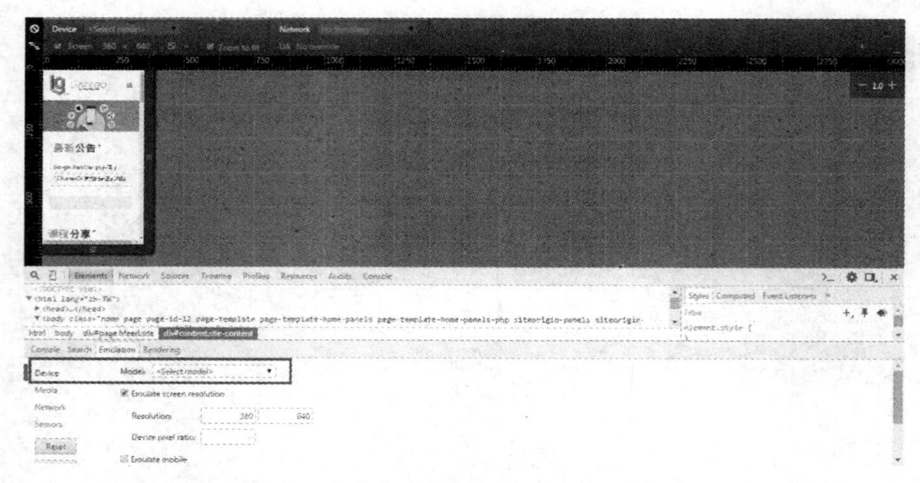

图 16-22　在仿真器中选择所要测试的设备

16.3.4　在线检测

在线检测网站的共同性是只要将网址粘贴到这些网站中提供的指定字段后就可以模拟出纵向手机、横向手机、平板电脑与计算机 4 种设备中的显示情况。但是，若网页处于开发中并无实体网址，则此方式无法使用。这时建议开发者除了通过浏览器的开发者模式进行网页检测之外，还可通过相关的插件进行检测，有关插件的部分请参考第 16.3.5 小节的内容。

Responsinator

- 网址：http://www.responsinator.com/

步骤01 进入 Responsinator 网站（见图 16-23），其中显示了各种不同移动设备的测试界面，将网页往下拉就可以看到全部可供查看的设备，每个设备的说明中都会显示设备的尺寸。

图 16-23　Responsinator 网站及其显示的各种不同移动设备的测试界面

步骤02 在网页左上角的文本框内输入所要查看的网址，并单击“GO”按钮，如图 16-24 所示，即可看到各种设备上的网页显示结果，如图 16-25 所示。

图 16-24　输入链接网址

图 16-25　显示的结果

Screenfly

● 网址：http://quirktools.com/screenfly/

步骤01 在首页中的输入框中输入所要查看的网址，并单击“GO”按钮，即可看到各种设备上的网页显示结果，如图 16-26 所示。

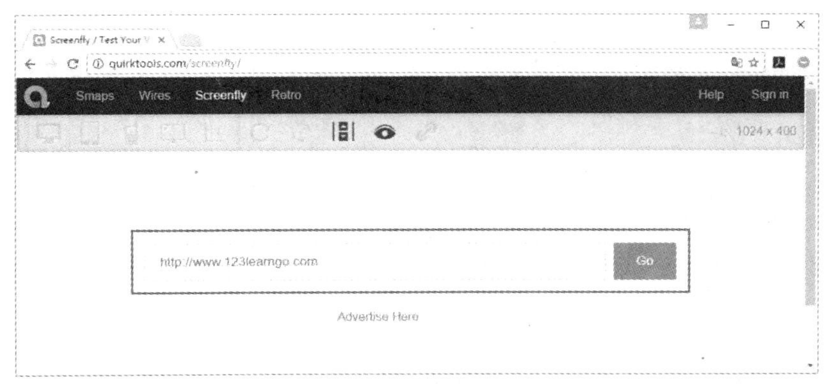

图 16-26　输入链接网址

步骤02 在上方的菜单中选择要检测网页的设备选项，如图 16-27 所示。

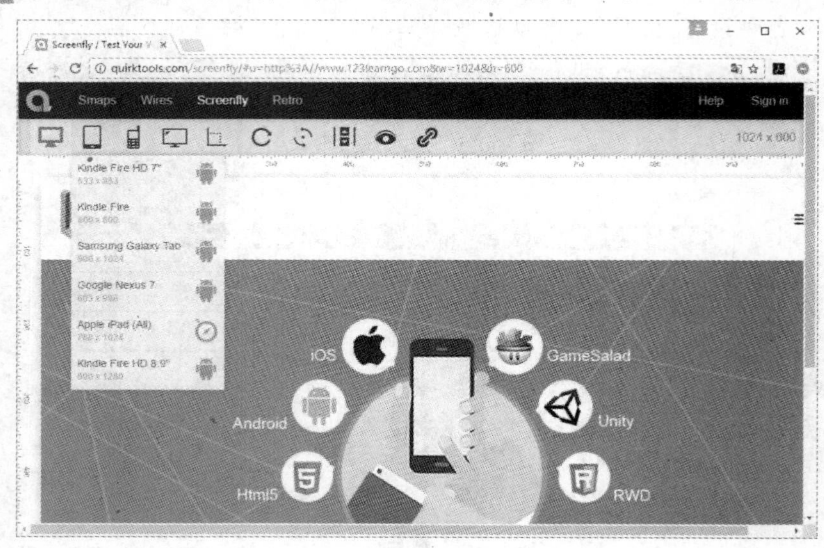

图 16-27 选择要检测网页的设备选项

Responsive Web Design Testing Tool

- 网址：http://mattkersley.com/responsive/

在网页上方的文本框内输入所要查看的网址，如图 16-28 所示，并按【Enter】键，即可看到各种设备上的网页显示结果，如图 16-29 所示。

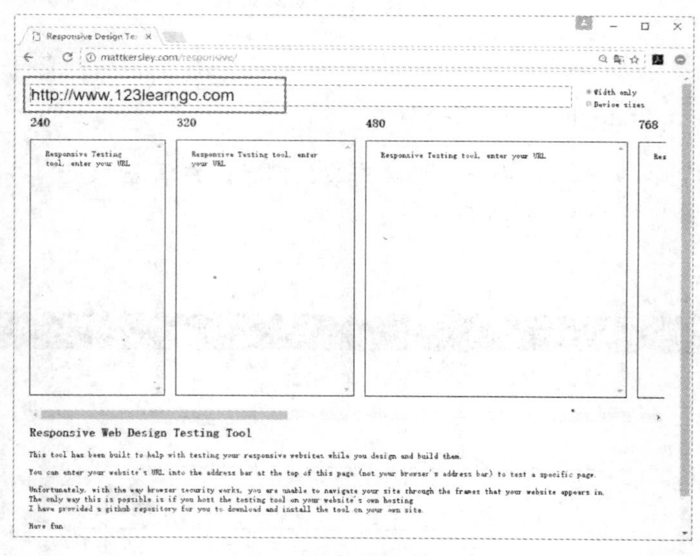

图 16-28 输入链接网址

图 16-29 显示的结果

16.3.5 插件的辅助检测

浏览器除了可以使用开发者权限来进行响应式网页检测外，也可通过相关的插件来辅助 RWD 网页的检测。各浏览器建议的插件与使用方式如下：

- Google Chrome：Window Resizer（插件）、ViewPort Resizer（插件）、Responsive Design Bookmarklet（书签工具）
- IE：Responsive Design Bookmarklet（书签工具）
- Firefox：Resizer（书签工具）、Responsive Design Bookmarklet（书签工具）

Bookmarklet 书签工具的安装与使用

将书签工具网页中所提供的一个组件拖曳到各个浏览器的书签面板上即可完成安装，如图 16-30 所示。

图 16-30 拖曳检测插件到书签面板中

使用时，先打开要检测的网页，再用鼠标单击位于书签上的检测工具，就会出现相关的检测面板，以供检测之用。

前往 123LearnGo 网站，并单击书签中的“RWD Bookmarklet”，就会出现检测面板与选项，如图 16-31 所示。

图 16-31　打开检测面板

16.4　尺寸对照工具

pxtoem 网站提供了尺寸对照表，以及自定义尺寸转换工具。对于已经习惯采用固定尺寸（px 与 pt）的设计师而言，在要转换成响应式网页所建议的 em 或百分比单位时，在数值的转换上必定要不断地修正与查看，此时设计师可使用 pxtoem 的对照表来加速设计。这个对照表如图 16-32 所示。

- 网址：http://pxtoem.com/

1em＝16px

Pixels	EMs	Percent	Points
6px	0.375em	37.5%	5pt
7px	0.438em	43.8%	5pt
8px	0.500em	50.0%	6pt
9px	0.563em	56.3%	7pt
10px	0.625em	62.5%	8pt
11px	0.688em	68.8%	8pt
12px	0.750em	75.0%	9pt
13px	0.813em	81.3%	10pt
14px	0.875em	87.5%	11pt
15px	0.938em	93.8%	11pt
16px	1.000em	100.0%	12pt
17px	1.063em	106.3%	13pt
18px	1.125em	112.5%	14pt
19px	1.188em	118.8%	14pt
20px	1.250em	125.0%	15pt
21px	1.313em	131.3%	16pt
22px	1.375em	137.5%	17pt
23px	1.438em	143.8%	17pt
24px	1.500em	150.0%	18pt

Pixels	EMs	Percent	Points
6px	0.375em	37.5%	5pt
7px	0.438em	43.8%	5pt
8px	0.500em	50.0%	6pt
9px	0.563em	56.3%	7pt
10px	0.625em	62.5%	8pt
11px	0.688em	68.8%	8pt
12px	0.750em	75.0%	9pt
13px	0.813em	81.3%	10pt
14px	0.875em	87.5%	11pt
15px	0.938em	93.8%	11pt
16px	1.000em	100.0%	12pt
17px	1.063em	106.3%	13pt
18px	1.125em	112.5%	14pt
19px	1.188em	118.8%	14pt
20px	1.250em	125.0%	15pt
21px	1.313em	131.3%	16pt
22px	1.375em	137.5%	17pt
23px	1.438em	143.8%	17pt
24px	1.500em	150.0%	18pt

1. Enter a base pixel size
16 px
2. Convert
PX to EM
EM to PX
px or em
Convert
3. Result

Site developed and designed by Brian Cray for your pixel pushing pleasure.

图 16-32　pxtoem 的对照表

16.5　检测优化工具

不需要安装的在线版 PageSpeed Insights 是 Google Developers 提供的免费网页内容分析服务，并为网站整体速度进行评分，还提供网站优化的改善细节信息。只需要输入网站的网址即可产生有关网站如何调整的报告。

- 网址：https://developers.google.com/speed/pagespeed/insights/

步骤01 在输入框中输入所要查看的网址，单击“分析”按钮，如图 16-33 所示。

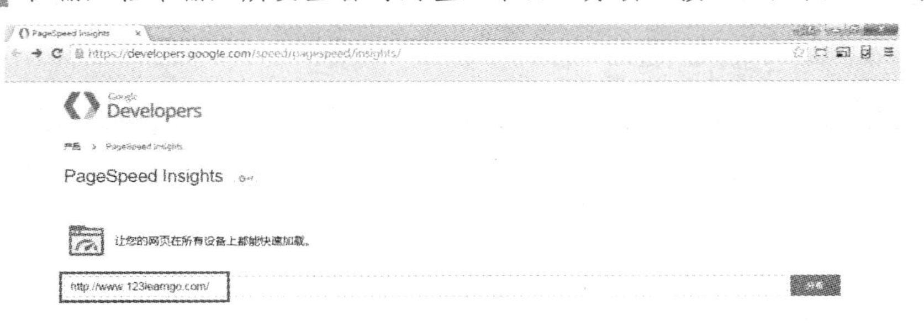

图 16-33　使用 Google Developers 提供的网站分析服务

步骤02 等待分析结束后，网页会列出电脑版（计算机版）与移动版的相关修正问题，如图 16-34 所示。

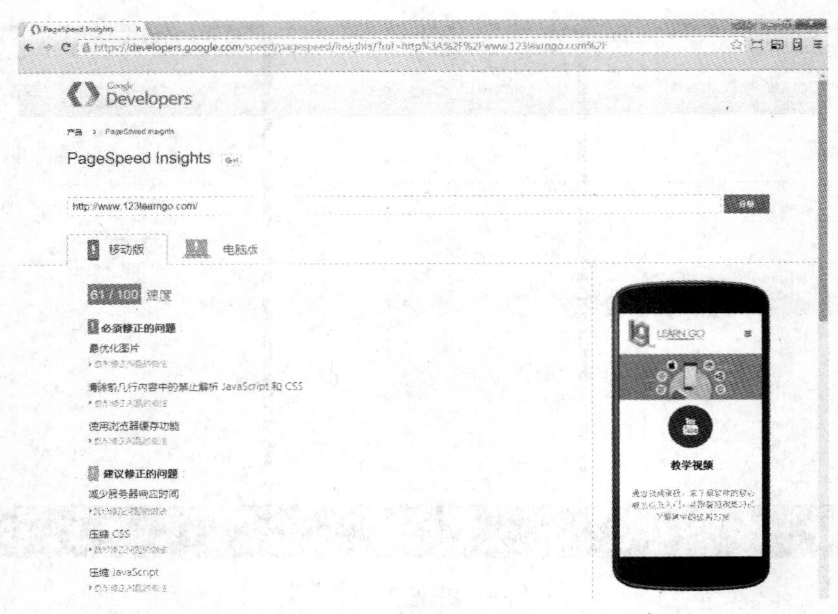

图 16-34　分析结束后显示电脑版与移动版的相关修正问题

16.6　设备尺寸参考

SCREEN SIZ.ES 网站提供了各种移动设备的屏幕尺寸参考。其中列出了目前业界大多数品牌的手机、平板电脑与计算机屏幕的相关信息，如系统、屏幕的宽度与高度、设备尺寸等信息，以供参考，如图 16-35 所示。

- 网址：http://screensiz.es/phone

SCREEN SIZ.ES

PHONE	OPERATING SYSTEM	PHY SIZE	WIDTH PX	HEIGHT PX	DEVICE-W PX	PX DENSITY	ASPECT RATIO
Sony Xperia Z	Android	5.0	1080	1920	360	300% XXHDPI	9 : 16
Samsung Nexus S	Android	4.0	480	800	320	150% HDPI	3 : 5
Nokia Lumia 925	Windows	4.5	768	1280	384	200% XHDPI	3 : 5
Nokia Lumia 920	Windows	4.5	768	1280	384	200% XHDPI	3 : 5
Nokia Lumia 900	Windows	4.3	480	800	320	150% HDPI	3 : 5

图 16-35　在红框处可进行设备的切换